入門 電気回路

基礎編

家村道雄［監修］

家村道雄
原谷直実
中原正俊
松岡剛志
［共著］

Ohmsha

はしがき

電気回路は電気磁気学とともに電気・電子工学，あるいは通信・情報工学の各専門分野においてきわめて重要な基礎科目である．すなわち，電気回路に関する理論が電力の送配電工学，発電機・電動機・パワーエレクトロニクスなどの電気機器学あるいは屋内や屋外照明等の照明工学の各分野における回路の解析と設計に重要な役割を果たしている．また，生産の自動化(FA)，事務処理の自動化(OA)につながる自動制御工学でも重要な役割を担い，めざましい発展をつづける高度情報社会を支えるLSIをはじめとして，電子通信回線やコンピュータ，さまざまな情報関連機器の設計に必要な基礎理論でもある．

本書「入門 電気回路(基礎編)」は，大学の電気・電子・情報・通信系学科の初学年生用として記述しており，直流回路から対称三相交流回路までの基礎的な分野をまとめたものである．したがって「過渡現象と微分方程式」「ラプラス変換と過渡現象の解法」等の比較的高度な数学力を必要とする分野は「入門電気回路(発展編)」にまわした．

また，本書では個々の解説をわかりやすく工夫するとともに，学生の数学力の現状を考慮して次の工夫をした．

1．第2章の交流回路の基礎では，交流回路の学習に絶対必要な三角関数の60分法と弧度法からはじめており正弦・余弦・正接等へと進み，特殊角の三角関数，さらに三角関数のグラフ等を短期間に復習できるようにしている．
2．同じく第2章の交流回路の基礎では，交流回路の学習に絶対必要な複素数とその表し方およびその演算法について，短期間に復習できるようにしている．
3．第4章の R, L, C 交流回路の自己インダクタンスのみに交流電圧を加えた場合については，アンペアの右ねじの法則，ファラデーの電磁誘導法則の向き等も考慮しながら学習できるようにしている．第7章の相互インダクタンス回路についても同じである．
4．例題を多く取り上げ，問題を実際に解くことにより理解が進むようにした．
5．各章末には演習問題を多く取り入れ，詳しくてわかりやすい略解を巻末にまとめて掲載している．
6．国際化に対応して学生も含めて技術者は外国語，とくに英語の文献を読むことが必須となっており，その一助として，主な術語には対応する英語を本文中に示した．

最後に，本書の出版に際してお世話をいただいたオーム社出版局の各位に感謝する．

2005年2月

監修者　家村道雄

目　　次

第1章　直流回路

第3章　正弦波交流起電力の発生と交流の複素数表示

第4章　*R*，*L*，*C* 交流回路

第5章 共振回路と交流ブリッジ回路

第6章 交流回路に関する諸定理

第 7 章　相互インダクタンス回路

第 8 章　対称三相交流回路

第 1 章

直流回路

電池のような直流電源によってつくられる電気回路は直流回路とよばれる．直流回路はいろいろな電気回路の基本となる回路である．

本章では，まず電気の基礎である電流，電圧，電位，電位差，起電力および抵抗の性質を学び，次に，オームの法則と抵抗の直並列接続，キルヒホッフの法則および電池の直並列接続について学ぶ．

さらに，テブナンの定理，重ね合わせの理，定電圧源と定電流源およびミルマンの定理について学ぶ．

1・1 原子と電子および電荷

1. 原子と電子

私たちのまわりに存在するすべての物質は，約 100 種ほどの**原子**（atom）からできている．原子は**図 1・1** のように**原子核**（atomic nucleus）と電子からできていて，原子核のまわりを**電子**（electron）が回っている．そして，原子核のまわりを回る電子の数によって原子を分類している．同図は水素，銅の原子を示したもので，水素原子は 1 個，銅原子は 29 個の電子をもち，それぞれ定められた軌道を回っている．また，電子は負電荷を帯びており，原子核は反対に正電気をもっている．なお，原子の直径は，物質の種類によって異なるが，だいたい 1 m の 100 億分の 1 すなわち 10^{-10} m，原子核はそれより 1 万分の 1 小さく，10^{-14} m である．

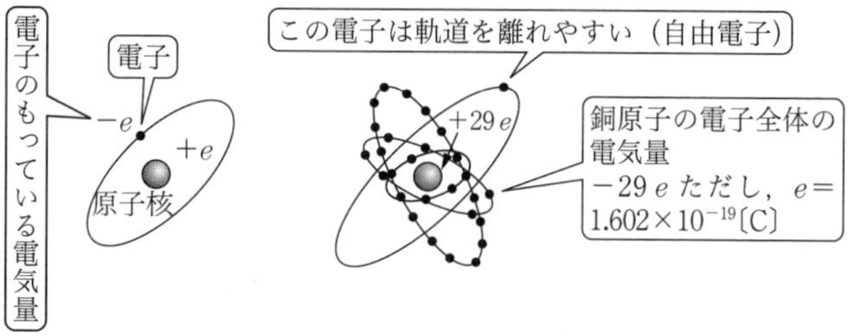

(a) 水素原子　(b) 銅原子

図 1・1　水素・銅の原子構造と電気量

2. 電荷と自由電子

電気には正電気と負電気があり，これらの電気を量的に取り扱うときは，物体が電気を荷っていると考え，これを**電荷**（electric charge）といい，電荷の量つまり電気量の単位には**クーロン**（coulomb，〔C〕）を用いる．

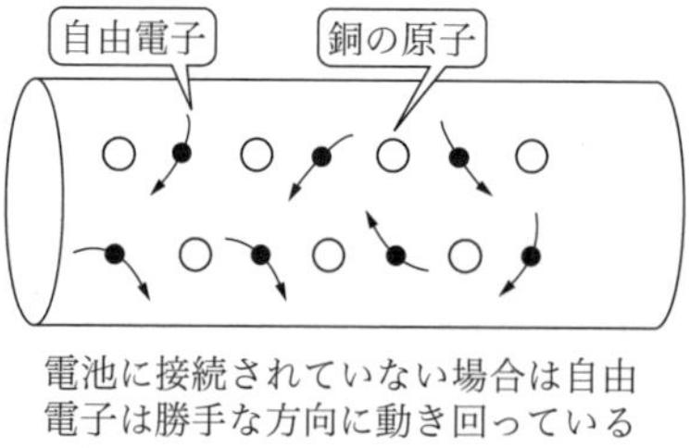

図 1・2　電線中の自由電子

物体が荷っている電気量は，電子1個の電気量を最小電気量とし，この整数倍で表される．正常状態の原子では，原子核のもつ電気量の絶対値は，そのまわりを回っている電子の電気量の総和の絶対値に等しい．

したがって，原子全体としては電子の負の電気量と原子核の正の電気量との作用が打ち消し合うので電気的に中性である．

電子は，原子核のまわりの軌道を高速度で回っている．原子核から最も遠い外側の軌道を回っている電子は，原子核との相互の引力が最も弱く，他の原子の影響を受けて軌道を離れて，他の原子との間を自由に動き回ることがある．このような電子を**図1・2**のように**自由電子**（free electron）とよぶ．電線中を流れる電流は自由電子の移動によるものである．

1・2　電流と電流の大きさ

1. 電流と電子

いま，電線に電池を接続すると，電線や豆電球中のフィラメントの自由電子は負の電荷を帯びているので，これまで，任意の方向に動いていた状態から，いっせいに電池の正極の方向へ引き寄せられて動き出す．また，電池の負極からは電子が続いて供給され，負の電荷をもつ電子の流れができる．この電子の流れが**電流**（current）であって，電池の負極から正極に向かって流れる．

しかし，一般に**電流の流れる向きは，図1･3のように電子の流れと反対の向きと約束して取り扱っている．**

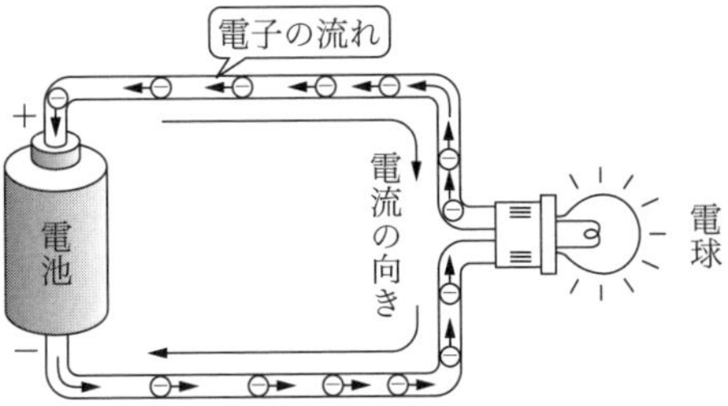

図 1・3　電子の流れと電流の方向

2. 電流の大きさ

電流の大きさは，物体の断面を通過する1秒間当たりの電荷の量すなわち電気量で表す（**図1･4**）．電流の大きさを表す単位には**アンペア**（ampere,〔A〕）を用いる．1アンペア〔A〕は1秒間に1Cの割合で電気量が移動するときの電流の大きさである．

いま，一方の方向に t 秒間に Q〔C〕の電荷が移動すると，1秒間には Q/t の電荷が移動したことになるので，電流 I〔A〕は

$$I=\frac{Q}{t}$$

となる．

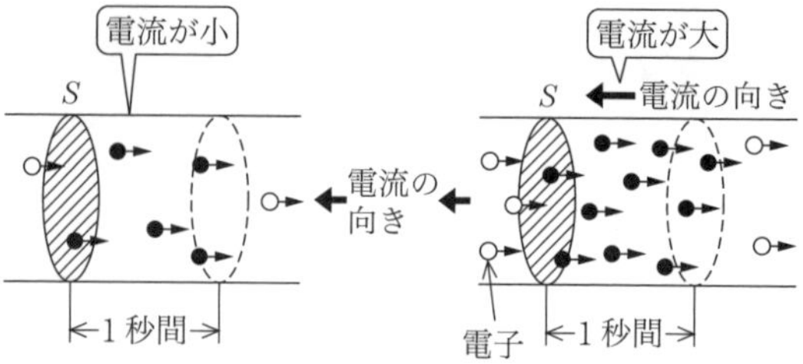

電流の大きさは，物体の断面を通過する1秒間当たりの電荷の量で表す

図 1・4 電流の大小

例題 1 4秒間に100Cの電気量が移動したときの電流は何〔A〕か．

解 $\boldsymbol{I=\frac{Q}{t}=\frac{100}{4}=25}$**〔A〕**

例題 2 0.01秒間に電子が1 000億個流れたときの電流は何〔μA〕か．ただし，1個の電気量を1.6×10^{-19} Cとする．

解 1 000億＝100 000 000 000＝10^{11}である．

したがって，電子1 000億個の電気量Q〔C〕は

$$Q=1.6\times10^{-19}\times10^{11}=1.6\times10^{-8}〔\mathrm{C}〕$$

となる．0.01秒間＝1×10^{-2}秒間であるから，電流I〔A〕は

$$I=\frac{Q}{t}=\frac{1.6\times10^{-8}}{1\times10^{-2}}=1.6\times10^{-6}〔\mathrm{A}〕=1.6〔\mu\mathrm{A}〕$$

（ただし，1〔μA〕＝10^{-6}〔A〕）

となる．

1・3 電圧，電位，電位差，起電力，電源，負荷および抵抗

1. 電圧，電位および電位差

電池には電気的なエネルギーがある．電池に電線で電球を接続すると電流が流れて電球が点灯する．これは，電池に電気的な圧力（電圧）があるからである．

電圧（voltage）の単位はボルト（単位記号〔V〕）を用いる．ある点を基準と

して，任意の点における電気的な圧力の値をその点の**電位**（electric potential）といい，任意の2点間の電位の差を**電位差**（potential difference）という．いずれも単位はボルト〔V〕で表す．

図1･5に電圧，電位および電位差の関係を示す．図のように電池を積み重ねることによって電圧は大きくなる．

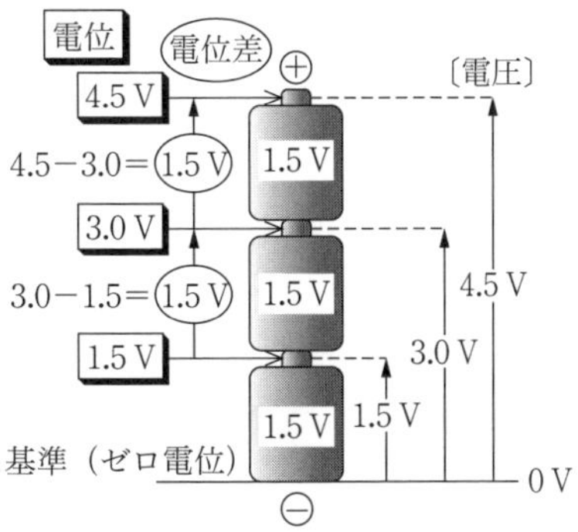

図 1・5　電圧と電位

2. 起電力，電源，負荷，抵抗および電気回路

電池のように，電圧によって電流を絶え間なく供給できる機能を**起電力**（electromotive force）といい，起電力をもち，電気のエネルギーを供給する装置を**電源**（power source）という．電源から受けた電気のエネルギーを他のエネルギーに変換する装置を**負荷**（load）とよぶ．

抵抗器は，電流の流れを妨げるはたらきをする．このようなはたらきをする抵

表 1・1　電流，電圧および抵抗の単位

量	単位記号	単　位	単位の関係
電流	A	アンペア	——
	mA	ミリアンペア	$1\text{〔mA〕}=\frac{1}{1\,000}\text{〔A〕}=10^{-3}\text{〔A〕}$
	μA	マイクロアンペア	$1\text{〔}\mu\text{A〕}=\frac{1}{1\,000\,000}\text{〔A〕}=10^{-6}\text{〔A〕}$
電圧	kV	キロボルト	$1\text{〔kV〕}=1\,000\text{〔V〕}=10^{3}\text{〔V〕}$
	V	ボルト	——
	mV	ミリボルト	$1\text{〔mV〕}=\frac{1}{1\,000}\text{〔V〕}=10^{-3}\text{〔V〕}$
	μV	マイクロボルト	$1\text{〔}\mu\text{V〕}=\frac{1}{1\,000\,000}\text{〔V〕}=10^{-6}\text{〔V〕}$
抵抗	Ω	オーム	——
	kΩ	キロオーム	$1\text{〔k}\Omega\text{〕}=1\,000\,\Omega=10^{3}\text{〔}\Omega\text{〕}$
	MΩ	メガオーム	$1\text{〔M}\Omega\text{〕}=1\,000\,000=10^{6}\text{〔}\Omega\text{〕}$

抗器を**電気抵抗**（electric resistance）または単に**抵抗**という．抵抗の単位には**オーム**（Ohm,〔Ω〕）を用いる．

電源（電池）からエネルギーを消費する負荷（抵抗）までを，電線を用いて一つのループにしたものを**電気回路**という．

表1･1に電流，電圧および抵抗の単位を示す．

1･4 直流と交流

1. 直 流

電池から流れ出る電流のように，電流の流れの向きが一定で，時間が経過してもその大きさが変わらない電流を**直流**（**DC**: direct current）という．

図1･6(a) は縦軸に電流の大きさ，横軸に時間をとり，グラフで表したものである．

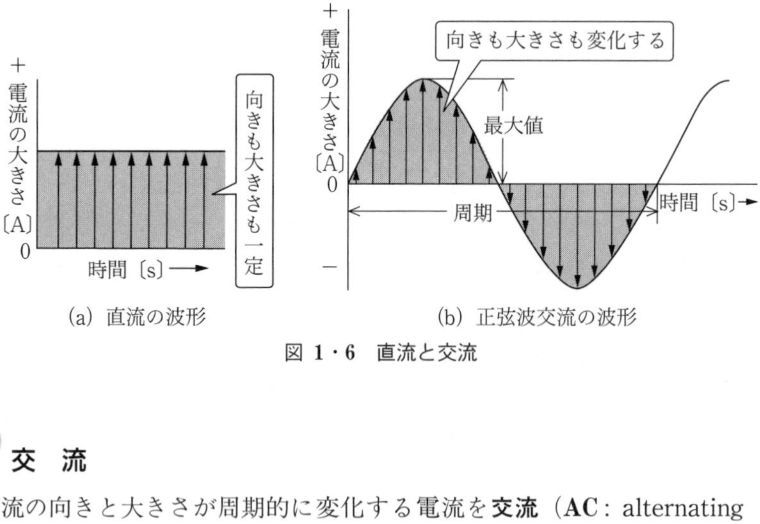

図 1･6 直流と交流

2. 交 流

電流の向きと大きさが周期的に変化する電流を**交流**（**AC**: alternating current）という．図1･6(b) のようにその変化が正弦波状となるような**正弦波交流**（sine wave AC）と正弦波状でない**非正弦波交流**（non-sinusoidal wave AC）とがある．

正弦波交流は電流の向きと大きさが正弦曲線（サインカーブ）状に繰り返し変

化する．1回の繰り返しに要する時間を**周期**（period）といい，1秒間に繰り返す回数を**周波数**（frequency）という．周波数の単位には**ヘルツ**（hertz,〔Hz〕）を用いる．正弦波交流は，その大きさや向きが絶えず変化し続けるので，ある任意の時点における電流の大きさを**瞬時値**（instantaneous value）といい，瞬時値のうち最大となるときの大きさを**最大値**（maximum value）という．

1・5　オームの法則と抵抗の直並列接続

1. オームの法則

図1・7に示すように，直流電源・電圧計・電流計・抵抗器を接続し抵抗の値を一定にして電源の電圧を増加させると，電流は電圧に比例する．次に，電源の電圧を一定にして抵抗の値を増加させると，電流は抵抗に反比例する．

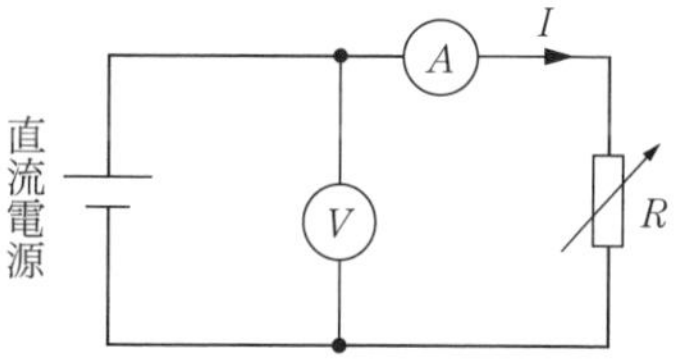

図 1・7

すなわち，「電流は電圧に比例し，抵抗（resistance）に反比例する」ことがわかる．したがって，電流 I〔A〕，電圧 V〔V〕，抵抗 R〔Ω〕の間には

$$I=\frac{V}{R} \qquad (1\cdot1)$$

$$I=GV \qquad (1\cdot2)$$

この関係を**オームの法則**（Ohm's law）という．

電気抵抗の単位には〔Ω〕，〔kΩ〕$=10^3$〔Ω〕，〔MΩ〕$=10^6$〔Ω〕がよく使われる．式（1･1），（1･2）から $G=1/R$ という関係が成り立つ．G は**コンダクタンス**（conductance）とよばれ，単位にはジーメンス（siemence,〔S〕）が使われ，コンダクタンス G〔S〕は，電流の流れやすさを示す量である．

2. 電　力

電気エネルギーが，単位時間あたりにする仕事の大きさを**電力**といい，電力の単位には**ワット〔W〕**が用いられる．1 W は，1秒間に1 J の仕事をする電力であり，1〔W〕=1〔J/s〕となる．電圧 V〔V〕で I〔A〕の電流が流れているときの

電力 P〔W〕は

$$\boldsymbol{P=VI=RI\times I=RI^2=\frac{V^2}{R}}\text{〔W〕} \qquad (1\cdot3)$$

となる.

3. 抵抗の直列接続

図1·8のように,n 個の抵抗 $R_1, R_2, R_3, \cdots, R_n$〔Ω〕が**直列に接続された回路** (series circuit) に電圧 V〔V〕を加えたとき,電流 I〔A〕が流れたとする.$R_1, R_2, R_3, \cdots, R_n$ の端子間の電圧をそれぞれ $V_1, V_2, V_3, \cdots, V_n$〔V〕とすれば,オームの法則から

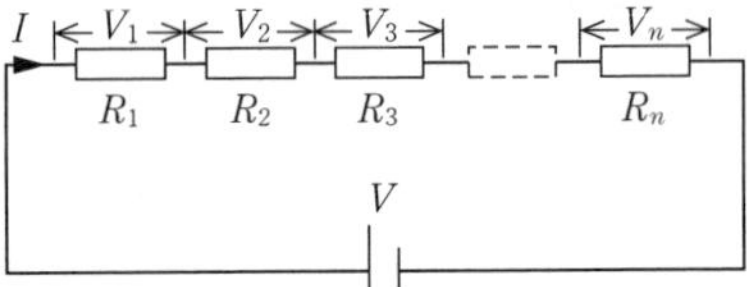

図 1・8 抵抗の直列接続

$$\left.\begin{aligned} V_1&=R_1I\text{〔V〕}\\ V_2&=R_2I\text{〔V〕}\\ V_3&=R_3I\text{〔V〕}\\ &\vdots\\ V_n&=R_nI\text{〔V〕}\end{aligned}\right\} \qquad (1\cdot4)$$

となるから,全体の電圧 V〔V〕は

$$V=V_1+V_2+V_3\cdots\cdots+V_n=R_1I+R_2I+R_3I\cdots\cdots+R_nI$$
$$=(R_1+R_2+R_3\cdots\cdots+R_n)I=R_0I\text{〔V〕}$$

$$I=\frac{V}{(R_1+R_2+R_3\cdots\cdots+R_n)}=\frac{V}{R_0}\text{〔A〕} \qquad (1\cdot5)$$

ここに,$\boldsymbol{R_0=R_1+R_2+R_3\cdots\cdots+R_n}$ (1・6)

したがって,図1·8のように,$R_1, R_2, R_3, \cdots\cdots, R_n$ が直列に接続された場合には,$R_0=R_1+R_2+R_3\cdots\cdots+R_n$ の1個の抵抗に置き換えることができる.このように,多くの抵抗が接続された回路の抵抗と同じ電気的なはたらきをする等価な一つの抵抗を**合成抵抗** (combined resistance) という.

一般に,$R_1, R_2, R_3, \cdots\cdots, R_n$ の n 個の抵抗を直列に接続した場合の合成抵抗は,それぞれの抵抗の和に等しい.

4. 抵抗の並列接続

図1・9のように，抵抗 $R_1, R_2, R_3, \cdots\cdots, R_n$〔Ω〕が**並列に接続された回路**（parallel circuit）に電圧 V〔V〕を加えたとき，電流 I〔A〕が流れたとする．$R_1, R_2, R_3, \cdots\cdots, R_n$〔Ω〕に流れる電流をそれぞれ $I_1, I_2, I_3, \cdots\cdots, I_n$〔A〕とすれば，オームの法則から

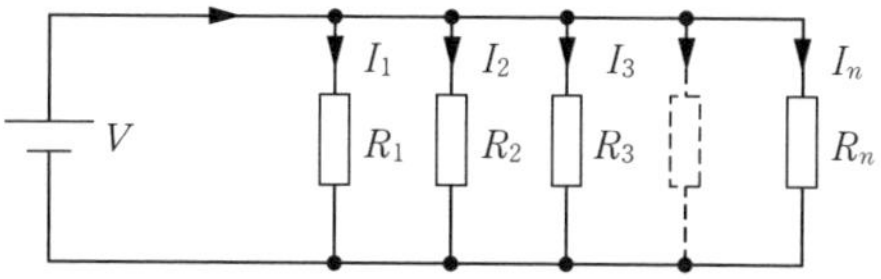

図 1・9　抵抗の並列接続

$$\left.\begin{aligned} I_1 &= \frac{V}{R_1}\text{〔A〕} \\ I_2 &= \frac{V}{R_2}\text{〔A〕} \\ I_3 &= \frac{V}{R_3}\text{〔A〕} \\ I_n &= \frac{V}{R_n}\text{〔A〕} \end{aligned}\right\} \qquad (1\cdot7)$$

となるから，全電流 I〔A〕は

$$I = I_1 + I_2 + I_3 + \cdots\cdots + I_n = \left(\frac{1}{R_1} + \frac{1}{R_2} + \frac{1}{R_3} + \cdots\cdots + \frac{1}{R_n}\right)V = \frac{V}{R_0}\text{〔A〕} \qquad (1\cdot8)$$

ここに

$$\boldsymbol{R_0 = \frac{1}{\dfrac{1}{R_1} + \dfrac{1}{R_2} + \dfrac{1}{R_3} + \cdots\cdots + \dfrac{1}{R_n}}} \qquad (1\cdot9)$$

この R_0 が並列回路の合成抵抗である．

一般に，$R_1, R_2, R_3, \cdots\cdots, R_n$ の n 個の抵抗を並列に接続した場合の合成抵抗は，それぞれの抵抗の逆数の和の逆数で表される．

例題 3　**図1・10**の回路において，開閉器Sを閉じたところ，R を流れる電流 I が半分になった．抵抗 r の値はいくらか．

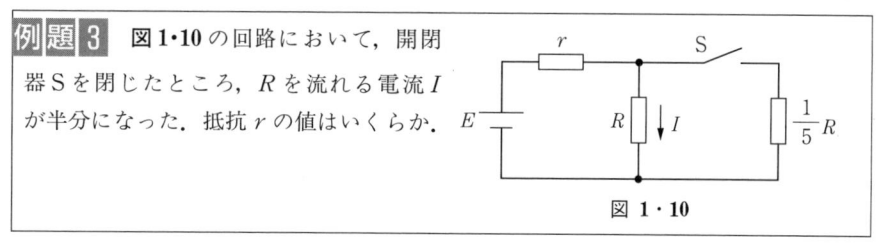

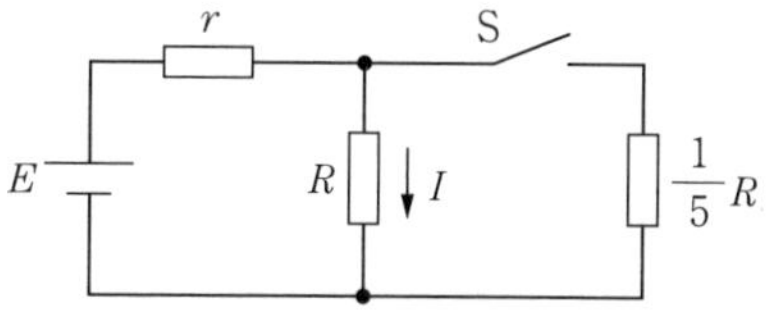

図 1・10

解　**S**を閉じたときに，Rを流れる電流は，**図1・11**のrを流れる電流I_0より求められる．

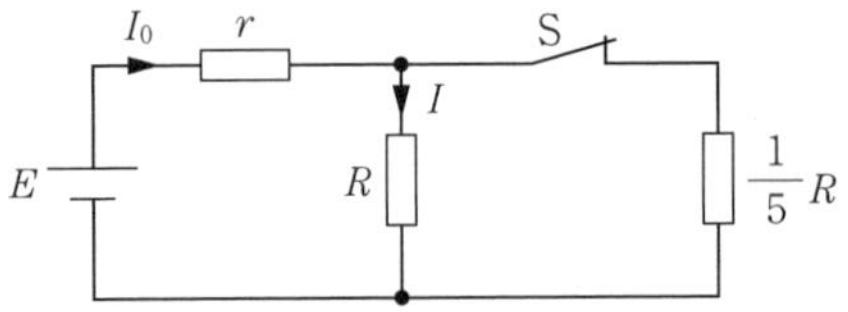

図 **1・11**

Sを閉じたとき，I_0は

$$I_0=\frac{E}{r+\frac{1}{\frac{1}{R}+\frac{1}{\frac{1}{5}R}}}=\frac{E}{r+\frac{R\times\frac{R}{5}}{R+\frac{R}{5}}}\cdots\cdots①$$

また，I_0がRと$1/5R$の並列回路を流れるので，Rを流れる電流Iは

$$IR=I_0\times\frac{R\times\frac{R}{5}}{R+\frac{R}{5}}$$

$$I=I_0\times\frac{\frac{R}{5}}{R+\frac{R}{5}}=\frac{E}{r+\frac{R\times\frac{R}{5}}{R+\frac{R}{5}}}\times\frac{\frac{R}{5}}{R+\frac{R}{5}}=\frac{E}{r+\frac{R}{6}}\times\frac{1}{5+1}\cdots\cdots②$$

題意により，式②のIが$1/2\times E/(r+R)$に等しいので

$$\frac{E}{r+\frac{R}{6}}\times\frac{1}{6}=\frac{E}{2(r+R)}\longrightarrow 6\left(r+\frac{R}{6}\right)=2(r+R)$$

$$4r=2R-R\longrightarrow \boldsymbol{r=\frac{R}{4}}$$

1・6　電圧降下

電池などの電源の内部にはわずかな抵抗をもっている．その抵抗を内部抵抗(internal resistance) という．いま，**図1・12**(a) のように内部抵抗をr〔Ω〕，電池の起電力をE〔V〕，端子c-d間に抵抗R_l〔Ω〕の負荷を接続し，R〔Ω〕の抵抗をもった電線を通して負荷にI〔A〕の電流を供給しているとする．

このとき回路に流れている電流I〔A〕は

$$I=\frac{E}{r+R+R_l}〔A〕 \quad (1\cdot10)$$

となる．式（1･10）より

$$E=(r+R+R_l)I=rI+RI+R_lI〔V〕 \quad (1\cdot11)$$

ここに，$RI+R_lI$ は電源の端子 a-b 間の電圧 V_{ab}，R_lI は負荷の端子 c-d 間の電圧 V_{cd} となるから，式（1･11）は

$$\left.\begin{aligned} V_{ab}&=RI+R_lI=E-rI〔V〕\\ V_{cd}&=R_lI=V_{ab}-RI〔V〕\end{aligned}\right\} \quad (1\cdot12)$$

となる．したがって，電源の端子 a-b 間の電圧 V_{ab} は，起電力 E から電源の内部抵抗の rI の電圧を引いた値となる．この場合，この **rI は電源の内部降下**（internal drop）といい，**V_{ab} は電源の端子電圧**（terminal voltage）という．また，負荷の端子 c-d 間の電圧 V_{cd} は，電源の端子電圧 V_{ab} から RI を引いた値となる．これは，電源の端子電圧 V_{ab} が負荷の端子 c-d に至る間に，電線の抵抗 R のため RI の電圧が降下することを表している．このとき，**RI を R による電圧降下**（voltage drop）という．同図(b) に起電力と電圧降下の関係を示す．

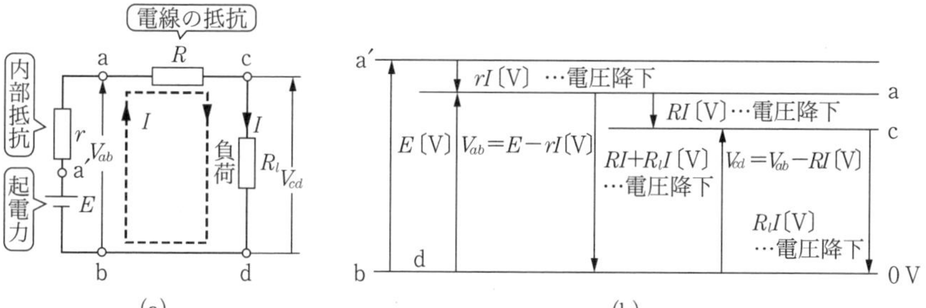

図 1・12　電池の内部抵抗と電圧降下

1・7　キルヒホッフの法則

回路が複雑になってくると，回路が網の目のようになるが，このような回路を**回路網**（network）といい，その閉じた回路を**閉回路**（closed circuit）とよぶ．回路解析（電圧や電流を求める）を考える上で非常に重要な法則としてキルヒホッフの法則（Kirchhoff's law）がある．

1. キルヒホッフの第1法則（電流に関する法則）

回路網中の任意の接続点では，その点に**流入する電流の総和と流出する電流の総和は等しい．**

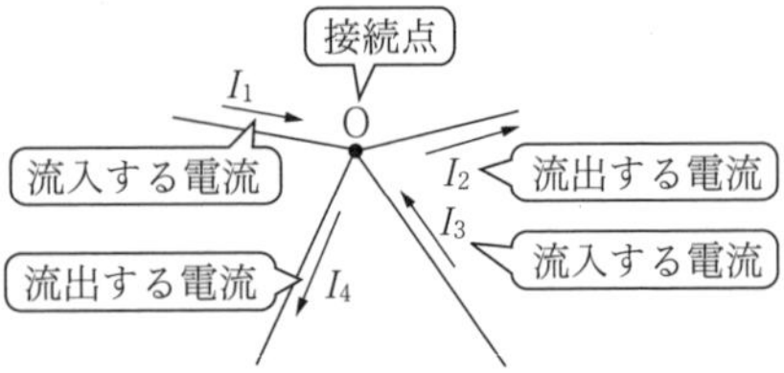

図 1・13 キルヒホッフの第1法則

図1・13において，接続点Oに流入する電流は I_1+I_3 であり，流出する電流は I_2+I_4 である．キルヒホッフの第1法則より

$$\boldsymbol{I_1+I_3=I_2+I_4} \qquad (1 \cdot 13)$$

が成り立つ．

2. キルヒホッフの第2法則（電圧に関する法則）

回路網中の任意の閉回路を一定方向に一周したとき，回路の各部分の**起電力の総和と電圧降下の総和とは互いに等しい．**

ただし，**閉回路をたどる方向と一致した起電力および電流による電圧降下を正とし，逆のものを負として扱う．**

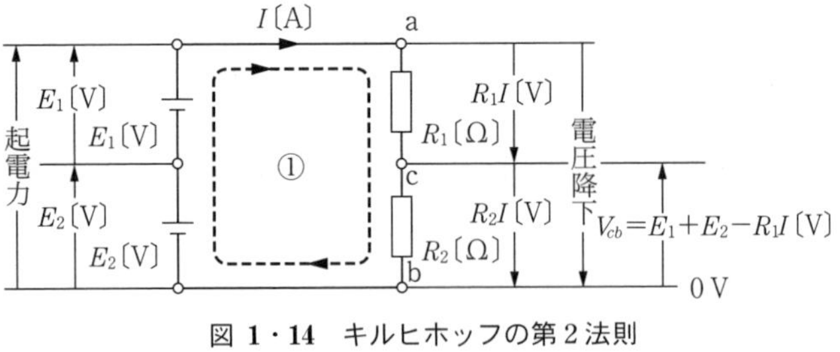

図 1・14 キルヒホッフの第2法則

図1・14の点線の閉回路で，矢印の向きに起電力の和は E_1+E_2〔V〕，電圧降下は R_1I+R_2I〔V〕で

$$\boldsymbol{E_1+E_2=R_1I+R_2I}\text{〔V〕} \qquad (1 \cdot 14)$$

となり，起電力の和と電圧降下の和は等しくなる．

また，次式が成り立つ．

$$\boldsymbol{V_{cb}=E_1+E_2-R_1I=R_2I} \qquad (1 \cdot 15)$$

例題 4　図 **1・15** の回路において，端子電圧 V〔V〕の値はいくらか．

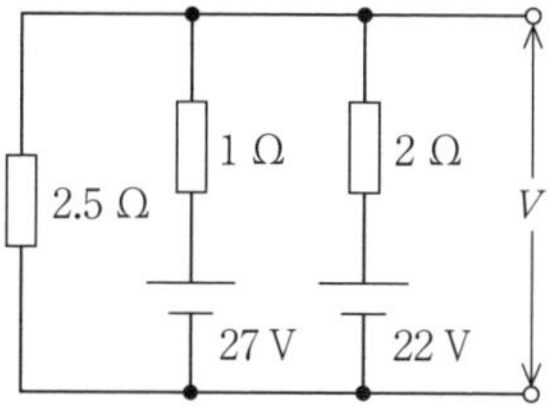

図 1・15

解　図 **1・16** のように 1 Ω を流れる電流 I_1〔A〕，2 Ω を流れる電流を I_2 とすれば，2.5 Ω に流れる電流はキルヒホッフの第 1 法則から $\boldsymbol{I_1+I_2}$**〔A〕** となる．

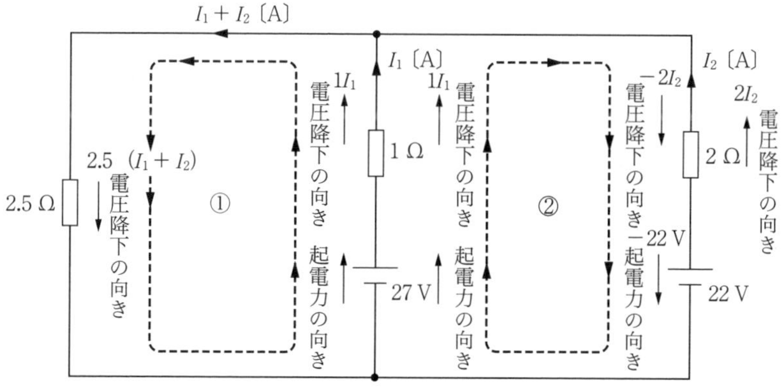

図 1・16

次に，閉回路①，②にキルヒホッフの第 2 法則を適用し，二つの方程式をつくる．

閉回路①について，点線の矢印の方向に

起電力＝27〔V〕……①

電圧降下の合計＝$1I_1+2.5(I_1+I_2)$……②

キルヒホッフの第 2 法則により，①＝②が成り立つので

$\boldsymbol{27=1I_1+2.5(I_1+I_2)}$……③

$27=3.5I_1+2.5I_2$……④

閉回路②について，点線の矢印の方向に

起電力の合計＝27－22……⑤

電圧降下の合計＝$1I_1-2I_2$……⑥

キルヒホッフの第 2 法則により，⑤＝⑥が成り立つので

$\boldsymbol{27-22=1I_1-2I_2}$……⑦

$5=I_1-2I_2$……⑧

式④を2倍し，式⑧を2.5倍すると

$$54=7I_1+5I_2 \cdots\cdots ⑨$$

$$12.5=2.5I_1-5I_2 \cdots\cdots ⑩$$

⑨+⑩を計算すると

$$66.5=9.5I_1 \longrightarrow I_1=7〔A〕$$

$$V=27-I_1=22-2I_2=27-7=\mathbf{20}〔V〕$$

1・8 電池の直並列接続

1. 等しい電池の N 組並列接続

図1･17 のように起電力 E〔V〕，内部抵抗 r〔Ω〕の等しい電池を N 組並列に接続した電源に，抵抗 R〔Ω〕を接続する．抵抗 R〔Ω〕に流れる電流を I〔A〕とすると，各電池には I/N〔A〕の電流が流れる．

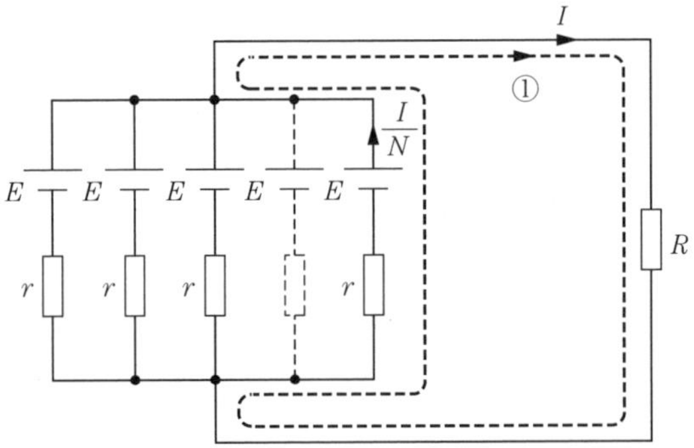

図 1・17 等しい電池の N 組並列接続

図1･17の閉回路①にキルヒホッフの第2法則を適用すると

$$E=r\frac{I}{N}+RI=\left(\frac{r}{N}+R\right)I \qquad (1・16)$$

式（1･16）より

$$I=\frac{E}{\dfrac{r}{N}+R}〔A〕 \qquad (1・17)$$

となる．

2. 等しい電池の直並列接続

図1・18のように起電力 E〔V〕，内部抵抗 r〔Ω〕の等しい電池を n 個直列に接続したものを N 組並列接続した電源に，抵抗 R〔Ω〕を接続する．抵抗 R〔Ω〕に流れる電流を I〔A〕とすると，各電池には I/N〔A〕の電流が流れる．

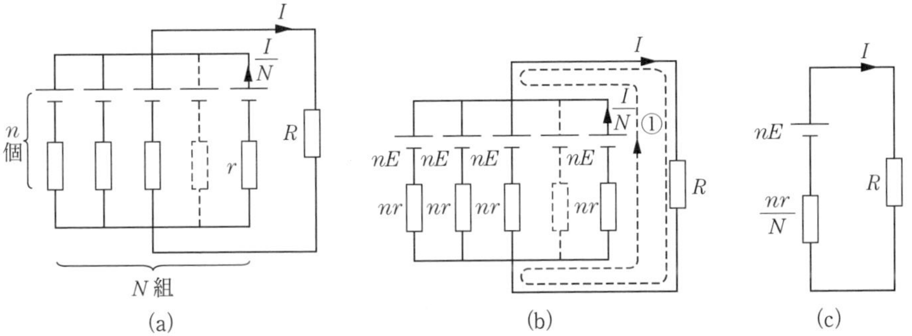

図 1・18　等しい電池を n 個直列にしたものを N 組並列接続

図1・18(b) の閉回路①にキルヒホッフの第2法則を適用すると

$$nE = nr\frac{I}{N} + RI = \left(\frac{nr}{N} + R\right)I \tag{1・18}$$

$$I = \frac{nE}{\dfrac{nr}{N} + R} \text{〔A〕} \tag{1・19}$$

となる．

例題 5　起電力が2V，内部抵抗が0.2Ωの電池16個がある．4個直列のものを4組並列に接続し，その端子間に1Ωの抵抗を接続するとき，流れる電流〔A〕はいくらか．

解　式 (1・19) を用いれば簡単に求まる．式 (1・19) を忘れた場合は，**図1・19**(a) の閉回路①に，キルヒホッフの第2法則を適用すればよい．

図1・19(a) の閉回路①にキルヒホッフの第2法則を適用すると

$$4\times2 = \frac{I}{4}\times4\times0.2 + I\times1 = I\left(\frac{4\times0.2}{4} + 1\right)$$

$$I = \frac{4\times2}{\left(\dfrac{4\times0.2}{4}+1\right)} = \frac{8}{0.2+1} = \frac{8}{1.2} \fallingdotseq \mathbf{6.67〔A〕}$$

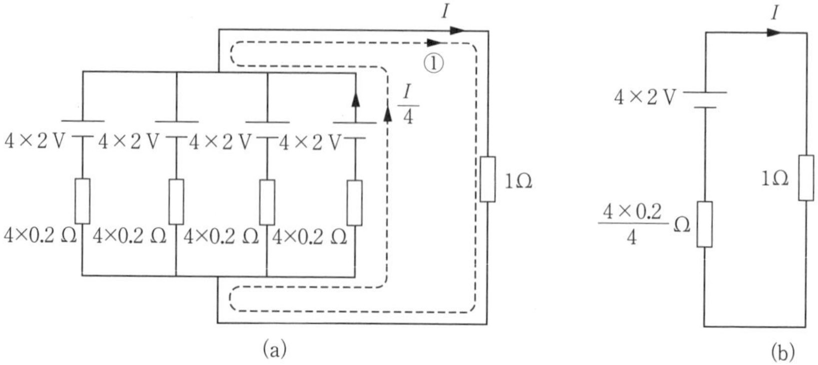

図 **1・19**

1・9 テブナンの定理，重ね合わせの理 および定電圧源と定電流源

1. テブナンの定理

図 1・20 の回路網の a-b 端子の電圧が V〔V〕であるとき，スイッチ S を閉じた場合に抵抗 R に流れる電流 I は

$$\boldsymbol{I=\frac{V}{r+R}}\text{〔A〕} \tag{1・20}$$

ただし，V はスイッチ S を閉じる前の a-b 端子の電圧，r は a-b 端子からみた回路網の抵抗である．この定理は**テブナンの定理**（Thevenin's theorem）とよばれる．

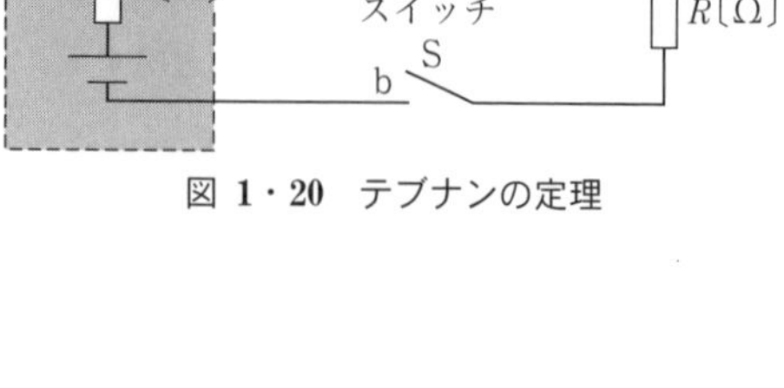

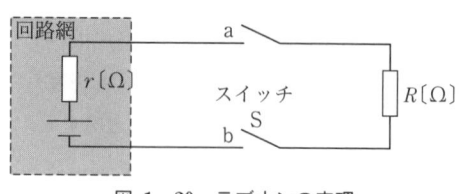

図 **1・20**　テブナンの定理

2. 重ね合わせの理

回路網に二つ以上の起電力を含む場合には，次のような**重ね合わせの理**（principle of superposition）によっても解くことができる．すなわち，回路網中の任意の枝路に流れる電流は，回路網中の各起電力が単独にあるときにその枝路に流れる電流の和に等しい．

図 1・21(a）の各部の電流 I_1，I_2，I_3 は，同図(b）のように電源 E_1 だけの回路と同図(c）のように電源 E_2 だけの回路で，それぞれ求めた電流の和から求められる．

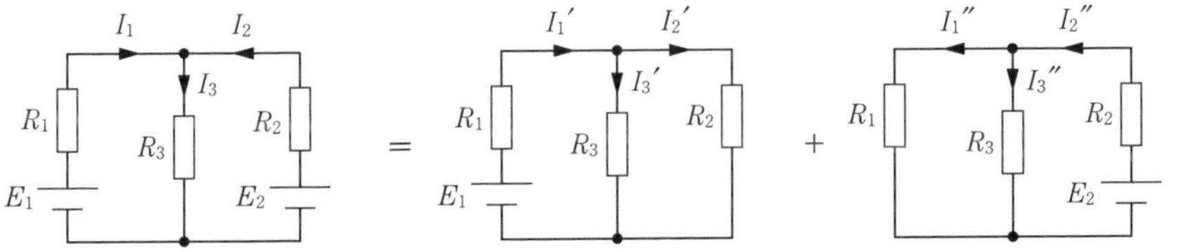

(a）二つの電源回路　(b）電源 E_1 だけの回路　(c）電源 E_2 だけの回路

図 1・21　重ね合わせの理

図 1・21(a）の電流の向きを基準とし，同図(b)，(c）の相等する電流が同方向の場合は正（＋），逆方向の場合は負（－）にとる．

図 1・21(a）の各電流は

$$\left.\begin{aligned} I_1 &= I_1' + (-I_1'') = I_1' - I_1'' \\ I_2 &= I_2'' + (-I_2') = I_2'' - I_2' \\ I_3 &= I_3' + I_3'' \end{aligned}\right\} \qquad (1 \cdot 21)$$

となる．

3. 定電圧源と定電流源

〔a〕 定電圧源

もし内部抵抗が 0 という理想的な電源があれば，**図 1・22**(a）のように負荷抵抗 R_L の値が変化し，電流 I_L が変化しても，端子電圧 V は常に一定の値（$V=E$）を保つことになる．このような電源を**定電圧源**（constant voltage source）とよぶ．

一般の電源は，**図 1・23**(a）のように定電圧源 E と内部抵抗 r の直列接続とし

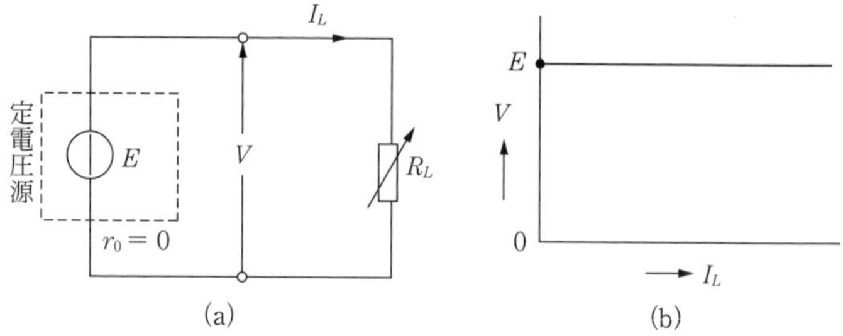

図 1・22 定電圧源

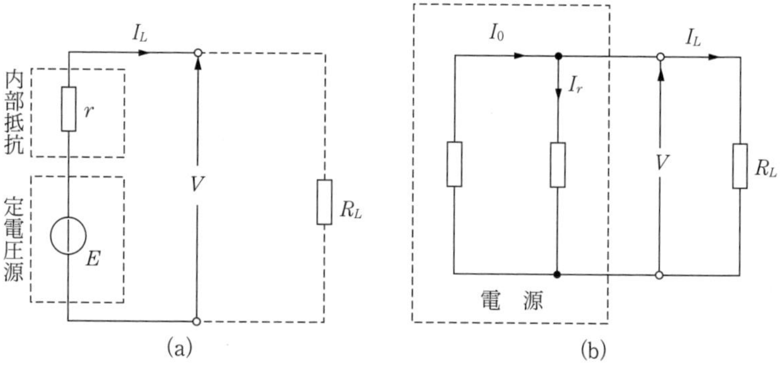

図 1・23 定電圧源の定電流源への変換

て表すことができる.

〔**b**〕 **定電圧源の定電流源への変換**

図1·23(a) の一般の電源の端子電圧 V は，次式のようになる.

$$\boldsymbol{V} = \boldsymbol{E} - \boldsymbol{r}\boldsymbol{I}_L \qquad (1\cdot22)$$

式 (1·22) より

$$I_L = \frac{E}{r} - \frac{V}{r} \qquad (1\cdot23)$$

式 (1·23) の I_L について

$$\left.\begin{array}{l} \dfrac{E}{r} = I_0 \\[2ex] \dfrac{V}{r} = I_r \end{array}\right\} \qquad (1\cdot24)$$

とすると

$$\boldsymbol{I_L}=\frac{E}{r}-\frac{V}{r}=\boldsymbol{I}_0-\boldsymbol{I}_r \qquad (1 \cdot 25)$$

となり，図 1･23(b) のような回路で表すことができる．

すなわち，電源内には I_0 の電流を発生している源があり，それと並列にある回路が接続されて I_r の電流が分流していると考えられる．

I_0 は起電力 E と内部抵抗 r の比 ($I_0=E/r$) であるから，**図 1･24**(a) のように負荷抵抗 R_L を短絡したときに流れる電流である．

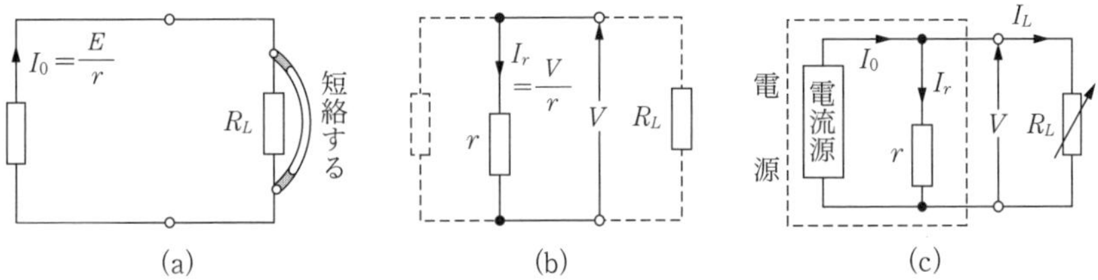

図 1・24　電流源への変換

また，I_r は V/r で表されるから，同図(b) のように端子電圧 V の点に内部抵抗 r を接続したときに流れる電流である．

この電流 I_L の式から電源の内部を考えると，負荷抵抗 R_L に関係なく，常に $\frac{E}{r}$ で表される一定の電流 I_0 を発生している電流の源と内部抵抗 r との並列接続として表すことができる．

ところが，電源の内部抵抗 (a-b 間からみた抵抗) は r〔Ω〕であるから，一定の電流 I_0 を発生している電流源自身の内部抵抗 r_0 は**図 1･25**(a) のように無限大でなければならない．

このように内部抵抗 r_0 が無限大で，しかも一定の電流を発生するような理想

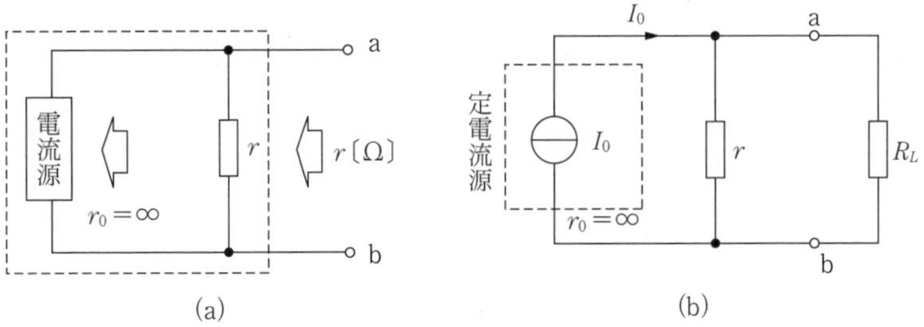

図 1・25　定電流源

的な電流源を**定電流源**（constant cullent source）とよび，図 1·25(b) のような図記号を用いて表す．

どのような電源でも**図 1·26** に示すように**等価電圧源**（定電圧源 E と内部抵抗 r の直列接続）または**等価電流源**（定電流源 I_0 と内部抵抗 r の並列接続）で表すことができる．

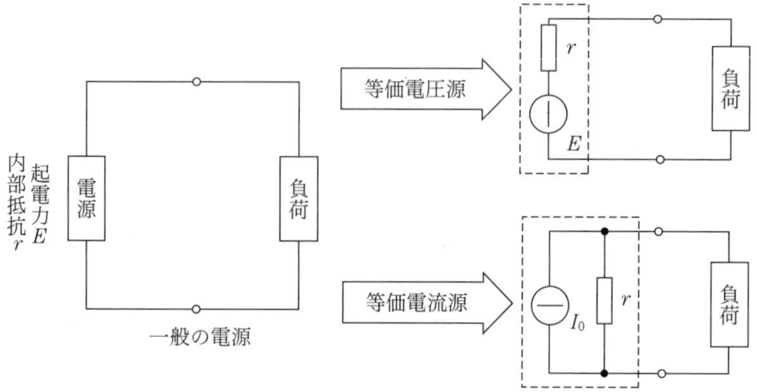

図 1・26 等価電圧源と等価電流源

例題 6 **図 1·27** のような電池（内部抵抗＝0）に結ばれた回路において，スイッチ S を開いているときのスイッチ S の両端間の電圧が E であった．S を閉じたときに r_0 を流れる電流はいくらか．

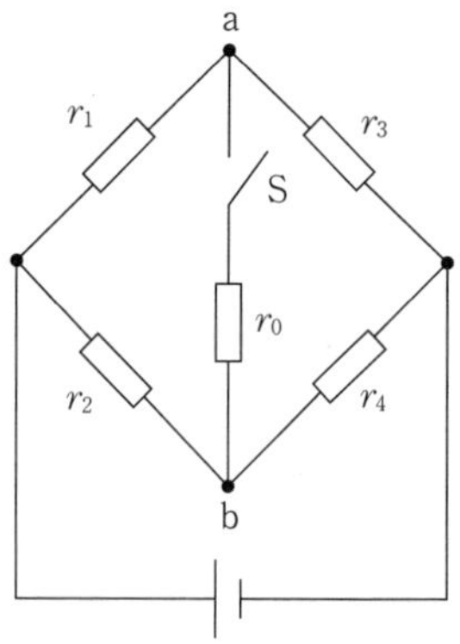

図 1・27

解 **図 1·28**(a) のように端子に c，d をつける．また，a，b 端子から電源側をみた合成抵抗 R_0 を求めるには，電池は短絡してよい．

a，b 端子から電源側をみた合成抵抗 R_0 を求めるには，電池は短絡してよいので，図 1·28(a) のようになり，さらに，同図(b) のようになる．

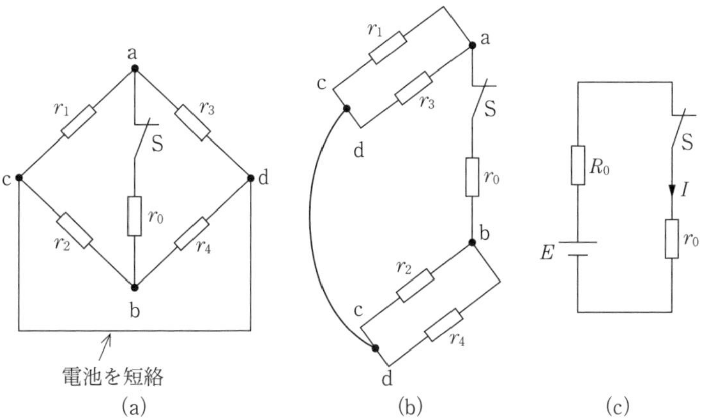

図 1・28

したがって

$$\boldsymbol{R_0=\frac{r_1r_3}{r_1+r_3}+\frac{r_2r_4}{r_2+r_4}}$$

I を求めるためにテブナンの定理を適用すると，同図(c) のようになるので

$$\boldsymbol{I}=\frac{E}{r_0+R_0}=\frac{\boldsymbol{E}}{\boldsymbol{r_0+\frac{r_1r_3}{r_1+r_3}+\frac{r_2r_4}{r_2+r_4}}}$$

となる．

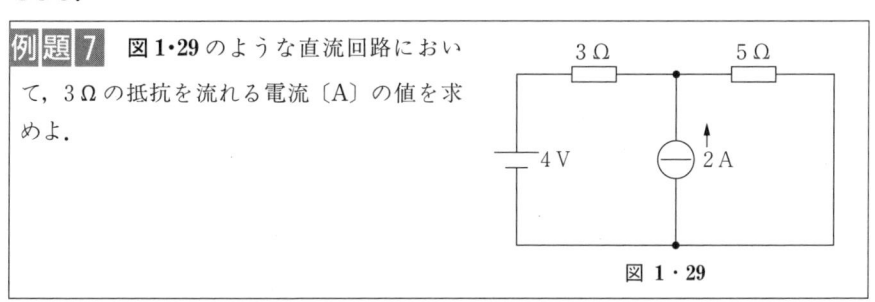

例題 7　**図 1・29** のような直流回路において，3 Ω の抵抗を流れる電流〔A〕の値を求めよ．

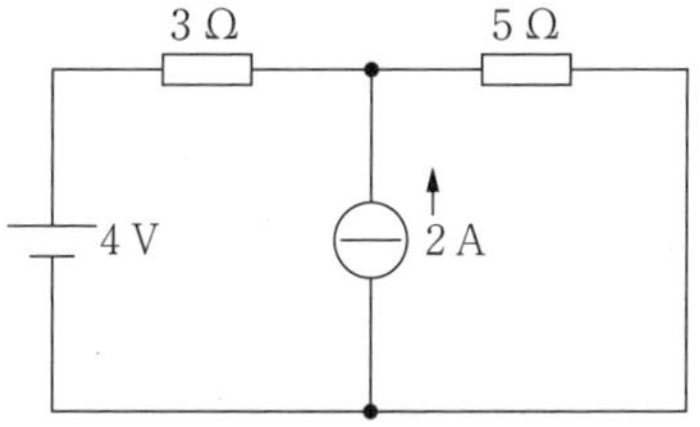

図 1・29

解　電圧源のみが存在する場合と，電流源のみが存在する場合をそれぞれ考え，3 Ω の抵抗を流れる電流を重ね合わせればよい．

電圧源のみの場合，電流源の内部抵抗は∞であり，電流源は開放してよいので，3 Ω の抵抗に流れる電流 I_1 は

$$I_1=\frac{4}{3+5}=0.5〔\mathrm{A}〕$$

電流源のみの場合は，電圧源の内部抵抗は 0 であり，電圧源は短絡してよいので，3 Ω の抵抗に流れる電流 I_2 は

$$2\times\frac{3\times5}{3+5}=3\times I_2 \longrightarrow I_2=2\times\frac{5}{3+5}=1.25\text{〔A〕}$$

したがって，3 Ω の抵抗に流れる電流 I は，右から左方向に

$$\boldsymbol{I}=I_2-I_1=1.25-0.5=\mathbf{0.75〔A〕}$$

例題 8　**図 1・30**(a) のような起電力 100 V，内部抵抗 5 Ω の電圧源と等価な電流源を同図(b) のように表すとすれば，電流源の大きさ I_s〔A〕と内部コンダクタンス G〔S〕を求めよ．

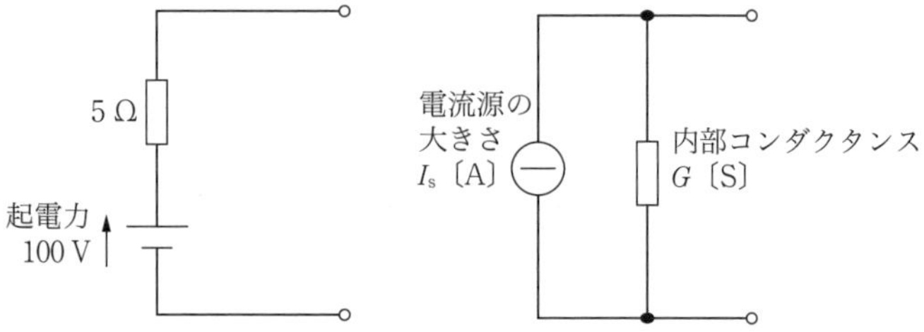

(a) 内部抵抗のある電圧源　(b) 図(a)と等価な電流源

図 1・30

解　一般の電源は定電圧源でも定電流源でもないが，定電圧源または定電流源とある値の内部抵抗 r をもったものとして表すことが可能である．

ある電源の a-b 間を等価電圧源あるいは等価電流源に置き換えるには

- 定電圧源 E……**a-b 間を開放したときの端子電圧（開放電圧）**
- 定電流源 I_0……**a-b 間を短絡したときの電流（短絡電流）**
- 内部抵抗 r……**開放電圧 $\boldsymbol{E}$ と短絡電流 $\boldsymbol{I_0}$ の比（$\boldsymbol{E/I_0}$）**

とする．**図 1・31**(b)，(c) に等価電圧源，等価電流源をそれぞれ示す．

端子を短絡したときの短絡電流 I_s は

$$\boldsymbol{I_s}=\frac{100}{5}=\mathbf{20〔A〕}$$

端子を開放したときの開放電圧 E は

$$E=100\text{〔V〕}$$

したがって

$$\text{内部抵抗 }\boldsymbol{r}=\frac{E}{I_s}=\frac{100}{20}=\mathbf{5〔Ω〕}$$

となるので

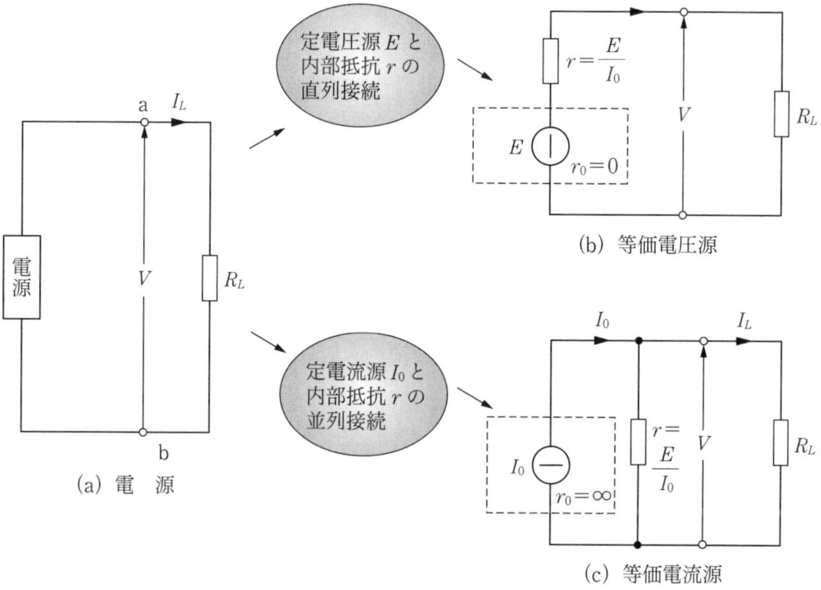

図 1・31

内部コンダクタンス $\boldsymbol{G}=\frac{1}{r}=\frac{1}{5}=\mathbf{0.2}$〔**S**〕

となる.

1・10　ミルマンの定理

図 1・32(a) に示すような並列回路において，端子 a-b 間の電圧 V を求める．起電力 E_1 と抵抗 R_1 からなる枝路とすれば，同図(b) に示すように E_1 から R_1I_1 だけ電圧降下するので V は

$$V=E_1-R_1I_1 \tag{1・26}$$

となる．式 (1・26) より

$$I_1=\frac{E_1-V}{R_1} \tag{1・27}$$

並列回路の各枝路について，同様の式が成立するので次式が得られる．

$$E_1-R_1I_1=E_2-RI_2=\cdots\cdots=E_n-R_nI_n=V \tag{1・28}$$

式 (1・28) より

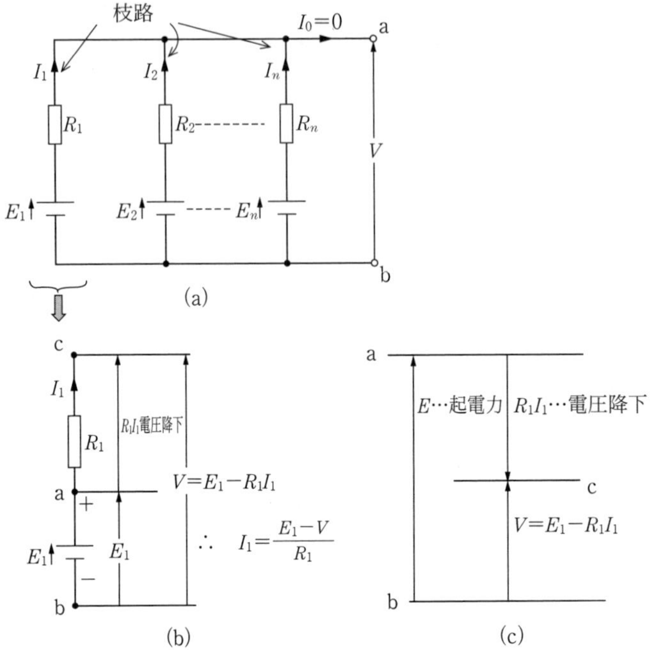

図 1・32 ミルマンの定理

$$\left.\begin{aligned} I_1&=\frac{E_1-V}{R_1}\\ I_2&=\frac{E_2-V}{R_2}\\ &\vdots\\ I_n&=\frac{E_n-V}{R_n}\end{aligned}\right\} \qquad (1\cdot 29)$$

また，図 1·32(a) の点においてキルヒホッフの第 1 法則を用いると

$$I_1+I_2+\cdots\cdots+I_n=0 \qquad (1\cdot 30)$$

が成り立つ．式 (1·30) に式 (1·29) を代入して整理すると

$$\frac{E_1-V}{R_1}+\frac{E_2-V}{R_2}+\cdots\cdots+\frac{E_n-V}{R_n}=0 \qquad (1\cdot 31)$$

$$\frac{E_1}{R_1}+\frac{E_2}{R_2}+\cdots\cdots+\frac{E_n}{R_n}=\frac{V}{R_1}+\frac{V}{R_2}+\cdots\cdots+\frac{V}{R_n} \qquad (1\cdot 32)$$

式（1・32）より V は

$$\boldsymbol{V}=\frac{\dfrac{\boldsymbol{E}_1}{\boldsymbol{R}_1}+\dfrac{\boldsymbol{E}_2}{\boldsymbol{R}_2}+\cdots\cdots+\dfrac{\boldsymbol{E}_n}{\boldsymbol{R}_n}}{\dfrac{1}{\boldsymbol{R}_1}+\dfrac{1}{\boldsymbol{R}_2}+\cdots\cdots+\dfrac{1}{\boldsymbol{R}_n}} \qquad (1\cdot 33)$$

この定理は，**ミルマンの定理**（Millman's theorem）とよばれ，式（1・33）により並列回路の V を求めた後，式（1・29）により回路の電流を求める場合に適用される．

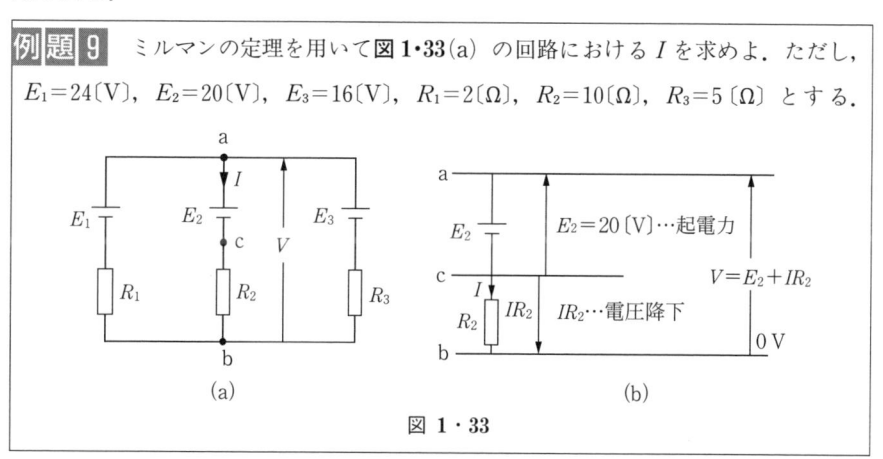

例題 9　ミルマンの定理を用いて**図 1・33**(a) の回路における I を求めよ．ただし，$E_1=24$〔V〕，$E_2=20$〔V〕，$E_3=16$〔V〕，$R_1=2$〔Ω〕，$R_2=10$〔Ω〕，$R_3=5$〔Ω〕とする．

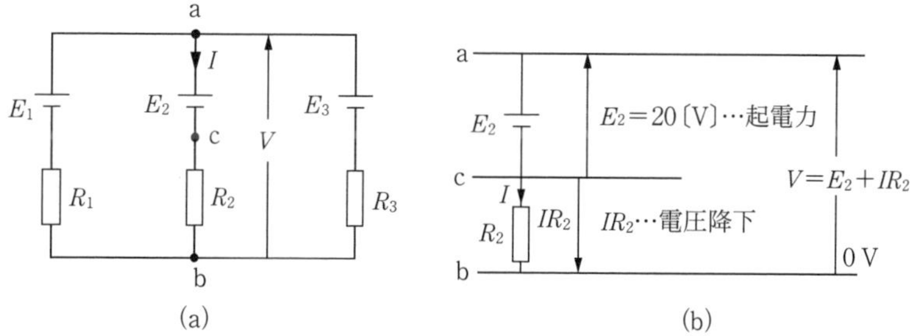

図 1・33

解　式（1・33）より図 1・33(a) の端子 a-b 間の電圧 V は

$$V=\frac{\dfrac{E_1}{R_1}+\dfrac{E_2}{R_2}+\dfrac{E_3}{R_3}}{\dfrac{1}{R_1}+\dfrac{1}{R_2}+\dfrac{1}{R_3}}\cdots\cdots①$$

式①に題意の各値を代入すると

$$V=\frac{\dfrac{24}{2}+\dfrac{20}{10}+\dfrac{16}{5}}{\dfrac{1}{2}+\dfrac{1}{10}+\dfrac{1}{5}}=\frac{\dfrac{24\times5+20+16\times2}{10}}{\dfrac{5+1+2}{10}}=\frac{172}{8}=21.5〔\mathrm{V}〕$$

となる．図 1・33(b) より

$$V=E_2+IR_2=20+I\times10\cdots\cdots②$$

式②より

$$\boldsymbol{I}=\frac{V-20}{10}=\frac{21.5-20}{10}=\frac{1.5}{10}=\mathbf{0.15〔A〕}$$

となる．

演　習　問　題

〔1〕 4秒間に10 Cの電気量が移動したときの電流は何〔mA〕か．

〔2〕 電線に1.6 Aの電流が流れている．ある断面を毎秒何個の電子が通過しているか．ただし，1個の電子の負の電気量を1.6×10^{-19} Cとする．

〔3〕 **図1･34**の回路の合成抵抗を求めよ．

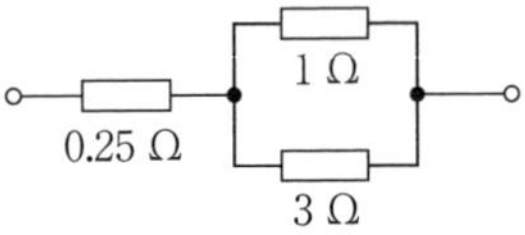

図 1・34

〔4〕 **図1･35**の回路の合成抵抗を求めよ．

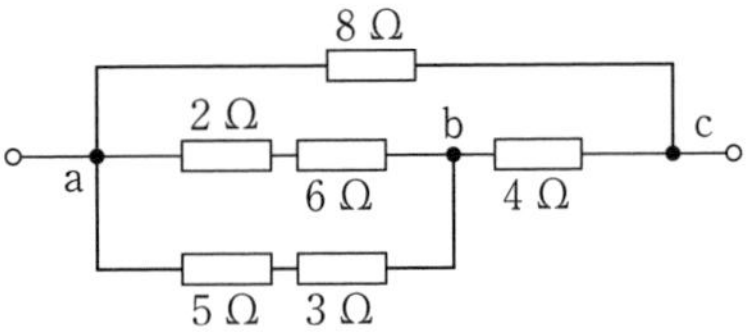

図 1・35

〔5〕 **図1･36**の回路におけるI_1〔A〕の値を求めよ．ただし，電池の内部抵抗は無視するものとする．

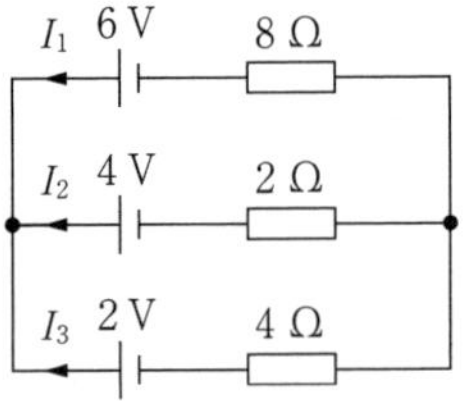

図 1・36

〔6〕 **図1･37**の回路において，抵抗R_1，R_2およびR_3に流れる電流を求めよ．

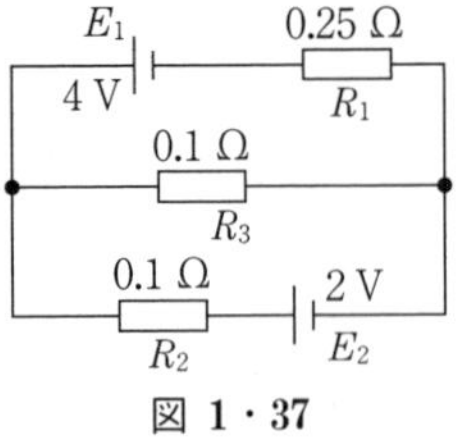

図 1・37

〔7〕 **図1・38** の直流回路において，3Ωの抵抗を流れる電流を求めよ．ただし，電池の内部抵抗は無視するものとする．

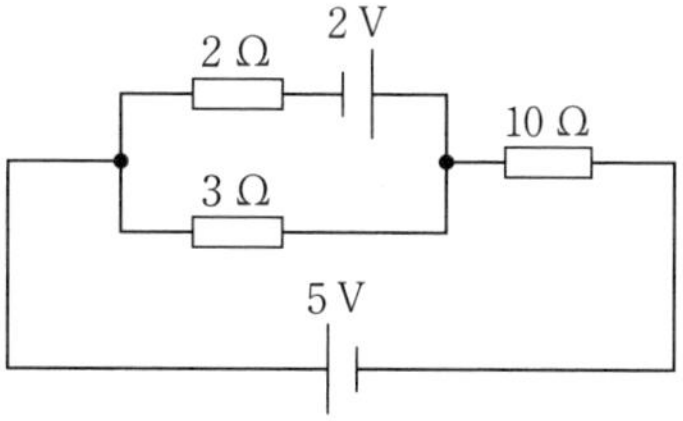

図 1・38

〔8〕 起電力1V，内部抵抗10Ωの電池 E を4個**図1・39**のように接続したとき，15Ωの抵抗 R に流れる電流はいくらか．

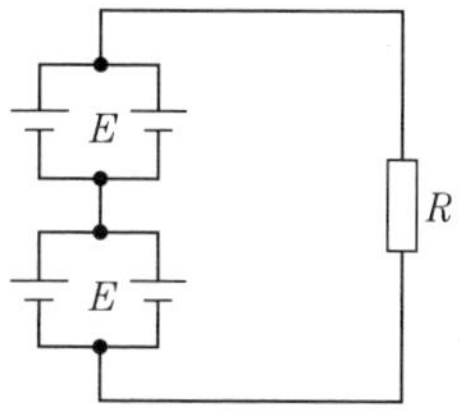

図 1・39

〔9〕 **図1・40** の回路において，5Ωの抵抗を流れる電流 I〔A〕はいくらか．

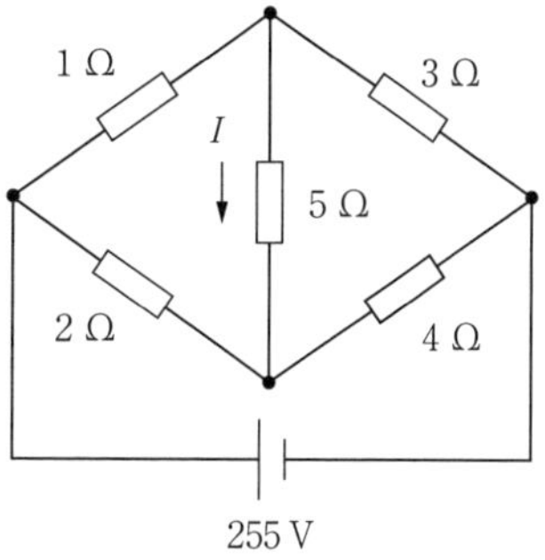

図 1・40

〔10〕 **図1・41** のような回路において，P点の対地電位〔V〕はいくらか．

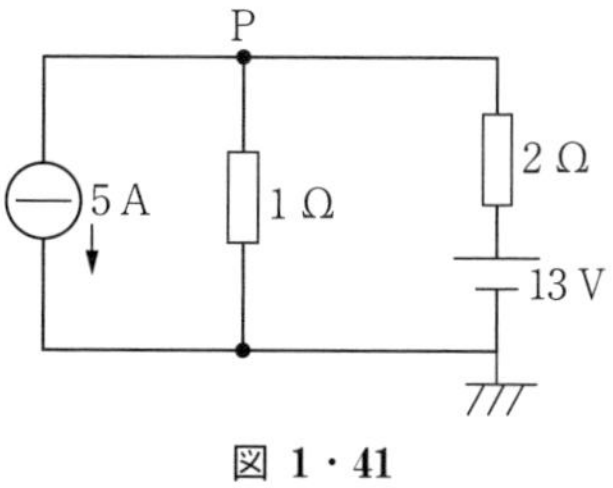

図 1・41

第 2 章

交流回路の基礎

交流回路を学ぶうえでの最も基礎・基本の分野が三角関数であるといえる．すなわち，三角関数は交流の電圧・電流の瞬時値の取扱いや，有効電力・無効電力の計算などに数多く利用されている．

また，交流回路の取扱いにおいては正弦波交流の計算が必要になる．この計算は，同一周期をもつ正弦関数の演算（和，差，積，商）である．この演算を正弦関数のままで実施すると複雑になり，煩雑である．そこで交流回路の計算において複素数が用いられる．複素数を用いると代数のように取り扱うことができるので比較的簡単にでき非常に便利である．本章では交流回路の基礎である三角関数と複素数計算について学ぶ．

2・1 三角関数

1. 弧度法

角の大きさを表すには，直角を 90 等分した大きさ 1 度〔degree〕を単位とし，1 度の 1/60 を 1 分，1 分の 1/60 を 1 秒と定め，度，分，秒を用いて表す方法がある．この方法を **60 分法**または**度数法**という．

次に弧度法について述べる．

図 2･1(a) の半径 r の円において，長さが r の弧に対する中心角の大きさは r の値に関係なく一定である．この角の大きさを **1 ラジアン**あるいは **1 弧度**といい，これを単位として角の大きさを測ることができる．この方法を**弧度法**（unit of angular measure）という．

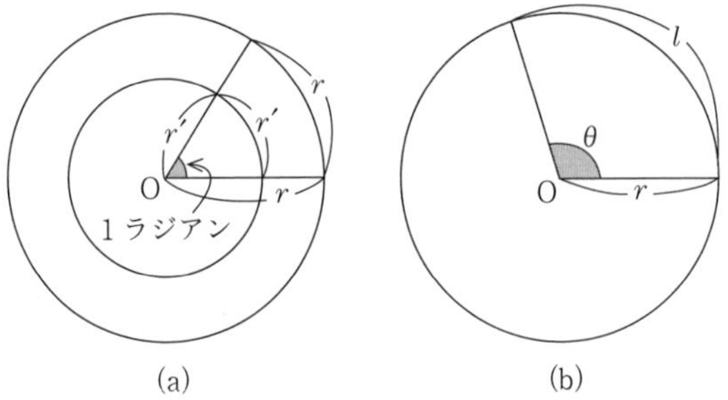

図 2・1　弧度法

図 (b) のように半径 r の円において，長さ l の弧に対する中心角を θ〔ラジアン〕とすると，中心角の大きさは弧の長さに比例するから

$$\frac{r}{l}=\frac{1}{\theta} \longrightarrow \theta=\frac{l}{r} \qquad (2\cdot1)$$

となる．特に，半円に対する中心角を θ〔ラジアン〕とすると $l=\pi r$ のときであるから，式 (2·1) より $\theta=\pi$〔ラジアン〕となる．

したがって，60分法と弧度法の間には次の関係が成り立つ．

$$\mathbf{180^\circ=\pi〔ラジアン〕,\quad 1^\circ=\frac{\pi}{180}〔ラジアン〕,\quad 1〔ラジアン〕=\frac{180^\circ}{\pi}} \qquad (2\cdot2)$$

なお，〔ラジアン〕の単位は〔rad〕で表す場合が多い．

例題 1　30°，120° をラジアンで表せ．

解　$\frac{30^\circ}{180^\circ}=\frac{\theta〔ラジアン〕}{\pi〔ラジアン〕} \longrightarrow \theta=30\times\frac{\pi}{180}=\frac{\pi}{6}〔ラジアン〕=\mathbf{\frac{\pi}{6}〔rad〕}$

$\frac{120^\circ}{180^\circ}=\frac{\theta〔ラジアン〕}{\pi〔ラジアン〕} \longrightarrow \theta=120\times\frac{\pi}{180}=\frac{2\pi}{3}〔ラジアン〕=\mathbf{\frac{2\pi}{3}〔rad〕}$

例題 2　次の表の空欄を埋めよ．

60分法	0°	30°	45°	60°	90°	180°	360°
弧度法		$\frac{\pi}{6}$				π	

解

60分法	0°	30°	45°	60°	90°	180°	360°
弧度法	$\mathbf{0}$	$\frac{\pi}{6}$	$\boldsymbol{\frac{\pi}{4}}$	$\boldsymbol{\frac{\pi}{3}}$	$\boldsymbol{\frac{\pi}{2}}$	π	$\boldsymbol{2\pi}$

2. 正弦・余弦・正接

図2•2 の $\angle C$ が直角の直角三角形ABCにおいて，$\frac{BC}{AB}$ を θ の**正弦**または**サイン**といい，**sin** $\boldsymbol{\theta}$ と書く．$\frac{AC}{AB}$ を θ の**余弦**または**コサイン**といい，**cos** $\boldsymbol{\theta}$ と書く．$\frac{BC}{AC}$ を θ の**正接**または**タンジェント**といい，**tan** $\boldsymbol{\theta}$ と書く．

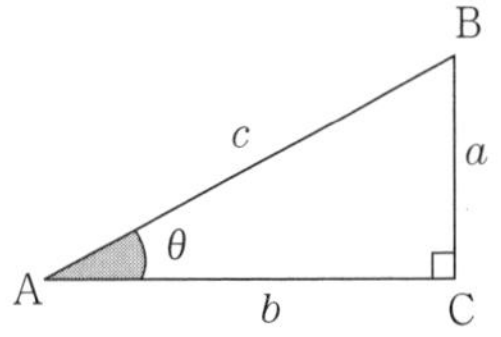

図 2・2　正弦・余弦・正接

正弦・余弦・正接の定義（**図2•2** において）

$$\sin\theta = \frac{a}{c},\quad \cos\theta = \frac{b}{c},\quad \tan\theta = \frac{a}{b} \qquad (2\cdot3)$$

3. 一般角の三角関数

図2•3 のように，平面上で点Oを中心とする半直線OPをとる．このような回転する半直線OPを**動径**といい，動径OPの最初の位置を表す半直線OXを**始線**という．

半直線OPの回転には二つの向きがあるので，正負の符号をつけてそれらを区別する．時計の針の回転と反対の向きを**正の向き**，時計の針の回転と同じ向きを**負の向き**という．

図2•4 において，点Oを原点とする座標平面上で，x 軸の正の部分OXを始

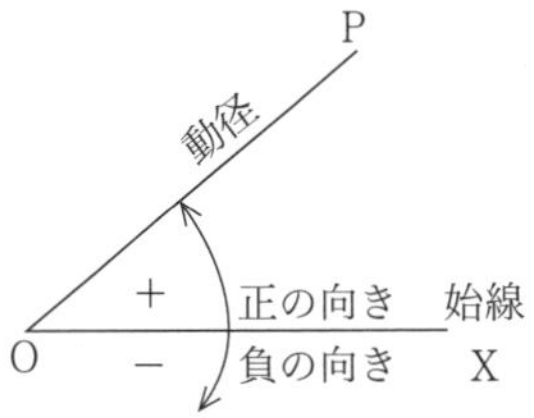

図 2・3　動径

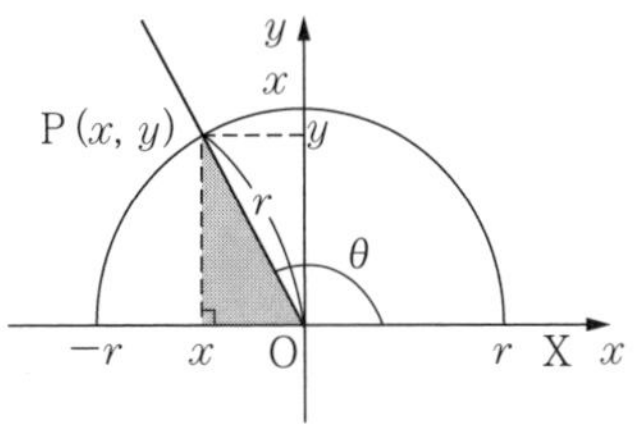

図 2・4　三角関数

線とし，動径OPが回転した角を θ とする．

$0^\circ \leqq \theta \leqq 180^\circ$ のとき，点Pの座標を (x, y)，$\mathrm{OP}=r$ とすると

$$\sin\theta=\frac{y}{r},\quad \cos\theta=\frac{x}{r},\quad \tan\theta=\frac{y}{x} \qquad (2\cdot 4)$$

（ただし，$r^2=x^2+y^2$）

である．

点Pは，Oを中心とする半径 r の円周上にあるものとして，θ が一般角のときも，式（2·4）により，$\sin\theta$，$\cos\theta$，$\tan\theta$ の値は決まることになる．これを θ の**三角関数**（trigonometric function）という．

なお，$\tan\theta$ は，θ が 90° や -90° のように，x の値が0となるような θ の値に対しては定義されない．

4. 単位円と三角関数

図2·5のように原点Oを中心とする半径1の円を**単位円**（unit circle）という．

式（2·4）において，$r=1$ とおくと，点Pの座標 (x, y) は

$$x=\cos\theta,\quad y=\sin\theta$$

すなわち，点Pの座標は $(\cos\theta, \sin\theta)$ となる．

このとき，x，y は，$-1\leqq x\leqq 1$，$-1\leqq y\leqq 1$ の範囲の値をとる．

したがって，次の範囲の値をとる関数である．

$$-1\leqq\sin\theta\leqq 1,\quad -1\leqq\cos\theta\leqq 1$$

なお，$\tan\theta$ は，すべての実数値をとる関数である．

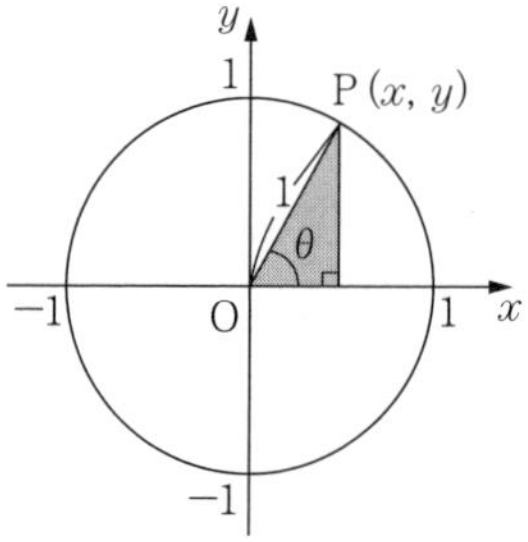

図 2・5　単位円

例題3　$\sin 60^\circ$，$\cos 60^\circ$，$\tan 60^\circ$ の値を求めよ．

解　**図2·6**より

$$\sin 60^\circ=\frac{\frac{\sqrt{3}}{2}}{1}=\boldsymbol{\frac{\sqrt{3}}{2}},\quad \cos 60^\circ=\frac{\frac{1}{2}}{1}=\boldsymbol{\frac{1}{2}},\quad \tan 60^\circ=\frac{\frac{\sqrt{3}}{2}}{\frac{1}{2}}=\boldsymbol{\sqrt{3}}$$

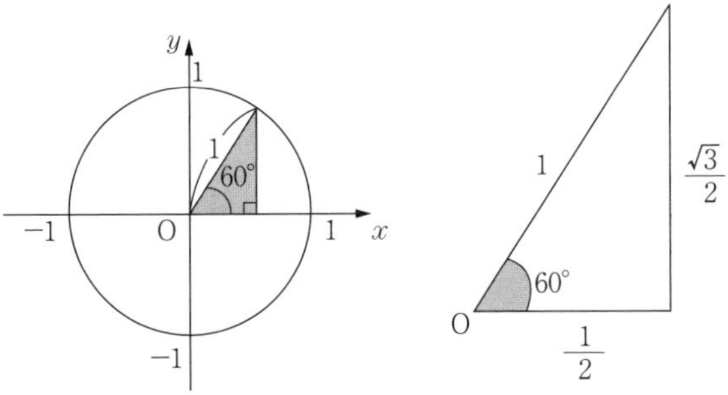

図 2・6

例題 4　sin135°, cos135°, tan135° の値を求めよ.

解　**図 2･7** より

$$\sin 135^\circ = \frac{\frac{1}{\sqrt{2}}}{1} = \boldsymbol{\frac{1}{\sqrt{2}}}, \quad \cos 135^\circ = \frac{-\frac{1}{\sqrt{2}}}{1} = \boldsymbol{-\frac{1}{\sqrt{2}}}, \quad \tan 135^\circ = \frac{+\frac{1}{\sqrt{2}}}{-\frac{1}{\sqrt{2}}} = \boldsymbol{-1}$$

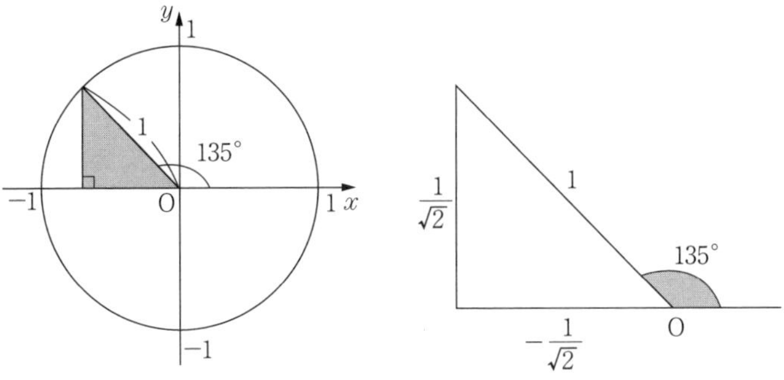

図 2・7

5. 三角関数の間の関係

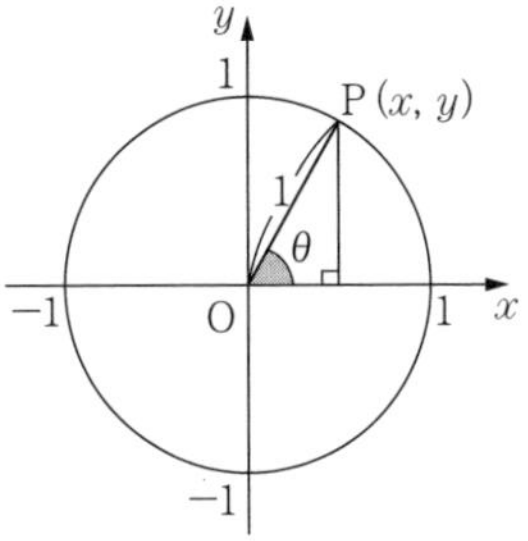

図 2・8

図 2･8 の単位円上の点 P (x, y) について

$$x^2 + y^2 = 1, \qquad \tan\theta = \frac{y}{x}$$

が成り立ち

$$x = \cos\theta, \qquad y = \sin\theta$$

であるので，θ が一般角の場合にも

$$\sin^2\theta+\cos^2\theta=1, \qquad \tan\theta=\frac{\sin\theta}{\cos\theta} \qquad (2\cdot5)$$

式（2·5）の両辺を $\cos^2\theta$ で割ると，式（2·6）が成り立つ．

$$\tan^2\theta+1=\frac{1}{\cos^2\theta} \qquad (2\cdot6)$$

6．三角関数の性質

n を整数とするとき，角（$\theta+360°\times n$）の動径と角 θ の動径は一致するので，次式が成り立つ．

$$\left.\begin{aligned}\sin(\theta+360°\times n)&=\sin\theta\\ \cos(\theta+360°\times n)&=\cos\theta\\ \tan(\theta+360°\times n)&=\tan\theta\end{aligned}\right\} \qquad (2\cdot7)$$

図2·9のように，角（$-\theta$）の動径と単位円の交点Qは x 軸に関して $\mathrm{P}(x, y)=(\cos\theta, \sin\theta)$ と対称の位置にあるから，Qの座標は（$x, -y$）となる．したがって

$$\sin(-\theta)=-y=-\sin\theta$$
$$\cos(-\theta)=x=\cos\theta$$
$$\tan(-\theta)=\frac{-y}{x}=-\frac{y}{x}=-\tan\theta$$

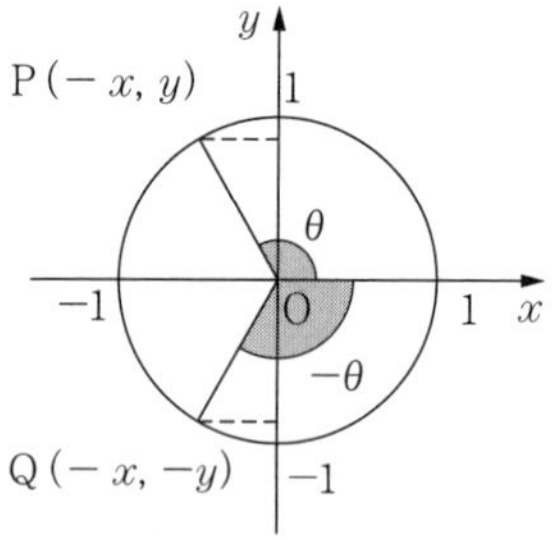

図 2・9

となるので，次式が成り立つ．

$$\left.\begin{aligned}\sin(-\theta)&=-\sin\theta\\ \cos(-\theta)&=\cos\theta\\ \tan(-\theta)&=-\tan\theta\end{aligned}\right\} \qquad (2\cdot8)$$

図2·10のように角（$\theta+180°$）の動径と単位円の交点をRとすると，点Pと点Rは原点に関して対称であるから，点Rの座標は（$-x, -y$）となる．したがって

$$\sin(\theta+180^\circ)=-y=-\sin\theta$$
$$\cos(\theta+180^\circ)=-x=-\cos\theta$$
$$\tan(\theta+180^\circ)=\frac{-y}{-x}=\frac{y}{x}=\tan\theta$$

となるので，次式が成り立つ．

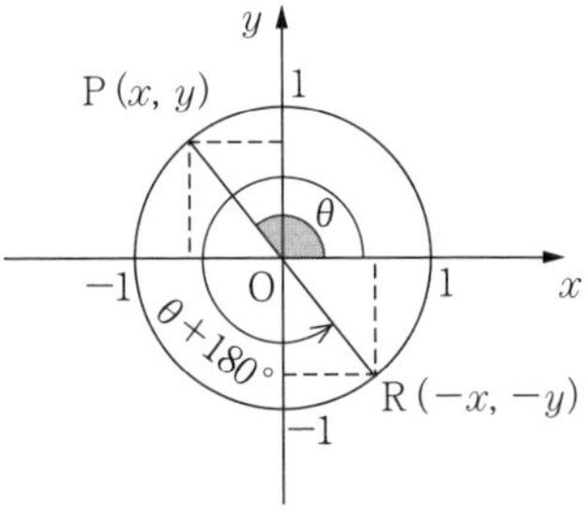

図 2・10

$$\left.\begin{aligned}\boldsymbol{\sin(\theta+180^\circ)=-\sin\theta}\\ \boldsymbol{\cos(\theta+180^\circ)=-\cos\theta}\\ \boldsymbol{\tan(\theta+180^\circ)=\tan\theta}\end{aligned}\right\}\quad(2\cdot 9)$$

例題 5　$\sin\frac{4\pi}{3}=\sin 240^\circ$，$\cos\frac{4\pi}{3}=\cos 240^\circ$ の値を求めよ．

解　式 (2·9) により

$$\sin\frac{4\pi}{3}=\sin 240^\circ=\sin(180^\circ+60^\circ)=-\sin 60^\circ=\boldsymbol{-\frac{\sqrt{3}}{2}}$$
$$\cos\left(\frac{4\pi}{3}\right)=\cos 240^\circ=\cos(180^\circ+60^\circ)=-\cos 60^\circ=\boldsymbol{-\frac{1}{2}}$$

これらは，第 8 章の三相回路でよく用いられる．

図 2·11 のように，角 ($\theta+90^\circ$) の動径と単位円との交点を S とすると，S$(-y, x)$ となるので

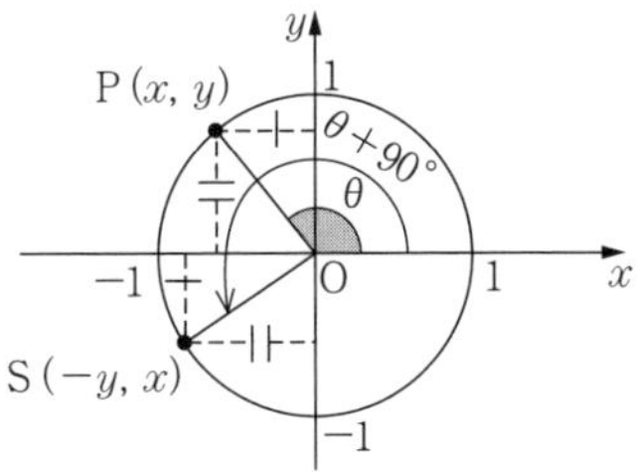

図 2・11

$$\sin(\theta+90^\circ)=x=\cos\theta$$
$$\cos(\theta+90^\circ)=-y=-\sin\theta$$
$$\tan(\theta+90^\circ)=\frac{x}{-y}=-\frac{1}{\frac{y}{x}}=-\frac{1}{\tan\theta}$$

となり，次式が成り立つ．

$$\left.\begin{aligned}\boldsymbol{\sin(\theta+90^\circ)=\cos\theta}\\ \boldsymbol{\cos(\theta+90^\circ)=-\sin\theta}\\ \boldsymbol{\tan(\theta+90^\circ)=-\frac{1}{\tan\theta}}\end{aligned}\right\}\quad(2\cdot 10)$$

例題 6　$\sin\frac{2\pi}{3}=\sin 120^\circ$，$\cos\frac{2\pi}{3}=\cos 120^\circ$ の値を求めよ．

解　式（2·10）により

$$\sin\frac{2\pi}{3}=\sin 120^\circ=\sin(90^\circ+30^\circ)=\cos 30^\circ=\frac{\sqrt{3}}{2}$$

$$\cos\frac{2\pi}{3}=\cos 120^\circ=\cos(90^\circ+30^\circ)=-\sin 30^\circ=-\frac{1}{2}$$

（なお，$\cos 30^\circ=\sqrt{3}/2$，$\sin 30^\circ=1/2$ は次の項「特殊角の三角関数」にて示す．）

例題5と同様，第8章の三相回路でよく用いられる．

7．特殊角の三角関数

〔a〕 $30^\circ=\frac{\pi}{6}$〔rad〕，$60^\circ=\frac{\pi}{3}$〔rad〕の三角関数

図2·12において，正三角形ABCの頂点AからBCに垂線を下ろすと，DはBCの中点となる．ゆえに，BD＝1とすれば，AB＝1×2＝2となる．

また，ピタゴラスの定理により

$$AB^2=BD^2+AD^2$$

$$\therefore\quad AD^2=AB^2-BD^2=2^2-1^2=3$$

すなわち，$AD=\sqrt{3}$ となる．したがって

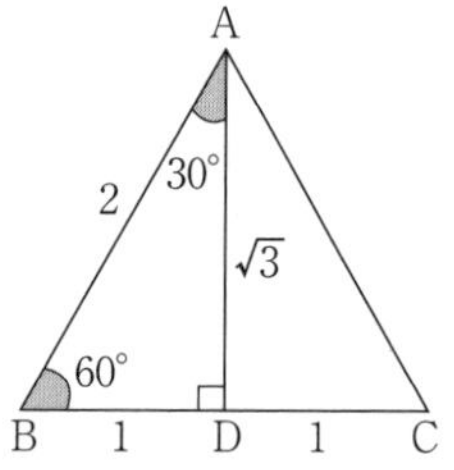

図 2・12　特殊角の三角関数(1)

$$\sin 30^\circ=\cos 60^\circ=\frac{BD}{AB}=\frac{1}{2}=0.5,\qquad \cos 30^\circ=\sin 60^\circ=\frac{AD}{AB}=\frac{\sqrt{3}}{2}=0.866$$

$$\tan 30^\circ=\frac{BD}{AD}=\frac{1}{\sqrt{3}}\fallingdotseq 0.577,\qquad \tan 60^\circ=\frac{AD}{BD}=\sqrt{3}\fallingdotseq 1.732$$

〔b〕 $45^\circ=\frac{\pi}{4}$〔rad〕の三角関数

図2·13のような直角二等辺三角形について

$$\sin 45^\circ=\cos 45^\circ=\frac{BC}{AB}=\frac{1}{\sqrt{2}}\fallingdotseq 0.707$$

$$\tan 45^\circ=\frac{AC}{BC}=\frac{1}{1}=1$$

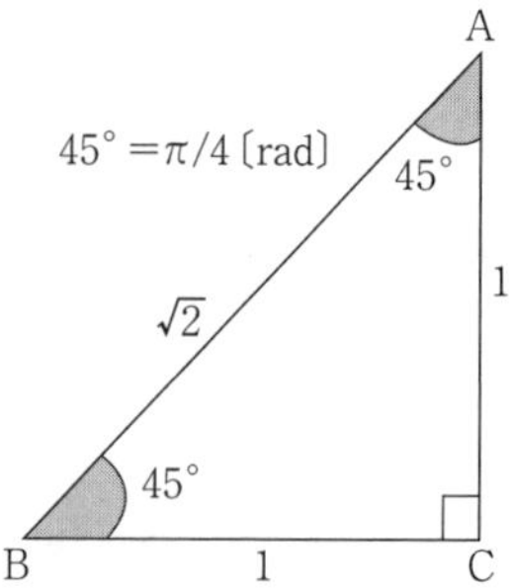

図 2・13　特殊角の三角関数(2)

〔c〕 0°，90°と変化する三角関数

いま，半径が1である円を描き，**図2·14**により角 θ の三角関数値の変化を考える．OP＝

ON＝1 であるので

$$\left.\begin{aligned} \sin\theta &= \frac{\mathrm{PM}}{\mathrm{OP}} = \mathrm{PM} \\ \cos\theta &= \frac{\mathrm{OM}}{\mathrm{OP}} = \mathrm{OM} \\ \tan\theta &= \frac{\mathrm{QN}}{\mathrm{ON}} = \mathrm{QN} \end{aligned}\right\} \qquad (2\cdot 11)$$

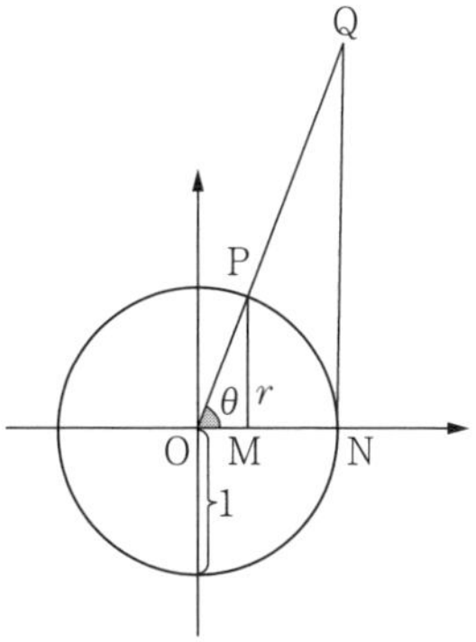

図 2・14

となる．

すなわち，$\sin\theta$，$\cos\theta$，$\tan\theta$ はそれぞれ PM，OM，QN の長さで表される．

したがって，いま θ が小さくなって 0 に近づくにつれて

$$\mathrm{PM} \to 0 \qquad \mathrm{OM} \to \mathrm{ON} = 1 \qquad \mathrm{QN} \to 0 \qquad (2\cdot 12)$$

となる．

また，θ が大きくなるに従って 90° に近くなる．

$$\mathrm{PM} \to 1 \qquad \mathrm{OM} \to 0 \qquad \mathrm{QN} \to \infty \qquad (2\cdot 13)$$

となる．つまり

$$\left.\begin{aligned} \sin 0^\circ &= 0 \\ \cos 0^\circ &= 1 \\ \tan 0^\circ &= 0 \end{aligned}\right\} \quad (2\cdot 14) \qquad \left.\begin{aligned} \sin 90^\circ &= 1 \\ \cos 90^\circ &= 0 \\ \tan 90^\circ &= \infty \end{aligned}\right\} \quad (2\cdot 15)$$

となり，これを**表 2･1** に示す．

表 2・1

θ ＼ 度	0°	30°	45°	60°	90°
$\sin\theta$	0	$\frac{1}{2}$	$\frac{1}{\sqrt{2}}$	$\frac{\sqrt{3}}{2}$	1
$\cos\theta$	1	$\frac{\sqrt{3}}{2}$	$\frac{1}{\sqrt{2}}$	$\frac{1}{2}$	0
$\tan\theta$	0	$\frac{1}{\sqrt{3}}$	1	$\sqrt{3}$	∞

8. 加法定理と導かれる公式

〔a〕 加法定理

図 2･15 より

$$\sin(\alpha+\beta)=\frac{PQ}{OP}=\frac{PT+TQ}{OP}=\frac{PT+TQ}{1}=PT+TQ$$
$$=PT+RS=OP\sin\beta\cos\alpha+OP\cos\beta\sin\alpha$$
$$=\sin\alpha\cos\beta+\cos\alpha\sin\beta$$

となる．また

$$\sin(\alpha-\beta)=\sin\{\alpha+(-\beta)\}$$
$$=\sin\alpha\cos(-\beta)+\cos\alpha\sin(-\beta)$$

であり

$$\cos(-\beta)=\cos\beta,\quad \sin(-\beta)=-\sin\beta$$

であるから

$$\sin(\alpha-\beta)=\sin\alpha\cos\beta-\cos\alpha\sin\beta$$

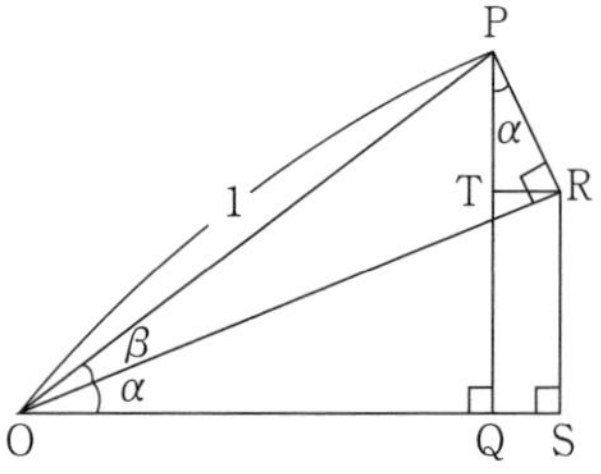

図 2・15

したがって

$$\boldsymbol{\sin(\alpha\pm\beta)=\sin\alpha\cos\beta\pm\cos\alpha\sin\beta} \qquad (2\cdot16)$$

同様に

$$\cos(\alpha+\beta)=\frac{OQ}{OP}=\frac{OS-QS}{1}=OS-TR$$
$$=OP\cos\beta\cos\alpha-OP\sin\beta\sin\alpha$$
$$=\cos\alpha\cos\beta-\sin\alpha\sin\beta$$

また

$$\cos(\alpha-\beta)=\cos\{\alpha+(-\beta)\}=\cos\alpha\cos(-\beta)-\sin\alpha\sin(-\beta)$$

であり

$$\cos(-\beta)=\cos\beta,\qquad \sin(-\beta)=-\sin\beta$$

であるから

$$\cos(\alpha-\beta)=\cos\alpha\cos\beta+\sin\alpha\sin\beta$$

したがって

$$\boldsymbol{\cos(\alpha\pm\beta)=\cos\alpha\cos\beta\mp\sin\alpha\sin\beta} \qquad (2\cdot17)$$

〔b〕 加法定理と導かれる公式

$\alpha=\beta$ ならば，$\alpha+\beta=2\alpha$

式（2・16）より

$$\mathbf{\sin 2\alpha=2\sin\alpha\cos\alpha} \qquad (2\cdot 18)$$

式（2・17）より

$\cos 2\alpha=\cos^2\alpha-\sin^2\alpha=1-2\sin^2\alpha$

（∵　$\cos^2\alpha=1-\sin^2\alpha$）

したがって

$$\mathbf{\sin^2\alpha=\frac{1-\cos 2\alpha}{2}} \qquad (2\cdot 19)$$

$\cos 2\alpha=2\cos^2\alpha-1$

$$\mathbf{\cos^2\alpha=\frac{1+\cos 2\alpha}{2}} \qquad (2\cdot 20)$$

例題 7　$\frac{5\pi}{12}$〔rad〕$=75^\circ$ の sin（正弦），cos（余弦）の値を加法定理を用いて求めよ．

解

$$\mathbf{\sin\frac{5\pi}{12}}=\sin\left(\frac{\pi}{4}+\frac{\pi}{6}\right)=\sin\frac{\pi}{4}\cos\frac{\pi}{6}+\cos\frac{\pi}{4}\sin\frac{\pi}{6}$$

$$=\frac{\sqrt{2}}{2}\times\frac{\sqrt{3}}{2}+\frac{\sqrt{2}}{2}\times\frac{1}{2}=\mathbf{\frac{\sqrt{6}+\sqrt{2}}{4}}$$

$$\mathbf{\cos\frac{5\pi}{12}}=\cos\left(\frac{\pi}{4}+\frac{\pi}{6}\right)=\cos\frac{\pi}{4}\cos\frac{\pi}{6}-\sin\frac{\pi}{4}\sin\frac{\pi}{6}$$

$$=\frac{\sqrt{2}}{2}\times\frac{\sqrt{3}}{2}-\frac{\sqrt{2}}{2}\times\frac{1}{2}=\mathbf{\frac{\sqrt{6}-\sqrt{2}}{4}}$$

2・2 三角関数のグラフ

1. $y=\sin\theta$ のグラフ

図 2・16 のように，角 θ の動径と単位円の交点を $\mathrm{P}(p, q)$ とすると，$q=\sin\theta$ である．

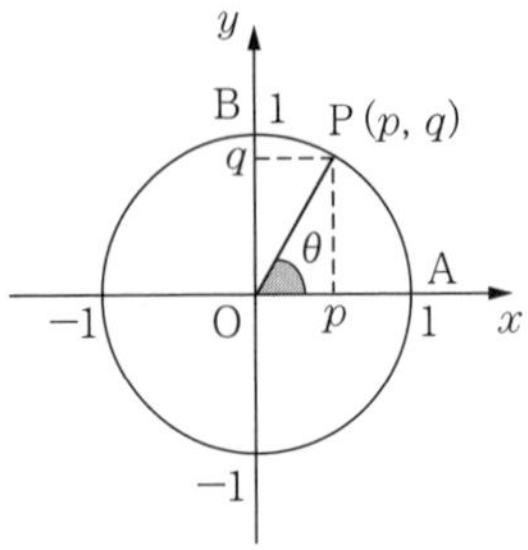

図 2・16

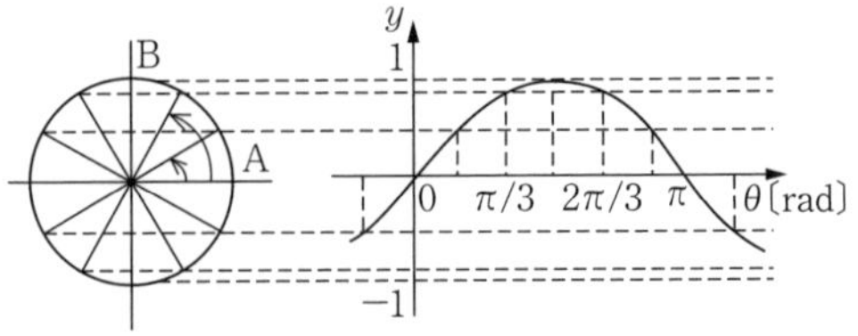

図 2・17　$y=\sin\theta$ の描き方

関数 $y=\sin\theta$ のグラフは**図 2・17** のように描くことができる．

$\sin\theta$ の値は 2π〔rad〕$=360°$ ごとに同じ変化を繰り返す．この 2π〔rad〕を $\sin\theta$ の周期という．すなわち

$$\sin(\theta+2\pi)=\sin\theta \qquad (2・21)$$

$y=\sin\theta$ のグラフを**図 2・18** に示す．

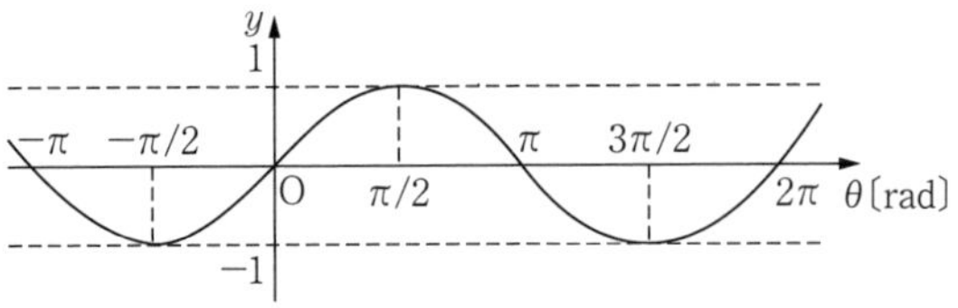

図 2・18　$y=\sin\theta$ のグラフ

$y=\sin\theta$ のグラフは原点 O に対称になっているので

$$\sin(-\theta)=-\sin\theta \qquad (2・22)$$

となる．

2. $y=\cos\theta$ のグラフ

図 2・16 で，$p=\cos\theta$ である．これを用いると，関数 $y=\cos\theta$ のグラフは**図 2・19** のように描くことができる．

$\cos\theta$ の値は 2π〔rad〕ごとに同じ変化を繰り返す．

$$\cos(\theta+2\pi)=\cos\theta \qquad (2・23)$$

$y=\cos\theta$ は 2π〔rad〕を周期とする関数で，**図 2・20** に示す．

$y=\cos\theta$ のグラフは y 軸について対称になっているので

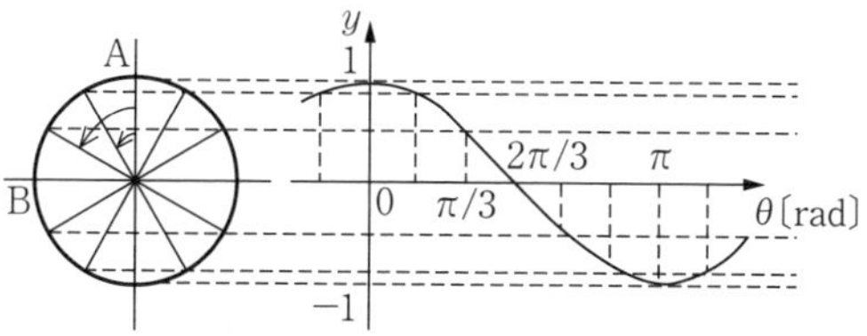

図 2・19　$y=\cos\theta$ の描き方

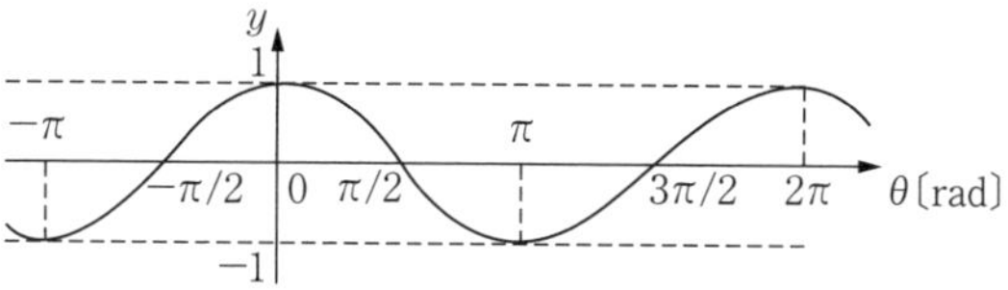

図 2・20　$y=\cos\theta$ のグラフ

$$\cos(-\theta)=\cos\theta \qquad (2\cdot24)$$

また，$y=\cos\theta$ のグラフは，$y=\sin\theta$ のグラフを**図 2・21** に示すように左へ $\pi/2$〔rad〕だけ平行移動したものになっているので

$$\cos\theta=\sin\left(\theta+\frac{\pi}{2}\right) \qquad (2\cdot25)$$

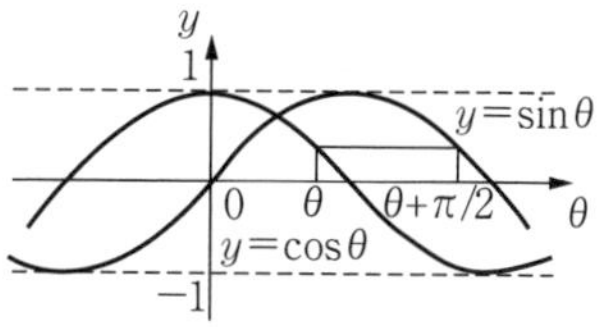

図 2・21　$\cos\theta=\sin(\theta+\pi/2)$

となる．

例題 8　関数 $y=2\sin\theta$ のグラフを描け．

解　$y=2\sin\theta$ のグラフは，$y=\sin\theta$ のグラフを，θ 軸をもとにして，y 軸の方向に 2 倍に拡大したもので，**図 2・22** のようになる．

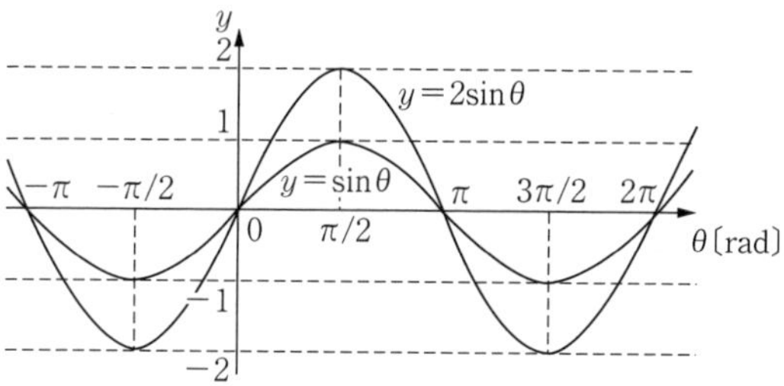

図 2・22　$y=2\sin\theta$

例題 9 関数 $y=\sin 2\theta$ のグラフを描け.

解 **表 2・2** より, $y=\sin 2\theta$ グラフは**図 2・23** のようになる.

$y=\sin 2\theta$ のグラフは, $y=\sin\theta$ のグラフを, y 軸をもとにして, θ 軸の方向に 1/2 倍に縮小したもので, 周期は π〔rad〕である.

表 2・2

θ〔rad〕	0	$\frac{\pi}{4}$	$\frac{\pi}{2}$	…	$\frac{3\pi}{4}$	π	…	2π
2θ〔rad〕	0	$\frac{\pi}{2}$	π	…	$\frac{3\pi}{2}$	2π	…	4π
$\sin 2\theta$	0	1	0	…	−1	0	…	0

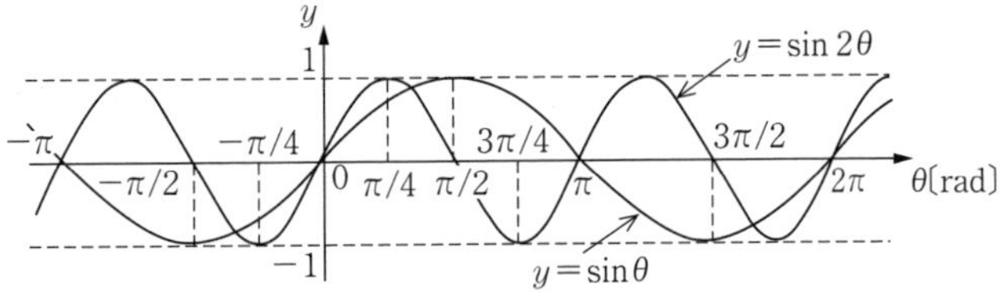

図 2・23 $y=\sin 2\theta$ のグラフ

例題 10 $y=\cos\left(\theta-\frac{\pi}{6}\right)$ のグラフを描け.

解 **表 2・3** より, $y=\cos\left(\theta-\frac{\pi}{6}\right)$ のグラフは**図 2・24** のようになる.

$y=\cos\left(\theta-\frac{\pi}{6}\right)$ のグラフは, $y=\cos\theta$ のグラフを右に $\frac{\pi}{6}$〔rad〕だけ平行移動したものとなる.

表 2・3

θ〔rad〕	0	$\frac{\pi}{6}$	$\frac{\pi}{3}$	$\frac{\pi}{2}$	$\frac{2\pi}{3}$	$\frac{5\pi}{6}$	π	$\frac{7\pi}{6}$
$\cos\theta$	1	$\frac{\sqrt{3}}{2}$	$\frac{1}{2}$	0	$-\frac{1}{2}$	$-\frac{\sqrt{3}}{2}$	−1	$-\frac{\sqrt{3}}{2}$
$y=\cos\left(\theta-\frac{\pi}{6}\right)$	$\frac{\sqrt{3}}{2}$	1	$\frac{\sqrt{3}}{2}$	$\frac{1}{2}$	0	$-\frac{1}{2}$	$-\frac{\sqrt{3}}{2}$	−1

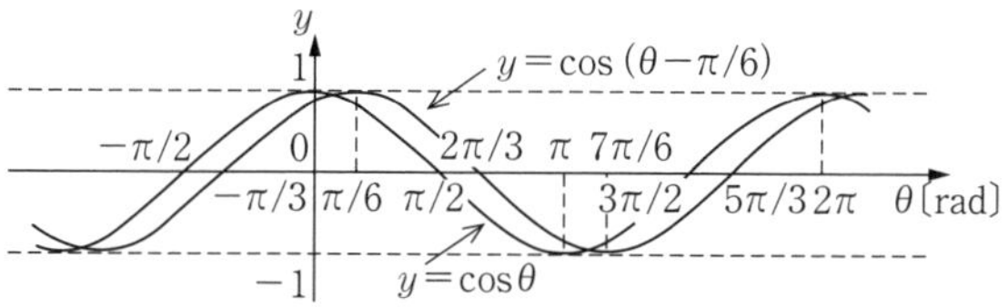

図 **2・24**　$y = \cos(\theta - \pi/6)$ のグラフ

例題 11　$y=\cos 2\theta$ のグラフを描け．

解　　$y=\cos 2\theta$ のグラフは，$y=\cos\theta$ のグラフを，y 軸をもとにして，θ 軸の方向に 1/2 倍に縮小したもので，周期は π〔rad〕である（**図 2•25**）．

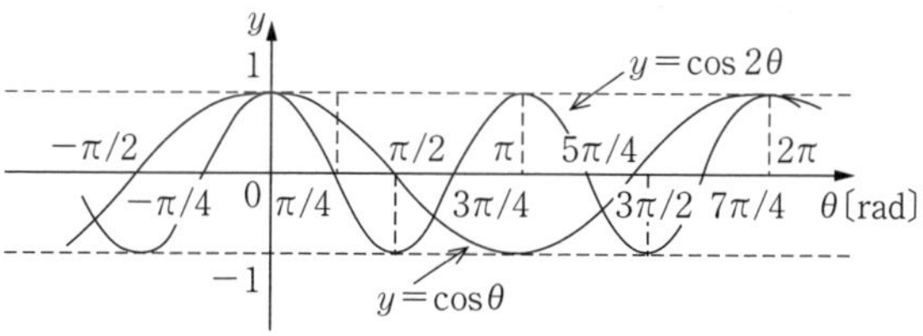

図 **2・25**　$y = \cos 2\theta$ のグラフ

3．$y=\tan\theta$ のグラフ

図 2•26 で，点 A における単位円の接線と直線 OP との交点を T(1, t) とすると，$t=\tan\theta$ だから関数 $y=\tan\theta$ のグラフは，**図 2•27** のようになる．

図 2•27 からわかるように

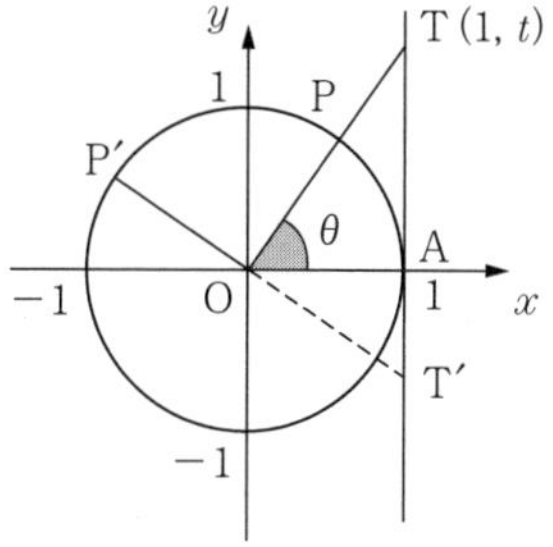

図 **2・26**

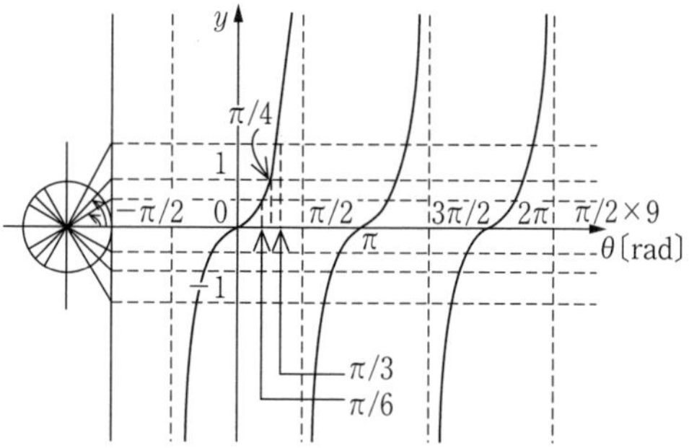

図 **2・27**　$y = \tan\theta$ のグラフ

$$\tan(\theta+\pi)=\tan\theta \qquad (2\cdot26)$$

が成り立つ．したがって，π〔rad〕が周期になっている．

$\tan\theta$ は，θ が，……，$-\pi/2$，$\pi/2$，$3\pi/2$〔rad〕，……では値をもたない．θ がそれらの値に近づくと，$\tan\theta$ の絶対値はかぎりなく大きくなり，y 軸に平行な直線……，$\theta=-\pi/2$，$\theta=\pi/2$，$\theta=3\pi/2$〔rad〕，……に接近していく．このような直線を**漸近線**という．

$y=\tan\theta$ のグラフは原点について対称で

$$\tan(-\theta)=-\tan\theta \qquad (2\cdot27)$$

が成り立つ．

2・3　複素数とその表し方および演算法

1．複素数とは

数学が取り扱う数には大きく分けて**実数**と**虚数**とがあり，また，それらには**正数**と**負数**とがある．ここで虚数というのは $\sqrt{-1}$ を単位にした数のことで，数学では $\sqrt{-1}$ を i という記号で表している．

> しかし，電気工学では i はよく電流の記号として使われるので，間違いを避けるために **j という記号で表す**ことにしている．

いま，a，b を正の実数としたとき

$\dot{P}=a+jb$　（ここで，$j=\sqrt{-1}$）

と表すと，$\dot{P}$ は実数と虚数との和で，$a=0$ のときには $\dot{P}=jb$ で虚数となり，$b=0$ のときには $\dot{P}=a$ で実数となる．

> **$a+jb$ は数の一般形を表し，複素数**（complex number）という．**そして，$\sqrt{a^2+b^2}$ を複素数の絶対値，$\tan^{-1}(b/a)$ を相差角**（または**偏角**）（argument）という．

2．複素数の座標上での表し方

実数，虚数は互いに直交する2直線上の点で表されるので，複素数 $\dot{Z}=a+jb$

を図上で表すには，次のようにする．すなわち，**図 2・28** のように OX 軸は実数軸であるから，この上に OA＝a にとり，OY 軸は虚数軸であるからこの上に OB＝b にとる．したがって，図上では，点 P が複素数 $\dot{Z}=a+jb$ を示す点になる．

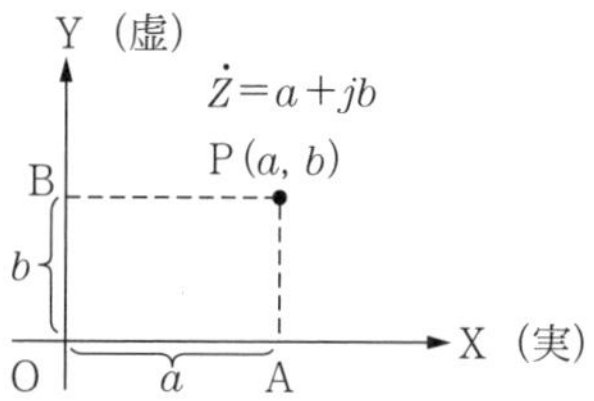

図 2・28　複素数

このように**複素数 $\dot{Z}=a+jb$ を直交座標上に表す方法を直交座標表示**（rectangular form）**という**（なお，複素数を上記のように直交座標で表すとき，**横軸を実数軸，縦軸を虚数軸，この全平面を複素面という**）．

直交座標表示は複素数表示ともいう．

次に $\dot{Z}$ を長さ OP と角 XOP，すなわち複素数の絶対値 $|\dot{Z}|=r$ と偏角 θ とで表してみる．a および b を三角関数で表せば

$$a=r\cos\theta,\qquad b=r\sin\theta \tag{2・28}$$

となる．したがって，複素数 $\dot{Z}$ は

$$\dot{Z}=r\cos\theta+jr\sin\theta=\boldsymbol{r(\cos\theta+j\sin\theta)} \tag{2・29}$$

このような表し方を**三角関数表示**という．

オイラーの公式（Euler's formula）

$$e^{j\theta}=\cos\theta+j\sin\theta \tag{2・30}$$

を用いれば，**複素数の極座標表示**（polar form）として次式を得る．

$$\boldsymbol{\dot{Z}=re^{j\theta}=r(\cos\theta+j\sin\theta)=r\angle\theta} \tag{2・31}$$

次に，この r および θ を a および b で表すと，**図 2・29** のように直角三角形のピタゴラスの定理から

$$r^2=a^2+b^2 \tag{2・32}$$

また，偏角 θ に関しては

$$\tan\theta=\frac{b}{a}$$

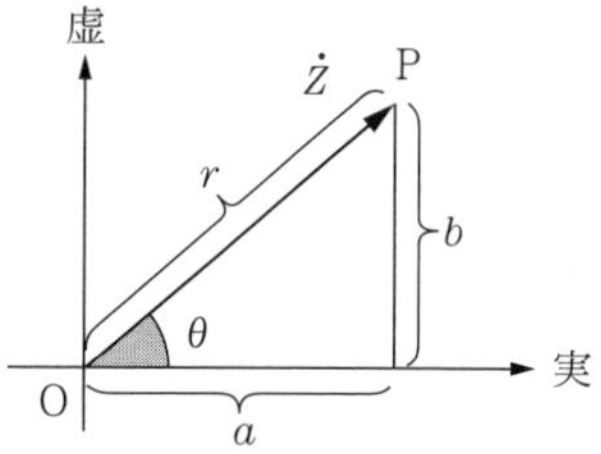

図 2・29　直交座標表示と極座標表示

$$\therefore \quad \boldsymbol{\theta = \tan^{-1}\frac{b}{a}} \tag{2・33}$$

以上の複素数の直交座標表示（三角関数表示）および極座標表示に関する公式をまとめると

直交座標	極座標	
$\dot{Z}=a+jb$	$\dot{Z}=re^{j\theta}=r\angle\theta$	
$a=r\cos\theta$	$r=\sqrt{a^2+b^2}$	(2・34)
$b=r\sin\theta$	$\theta=\tan^{-1}\dfrac{b}{a}$	

例題12 $\dot{Z}=3+j3$ を極座標表示せよ．

解 図2・30に示すように

$$r=\sqrt{3^2+3^2}=\sqrt{9+9}=\sqrt{18}=3\sqrt{2}$$

$$\theta=\tan^{-1}\frac{3}{3}=\tan^{-1}1=45^\circ$$

$180^\circ=\pi$〔rad〕であるから

$$\theta=45^\circ\times\frac{\pi}{180}=\frac{\pi}{4}\text{〔rad〕}$$

$\therefore$ $\boldsymbol{\dot{Z}=3\sqrt{2}\,e^{j45^\circ}}$ または

$$\boldsymbol{\dot{Z}=3\sqrt{2}\,e^{j\frac{\pi}{4}}=3\sqrt{2}\angle45^\circ=3\sqrt{2}\angle\frac{\pi}{4}\text{〔rad〕}}$$

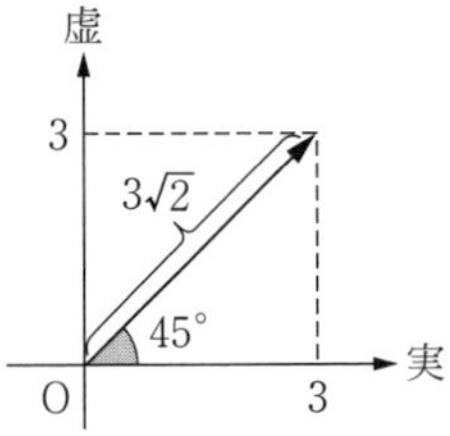

図 2・30

例題13 $\dot{Z}=1+j\sqrt{3}$ を極座標表示せよ．

解 $r=\sqrt{1^2+\sqrt{3}^2}=\sqrt{1+3}=\sqrt{4}=2$

$$\theta=\tan^{-1}\frac{\sqrt{3}}{1}=\tan^{-1}\sqrt{3}=60^\circ \text{ または } \frac{\pi}{3}\text{〔rad〕}$$

$\therefore$ $\boldsymbol{\dot{Z}=2e^{j60^\circ}}$ または $\boldsymbol{\dot{Z}=2e^{j\frac{\pi}{3}}=2\angle60^\circ=2\angle\frac{\pi}{3}\text{〔rad〕}}$

例題14 $\dot{Z}=4e^{j\frac{\pi}{4}}$ を直交座標表示せよ．

解 $a=4\cos\dfrac{\pi}{4}=4\times\dfrac{\sqrt{2}}{2}=2\sqrt{2}$, $\quad b=4\sin\dfrac{\pi}{4}=4\times\dfrac{\sqrt{2}}{2}=2\sqrt{2}$

$\therefore$ $\boldsymbol{\dot{Z}=2\sqrt{2}+j2\sqrt{2}}$

3. 共役複素数

> 複素数 $\dot{Z}=a+jb$ の虚数部分の符号の正負逆にしたものを**共役複素数**（conjugate complex number）という．これを $\overline{\dot{Z}}$ で表す．すなわち
>
> $$\overline{\dot{Z}}=a-jb \qquad (2\cdot35)$$
>
> である．

極座標で表せば，**図 2・31** から明らかなように，絶対値はそのままで，偏角の符号を逆にすればよいから

$$\dot{Z}=re^{j\theta}=r\angle\theta$$

の共役複素数は

$$\overline{\dot{Z}}=re^{-j\theta}=r\angle-\theta \qquad (2\cdot36)$$

で与えられる．

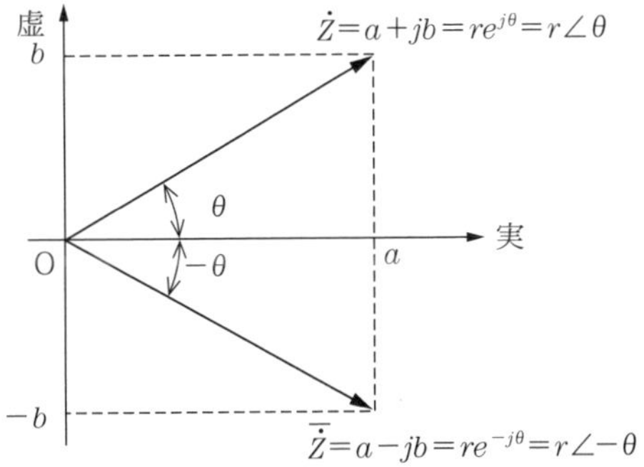

図 2・31　共役複素数

例題15　$\dot{Z}=2e^{j60^\circ}$ の共役複素数を求めよ．

解　$\overline{\dot{Z}}=2e^{-j60^\circ}=2\angle-60^\circ=2\angle-\dfrac{\pi}{3}$〔rad〕

4. 複素数の加減演算

二つの複素数をそれぞれ

$$\dot{P}_1=a_1+jb_1,\qquad \dot{P}_2=a_2+jb_2$$

として，その和を $\dot{P}$ とすると

$$\dot{P}=\dot{P}_1+\dot{P}_2=a_1+jb_1+a_2+jb_2$$
$$=(a_1+a_2)+j(b_1+b_2)=a+jb$$

（ここで，$a=a_1+a_2$，$b=b_1+b_2$）

すなわち，実数は実数，虚数は虚数どうしの和を求めればよい．

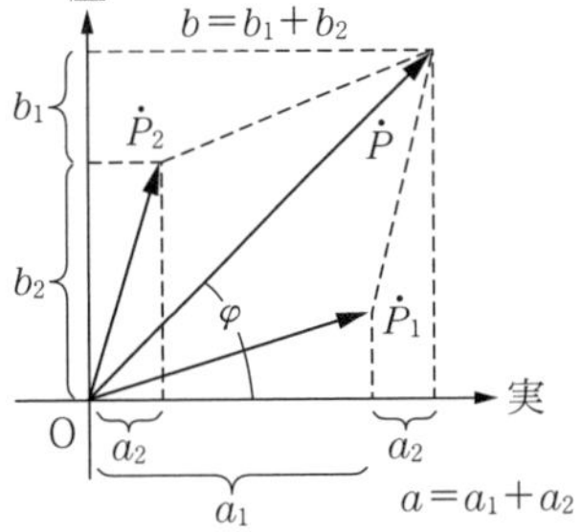

図 2・32　複素数の加算

なお，このときの和 $\dot{P}$ は**図 2・32** に示すよう

に，おのおの実数分の和 a と，虚数分の和 b を2辺とする平行四辺形の対角線で表され，その長さ，すなわち，絶対値 $\overline{\mathrm{OP}}$ と，実数軸となす角（相差角）φ は，それぞれ次式で与えられる．

$$\overline{\mathrm{OP}}=\sqrt{(a_1+a_2)^2+(b_1+b_2)^2}$$

$$\varphi=\tan^{-1}\frac{b_1+b_2}{a_1+a_2}$$

次に $\dot{P}_1$ と $\dot{P}_2$ の差を $\dot{P}'$ とすると

$$\dot{P}'=\dot{P}_1-\dot{P}_2$$
$$=(a_1+jb_1)-(a_2+jb_2)$$
$$=(a_1-a_2)+j(b_1-b_2)$$

となり，その絶対値 P' と相差角 φ' はそれぞれ

$$P'=\sqrt{(a_1-a_2)^2+(b_1-b_2)^2}$$

$$\varphi'=\tan^{-1}\frac{b_1-b_2}{a_1-a_2}$$

と表され，**図2･33** に示す．

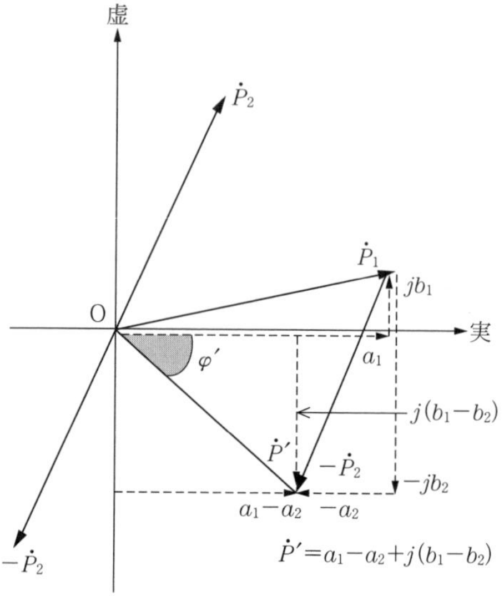

図 2・33　複素数の減算

> 一般に**複素数の和，差を求める場合には，実数部と虚数部について代数的計算をすればよい．**

例題16　二つの複素数 $\dot{P}_1=20+j40$，$\dot{P}_2=15+j10$ の和と差，およびそれぞれの絶対値と相差角を求めよ．

解　和と差をそれぞれ，$\dot{P}$ および $\dot{P}'$ とすると

$$\dot{\boldsymbol{P}}=\dot{P}_1+\dot{P}_2=20+j40+15+j10$$
$$=(20+15)+j(40+10)$$
$$\boldsymbol{=35+j50}$$

絶対値　$|\dot{\boldsymbol{P}}|=\sqrt{35^2+50^2}\fallingdotseq\boldsymbol{61}$

相差角　$\boldsymbol{\varphi}=\tan^{-1}\dfrac{50}{35}=\tan^{-1}1.429=\boldsymbol{55^\circ}$

$$\dot{\boldsymbol{P}}'=\dot{P}_1-\dot{P}_2=(20-15)+j(40-10)=\boldsymbol{5+j30}$$

絶対値　$|\dot{\boldsymbol{P}}'|=\sqrt{5^2+30^2}=\boldsymbol{30.4}$

相差角　$\boldsymbol{\varphi}'=\tan^{-1}\dfrac{30}{5}=\tan^{-1}6=\boldsymbol{80.6^\circ}$

5. 虚数 j, j^2, j^3, j^4

数字の1と j を複素平面上に示すと**図2•34**のようになることがわかる．そこで，1と j の積を求め，これを図示することを考える．代数的には $1\times j$ は j となることはすぐにわかるが，イメージが浮かびにくいので，極座標表示を用いてみる．

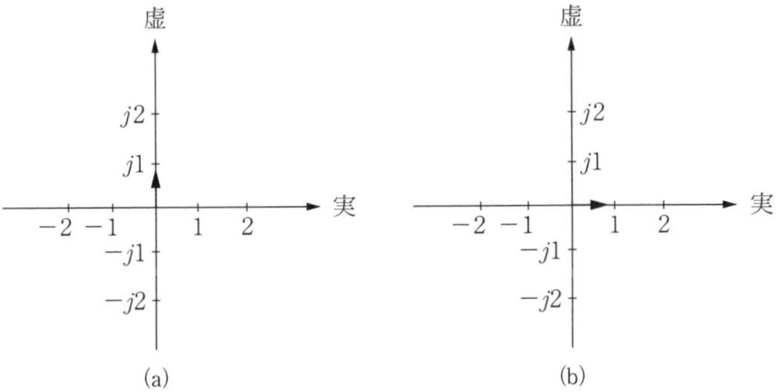

図 2・34　1と j

$$j=1\angle\frac{\pi}{2}=\cos\frac{\pi}{2}+j\sin\frac{\pi}{2}=0+j1$$

$$1\times j=1\times\left(\cos\frac{\pi}{2}+j\sin\frac{\pi}{2}\right)=1\times(0+j)=j$$

すなわち，**$1\times j$ は複素平面上の1を $\pi/2$ だけ時計と反対方向に回転させたものである**と考えられ，**図2•35**に示すようになる．

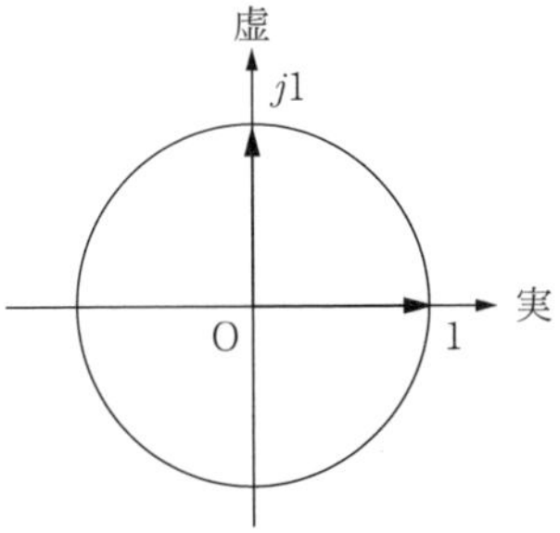

図 2・35　$1\times j$

したがって，$1\times j\times j=-1$，$1\times j\times j\times j=-j$ および $1\times j^4=1$ は**図2•36**で示されるように実軸上の1の反時計方向に π，$3\pi/2$，および 2π 回転させたことと

同じになる．

$j^2 = j \times j = -1$　　$j^3 = j^2 \times j = -1 \times j = -j$　　$j^4 = j^2 \times j^2 = -1 \times -1 = 1$

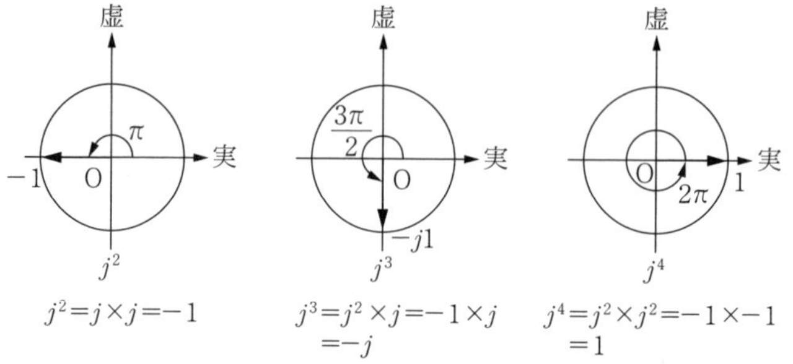

図 2・36

例題 17 次の虚数 j の式を簡単にせよ．

(1) j^2　　(2) j^3　　(3) j^5　　(4) $\dfrac{1}{j^2}$　　(5) $j^2 \times j^3$

(6) $(j^4)^2$　　(7) $\dfrac{j^7}{j^3}$

解　(1) $\boldsymbol{j^2 = j \times j = -1}$　　(2) $\boldsymbol{j^3 = j^2 \times j = -1 \times j = -j}$

(3) $\boldsymbol{j^5} = j \times j^4 = j \times j^2 \times j^2 = j \times -1 \times -1 = \boldsymbol{j}$

(4) $\dfrac{1}{j^2} = \dfrac{1}{j \times j} = \dfrac{1}{-1} = \boldsymbol{-1}$

(5) $\boldsymbol{j^2 \times j^3} = j \times j \times j \times j \times j = -1 \times -1 \times j = \boldsymbol{j}$

(6) $\boldsymbol{(j^4)^2} = (j^2 \times j^2)^2 = \{(j \times j)^2 \times (j \times j)^2\}^2 = \{(-1)^2 \times (-1)^2\}^2 = \boldsymbol{1}$

(7) $\dfrac{\boldsymbol{j^7}}{\boldsymbol{j^3}} = j^4 = j^2 \times j^2 = -1 \times -1 = \boldsymbol{1}$

6．複素数 $\dot{Z}$ に j，$-j$ を掛ける

$\dot{Z} = re^{j\theta}$ と，j または $-j$ との積は，それぞれ $j = e^{j(\pi/2)}$，$-j = e^{-j(\pi/2)}$ であるから，指数法則 $(a^m \times a^n = a^{m+n})$ を用いて

$$\left. \begin{aligned} j\dot{Z} &= \dot{Z} \times j = re^{j\theta} \cdot e^{j\frac{\pi}{2}} \\ &= re^{j\left(\theta + \frac{\pi}{2}\right)} = r\angle\left(\theta + \frac{\pi}{2}\right) \\ -j\dot{Z} &= \dot{Z} \times (-j) = re^{j\theta} \cdot e^{-j\frac{\pi}{2}} \\ &= re^{j\left(\theta - \frac{\pi}{2}\right)} = \boldsymbol{r\angle\left(\theta - \frac{\pi}{2}\right)} \end{aligned} \right\} \quad (2 \cdot 37)$$

となる．

図 2・37 は，この場合を示したものである．

すなわち，**複素数 $\dot{Z}$ に j を掛けると絶対値は変わらないで，偏角だけが $\pi/2$ だけ増加した複素数になる．**

また，**複素数 $\dot{Z}$ に $-j$ を掛けると，絶対値は変わらないで，偏角だけが $\pi/2$ だけ減少した複素数になる．**

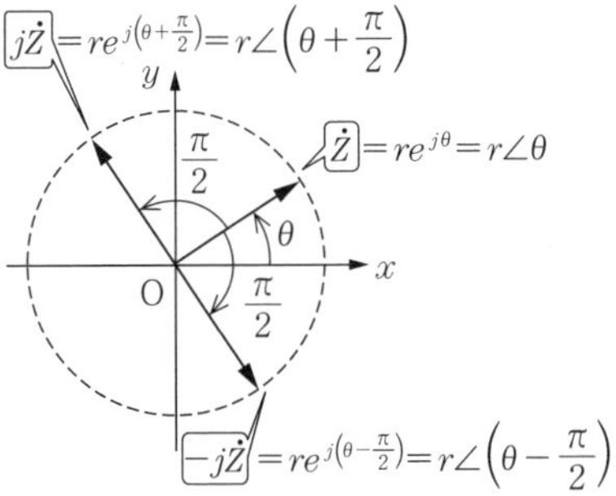

図 2・37　複素数と j, $-j$ の関係

7. 極座標表示による掛け算

二つの複素数 $\dot{Z}_1$, $\dot{Z}_2$ がそれぞれ次のように極座標表示で示されている場合

$$\dot{Z}_1=r_1e^{j\theta_1}=r_1\angle\theta_1,\qquad \dot{Z}_2=r_2e^{j\theta_2}=r_2\angle\theta_2$$

指数関数に関する公式

$$a^m\times a^n=a^{m+n},\qquad a^m\div a^n=a^{m-n}$$

を参考とすると

$$\dot{\boldsymbol{Z}}_1\times\dot{\boldsymbol{Z}}_2=(r_1e^{j\theta_1})\times(r_2e^{j\theta_2})$$
$$=r_1r_2e^{j\theta_1}e^{j\theta_2}=r_1r_2e^{(j\theta_1+j\theta_2)}=r_1r_2e^{j(\theta_1+\theta_2)}=\boldsymbol{r}_1\boldsymbol{r}_2\angle(\boldsymbol{\theta}_1+\boldsymbol{\theta}_2)\quad(2\cdot38)$$

となる．すなわち

複素数の掛け算によって得られる複素数は，それぞれの絶対値の積 r_1r_2 を新しい絶対値とし，偏角の和（$\theta_1+\theta_2$）を新しい偏角とする複素数になる．

図 2・38 はこのことを示している．

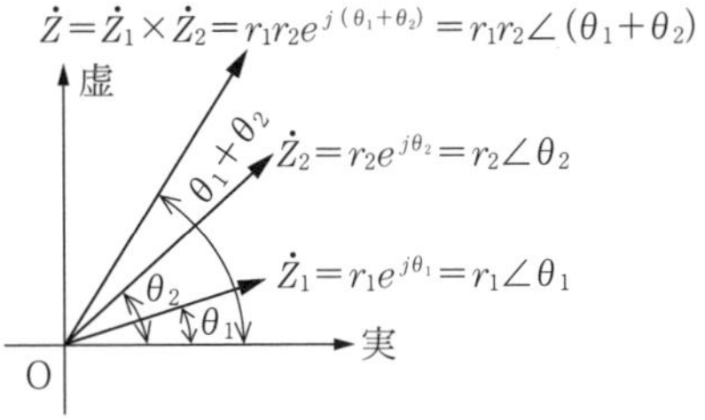

図 2・38　極座標表示による掛け算

例題18 $\dot{Z}_1=5e^{j53^\circ}=5\angle 53^\circ$ と $\dot{Z}_2=2e^{j60^\circ}=2\angle 60^\circ$ の積を求めよ．

解 $\dot{\boldsymbol{Z}}_1\times\dot{\boldsymbol{Z}}_2=(5e^{j53^\circ})\times(2e^{j60^\circ})$

$$=5\times 2e^{j(53^\circ+60^\circ)}$$
$$=10e^{j113^\circ}$$
$$=\mathbf{10\angle 113^\circ}$$

図2・39のようになる．

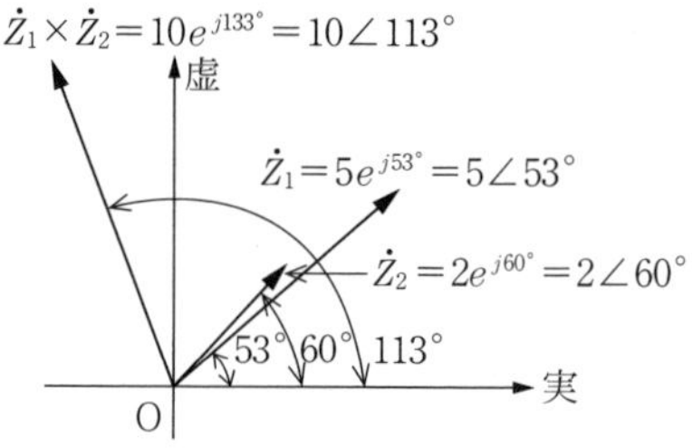

図 2・39

8. 極座標表示による割り算

二つの複素数 $\dot{Z}_1$, $\dot{Z}_2$ がそれぞれ次のように極座標表示で示されている場合

$$\dot{Z}_1=r_1e^{j\theta_1}=r_1\angle\theta_1$$
$$\dot{Z}_2=r_2e^{j\theta_2}=r_2\angle\theta_2$$
$$\frac{\dot{Z}_1}{\dot{Z}_2}=(r_1e^{j\theta_1})\div(r_2e^{j\theta_2})=\frac{r_1}{r_2}e^{j(\theta_1-\theta_2)}$$
$$=\frac{\boldsymbol{r}_1}{\boldsymbol{r}_2}\angle(\boldsymbol{\theta}_1-\boldsymbol{\theta}_2) \qquad (2\cdot 39)$$

となる．すなわち，**図2・40**に示すように

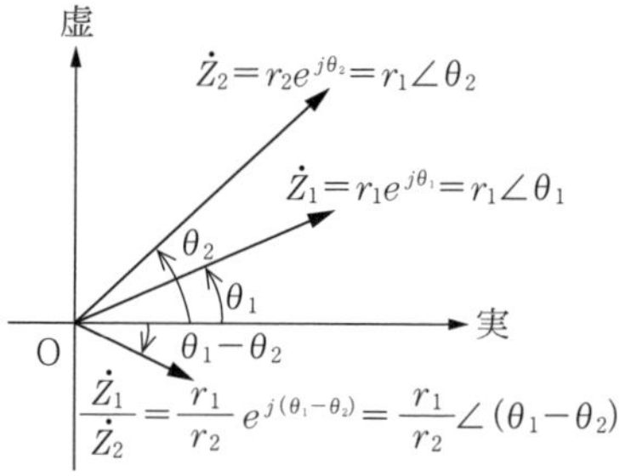

図 2・40 極座標表示による割り算

複素数の割り算によって得られる複素数は，それぞれの絶対値の商 $\boldsymbol{r_1/r_2}$ を新しい絶対値とし，偏角の差（$\boldsymbol{\theta_1-\theta_2}$）を新しい偏角とする複素数になる．

例題19 $\dot{Z}_1=5e^{j53^\circ}=5\angle 53^\circ$, $\dot{Z}_2=2e^{j60^\circ}=2\angle 60^\circ$ のとき，$\dot{Z}_1/\dot{Z}_2$ を求めよ．

解 $\frac{\dot{\boldsymbol{Z}}_1}{\dot{\boldsymbol{Z}}_2}=(5e^{j53^\circ})\div 2e^{j60^\circ}=\frac{5}{2}e^{j(53^\circ-60^\circ)}=\mathbf{2.5}\boldsymbol{e}^{-j7^\circ}=\mathbf{2.5\angle -7^\circ}$

演　習　問　題

〔1〕 $\frac{2\pi}{3}$〔rad〕=120° の sin（正弦），cos（余弦）の値を加法定理を用いて求めよ．

〔2〕 $\frac{4\pi}{3}$〔rad〕=240° の sin（正弦），cos（余弦）の値を加法定理を用いて求めよ．

〔3〕 複素数 $\dot{Z}=4+j3$ を極座標表示で表せ．

〔4〕 次の複素数を直交座標表示（複素数表示）で表せ．

(1) $20e^{j\frac{\pi}{6}}$　　(2) $10e^{j\left(-\frac{\pi}{6}\right)}$

〔5〕 次の複素数の絶対値と偏角を求め，極座標表示で示せ．

(1) $\dot{Z}_1=\sqrt{3}-j$　　(2) $\dot{Z}_2=-3+j4$

〔6〕 二つの複素数 $\dot{Z}_1=4e^{j\frac{\pi}{3}}$，$\dot{Z}_2=2e^{j\frac{\pi}{4}}$ に対して，$\dot{Z}_3=\dot{Z}_1\cdot\dot{Z}_2$，$Z_4=\frac{\dot{Z}_1}{\dot{Z}_2}$，$\dot{Z}_5=j\dot{Z}_1$ を計算し，$Ze^{j\theta}=Z\angle\theta$ の形式で示せ．

〔7〕 二つの複素数 $\dot{Z}_1=50\angle 15°$，$\dot{Z}_2=2\angle 45°$ に対して，$\dot{Z}_3=\dot{Z}_1\cdot\dot{Z}_2$ および $\dot{Z}_4=\frac{\dot{Z}_1}{\dot{Z}_2}$ を計算せよ．

〔8〕 二つの複素数 $\dot{Z}_1=30+j40$，$\dot{Z}_2=10\angle 37°$ に対して $\dot{Z}_3=\dot{Z}_1\cdot\dot{Z}_2$ および $\dot{Z}_4=\frac{\dot{Z}_1}{\dot{Z}_2}$ を計算せよ．

〔9〕 二つの複素数 $\dot{Z}_1=90\angle\left(-\frac{\pi}{6}\right)$，$\dot{Z}_2=10\angle\frac{\pi}{4}$ に対して $\dot{Z}_3=\dot{Z}_1\cdot\dot{Z}_2$ および $\dot{Z}_4=\frac{\dot{Z}_1}{\dot{Z}_2}$ を計算せよ．

〔10〕 二つの複素数 $\dot{Z}_1=80\angle\frac{\pi}{6}$，$\dot{Z}_2=20\angle\left(-\frac{\pi}{3}\right)$ に対して $\dot{Z}_3=\dot{Z}_1\cdot\dot{Z}_2$ および $\dot{Z}_4=\frac{\dot{Z}_1}{\dot{Z}_2}$ を計算せよ．

第 3 章

正弦波交流起電力の発生と交流の複素数表示

第 2 章では，三角関数の基礎を学び $\sin\theta$，$\cos\theta$ のグラフ等について学んだ．また，複素数の直交座標表示と極座標表示等について学んだ．

本章では，正弦波交流起電力の発生，角速度，周期，周波数，位相，平均値および実効値について学ぶ．さらに，正弦波交流の複素数表示（ベクトル表示），すなわち直交座標表示と極座標表示について学ぶ．

3・1 正弦波交流起電力の発生

1. 発電機の原理

図 3・1(a) において，y 軸の正の向きの磁束密度 B〔T〕の平等磁界中で，長さ l〔m〕の導体 ab を x 軸の正の向きに v〔m/s〕の一定速度で運動させると，同図 (b) の**フレミングの右手の法則**（Fleming's right hand law）により，z 軸の正の向きに**起電力** e〔V〕（electromotive force）が発生する．Δt〔s〕間に導体 ab は a′b′ の位置に移動するから，この間の磁束の変化 $\Delta\Phi$〔Wb〕は

$$\Delta\Phi = Blv\Delta t \text{〔Wb〕}$$

となり，このとき生じる起電力 e〔V〕は

$$\boldsymbol{e = \frac{\Delta\Phi}{\Delta t} = Blv \text{〔V〕}} \qquad (3 \cdot 1)$$

となる．磁界と θ〔rad〕の角度をなす方向に運動した場合，磁束と直角な向きの

速度成分は図（c）のように $v\sin\theta$〔m/s〕となるから，起電力 e〔V〕は

$$e = Blv\sin\theta \qquad (3\cdot2)$$

となる．

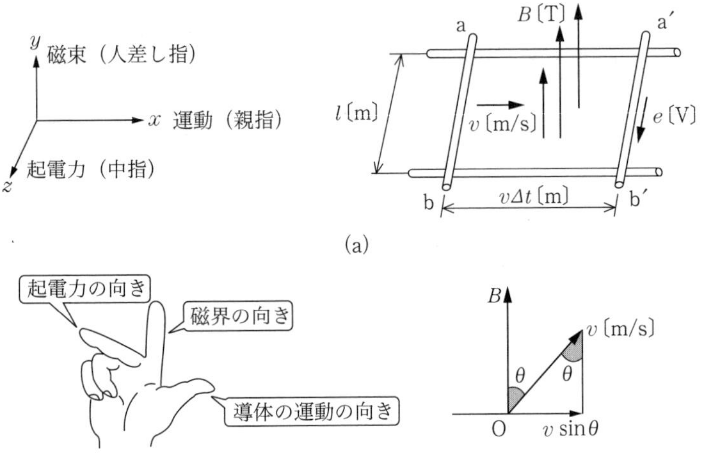

(b) フレミングの右手の法則　　(c)

図 3・1 発電機の原理

2. 角速度

図3・2のように，物体Pが点Oを中心に円運動をしているとき，物体の回転の速さを表す方法として，毎秒の回転速度 n〔s^{-1}〕を用いる．しかし，電気工学では毎秒の回転角で表す方法が多く用いられる．これを**角速度**（angular velocity）といい，量記号に ω，単位記号に〔rad/s〕を用いる．ω〔rad/s〕と n〔s^{-1}〕との間には

$$\omega = 2\pi n \qquad (3\cdot3)$$

が成り立つ．

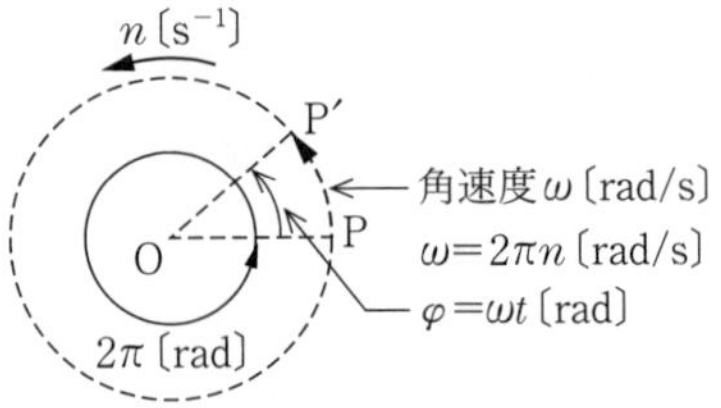

図 3・2 角速度

また，角速度 ω で回転している点Pが，t〔s〕間に点P′まで回転したとすれば，その進み角 φ は

$$\varphi = \omega t\,[\mathrm{rad}] \qquad (3\cdot4)$$

となる．

3．正弦波交流起電力の発生

図 3・3(a) のような1回巻のコイルにおいて，磁束を切る部分をコイル辺といい，この長さ l〔m〕，幅 $2r$〔m〕のコイルが，図 (b)，(c) のように磁束密度 B〔T〕の平等磁界中で，点Oを中心に矢印の向きに一定の角速度 ω〔rad/s〕で回転している．このときのコイル辺の速度 v〔m/s〕は，次式で表される．

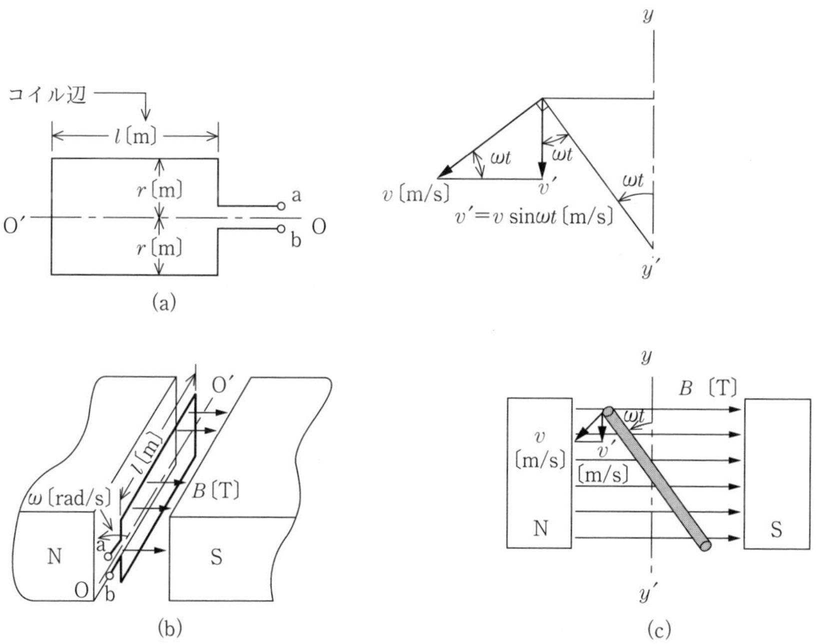

図 3・3　正弦波交流起電力の発生

$$\boldsymbol{v=\omega r}\text{〔m/s〕} \tag{3・5}$$

図3・3(c) より，導体が磁束を yy' 方向に切る速度 v'〔m/s〕は

$$\boldsymbol{v'=v\sin\omega t} \tag{3・6}$$

となる．

1回巻のコイルに発生する起電力は2導体分の起電力 e'〔V〕に等しいので，式 (3・1) により

$$e'=2Blv'=2Blv\sin\omega t\text{〔V〕}$$

となる．N 回巻のコイルでは，発生する起電力 e〔V〕は

$$\boldsymbol{e = N \times e' = 2BlNv \sin \omega t}\,〔\mathbf{V}〕 \tag{3・7}$$

ここで，$E_m = E\sqrt{2} = 2BlNv$〔V〕とおけば

$$\boldsymbol{e = E_m \sin \omega t = \sqrt{2}\,E \sin \omega t}\,〔\mathbf{V}〕 \tag{3・8}$$

となり，コイルが図（c）の平等磁界中を1回転するごとに，**図3･4**に示す**正弦波**（sine wave）交流起電力が1周波発生する．

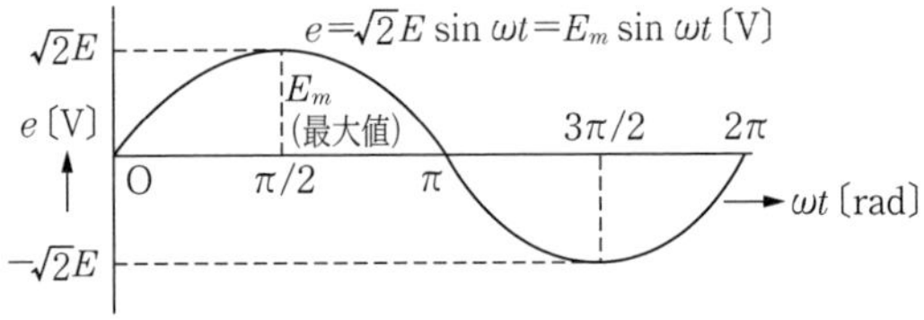

図 3・4 正弦波交流起電力

4. 周期と周波数および角周波数

交流の1回の変化を1周波という．1周波に要する時間を周期（period）といい，T で表し，その単位に**秒〔s〕**を用いる．

また，単位時間に同じ変化を繰り返す回数を周波数（frequency）といい，f で表し，単位に**ヘルツ〔Hz〕**を用いる．

周波数 f〔Hz〕と周期 T〔s〕の間には次式が成り立つ．

$$\boldsymbol{f = \frac{1}{T}}\,〔\mathbf{Hz}〕 \tag{3・9}$$

交流の任意の時刻における値を**瞬時値**（instantaneous value）といい，瞬時値のうちで絶対値が最も大きいものを**最大値** E_m（maximum value）という．また，実効値 E（effective value）と最大値 E_m の間には，$E_m = \sqrt{2}\,E$ が成り立つ．

いま，起電力の周波数を f〔Hz〕とすれば，角速度 ω〔rad/s〕は

$$\boldsymbol{\omega = 2\pi f}\,〔\mathbf{rad/s}〕 \tag{3・10}$$

となる．式（3･8）の起電力を，周波数 f を用いて表すと次式となる．

$$\boldsymbol{e = \sqrt{2}\,E \sin \omega t = \sqrt{2}\,E \sin 2\pi ft = E_m \sin 2\pi ft}\,〔\mathbf{V}〕 \tag{3・11}$$

5. 位相と位相差

図 3•5(a) の平等磁界中に，点 O を軸にして相等しい二つのコイル A，B を θ〔rad〕だけ位置をずらして配置した場合の各起電力 e_a，e_b〔V〕を求めてみる．

図のように，二つのコイルを同時に角速度 ω〔rad/s〕で矢印の向きに回転させると，コイル B の起電力 e_b〔V〕の変化は，コイル A の起電力 e_a〔V〕の変化より常に θ〔rad〕だけ先になり，その波形は図 (b) のようになる．

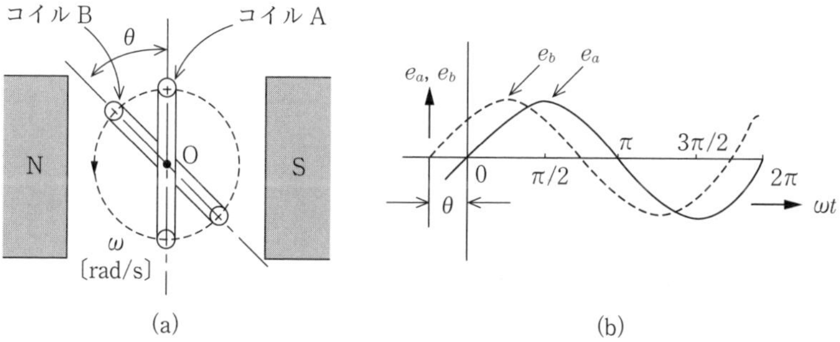

図 3・5　位相と位相差

それぞれのコイルの起電力を式で表せば

$$e_a = \sqrt{2}\,E\sin\omega t\text{〔V〕} \quad (3\cdot12)$$

$$e_b = \sqrt{2}\,E\sin(\omega t+\theta)\text{〔V〕} \quad (3\cdot13)$$

式 (3•12)，式 (3•13) の $t=0$ における位相を**初位相**または**初位相角**という．

二つの交流の位相の差 $(\omega t+\theta)-\omega t=\theta$〔rad〕を**位相差** (phase difference) といい，この場合 e_a は e_b より θ〔rad〕だけ**位相が遅れている**，また，e_b は e_a より θ〔rad〕だけ**位相が進んでいる**という．

6. 平均値と実効値

〔a〕 平均値

一般に，交流起電力 e〔V〕や電流 i〔A〕の場合には，波形の 1 周期について平均値を求めると 0 になるため，半周期の平均値を求め，これを交流の平均値 (mean value of AC) とする (**図 3•6**)．平均値 E_a は次のようにして求める．

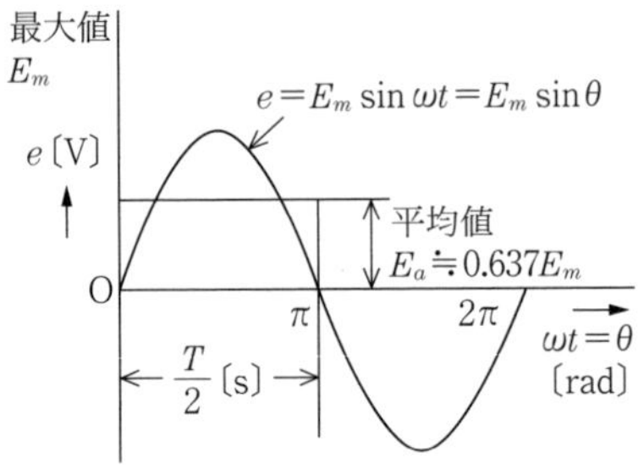

図 3・6　平均値

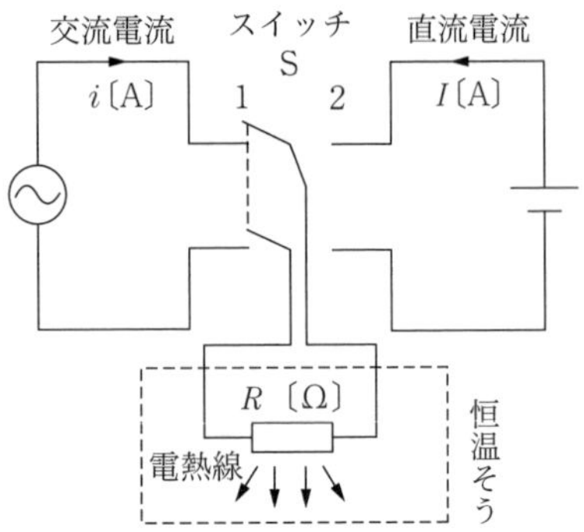

図 3・7　Ri^2 と IR^2

平均値 E_a の計算

$$E_a=\frac{1}{\pi}\int_0^{\pi}E_m\sin\theta d\theta=\frac{E_m}{\pi}[-\cos\theta]=\frac{2E_m}{\pi}\fallingdotseq 0.637E_m \qquad (3\cdot14)$$

$$\left(\because \quad \frac{d}{d\theta}(-\cos\theta)=\sin\theta\right)$$

〔b〕　**実効値**

ある交流の大きさを，その交流と同じ熱エネルギーを出力する直流の値で表すとき，これを交流の実効値（effective value）という．例えば，**図3･7**のように，恒温そうに R〔Ω〕の電熱線を挿入し，スイッチを切り換えて，この電熱線に瞬時値 i〔A〕の交流と I〔A〕の直流を別々に同じ時間で流したとき，交流の1周期の間の平均の電力と直流電力が等しければ，発生する熱エネルギーは等しくなる．このときの I を交流 i の実効値といい

$$Ri^2 \text{ の1周期間の平均}=RI^2$$

$$\therefore \quad \boldsymbol{I=\sqrt{i^2\text{の1周期間の平均}}} \qquad (3\cdot15)$$

となる．このことから，交流の実効値は，その瞬時値の2乗の1周期間の平均の平方根（root mean square value）で表される．

瞬時値が $i=I_m\sin\omega t$〔A〕の正弦波交流電流の実効値 I を求める．

$$i^2=(I_m\sin\omega t)^2=I_m{}^2\sin^2\omega t=\frac{I_m{}^2}{2}(1-\cos 2\omega t)$$

$$=\frac{I_m{}^2}{2}-\frac{I_m{}^2}{2}\cos 2\omega t \qquad (3\cdot16)$$

$$\left(\begin{aligned}\because\quad &\cos 2\omega t=\cos^2\omega t-\sin^2\omega t=1-\sin^2\omega t-\sin^2\omega t=1-2\sin^2\omega t\\ &\sin^2\omega t=\frac{1}{2}(1-\cos 2\omega t)\end{aligned}\right)$$

となるので

$$i^2\text{の1周期間の平均}=\left(\frac{I_m{}^2}{2}-\frac{I_m{}^2}{2}\cos 2\omega t\right)\text{の1周期間の平均} \qquad (3\cdot 17)$$

となる．

図 3•8(a) に示すように $-\dfrac{I_m{}^2}{2}\cos 2\omega t$ **の1周期間の平均は0である．**

したがって，式 (3•17) および同図 (b) から

$$i^2\text{の1周期間の平均}=\frac{I_m{}^2}{2}\text{の1周期間の平均} \qquad (3\cdot 18)$$

となり

$$\boldsymbol{I=\sqrt{\frac{I_m{}^2}{2}\text{の1周期間の平均}}=\sqrt{\frac{I_m{}^2}{2}}=\frac{I_m}{\sqrt{2}}\,[\mathrm{A}]} \qquad (3\cdot 19)$$

となる．

これを積分を用いて求めてみる．$\omega t=\theta$ とおくと

$$i=I_m\sin\omega t=I_m\sin\theta$$

となる．

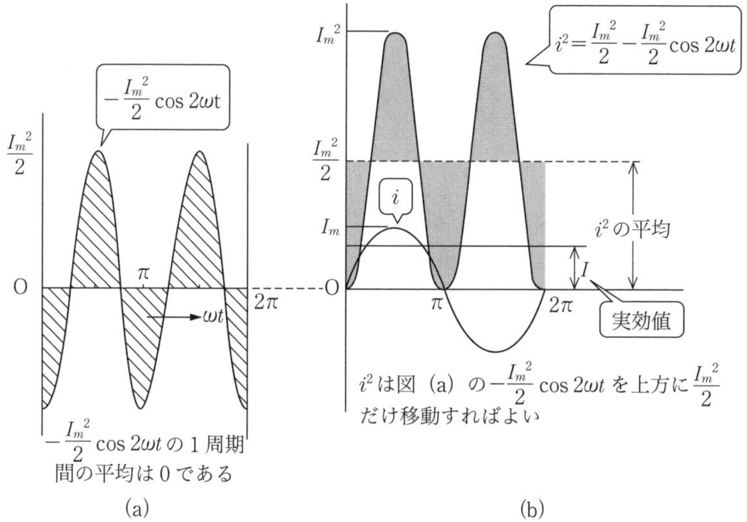

図 3・8　$i^2=\dfrac{I_m{}^2}{2}-\dfrac{I_m{}^2}{2}\cos 2\omega t$

$$I=\sqrt{\frac{1}{2\pi}\int_0^{2\pi} i^2 d\theta} \qquad (3\cdot 20)$$

図3･9の斜線の面積について，$\theta=0°$から2πまで積分すれば，瞬時値の2乗の1サイクル間の和，すなわち$\int_0^{2\pi} i^2 d\theta$となる．

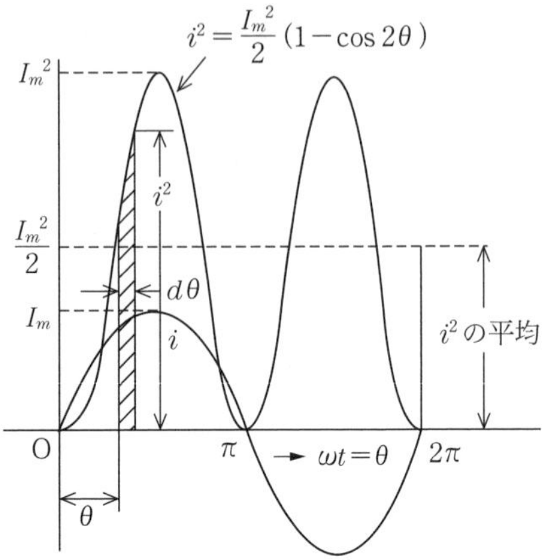

図 3・9　実効値Iの積分による算出

$$\int_0^{2\pi} i^2 d\theta=\int_0^{2\pi} I_m^2 \sin^2\theta d\theta$$
$$=\boldsymbol{I_m^2\int_0^{2\pi}\sin^2\theta d\theta}$$
$$=\boldsymbol{\frac{I_m^2}{2}\int_0^{2\pi}(1-\cos 2\theta)\,d\theta}$$
$$=\boldsymbol{\frac{I_m^2}{2}\left[\theta-\frac{1}{2}\sin 2\theta\right]_0^{2\pi}}$$
$$=\frac{I_m^2}{2}\left[2\pi-\frac{1}{2}\sin 4\pi-\left(0-\frac{1}{2}\sin 0\right)\right]$$
$$=\frac{I_m^2}{2}2\pi=I_m^2\pi \qquad (3\cdot 21)$$

式（3･21）を式（3･20）に代入すると次式となる．

$$\boldsymbol{I=\sqrt{\frac{1}{2\pi}I_m^2\pi}=\frac{I_m}{\sqrt{2}}}\text{〔A〕}$$

例題 1　$e=\sqrt{2}\,100\sin\left(\omega t+\frac{\pi}{6}\right)$〔V〕の起電力と$i=\sqrt{2}\,5\sin\left(\omega t-\frac{\pi}{3}\right)$〔A〕の電流との位相差を求めよ．

解　$\frac{\pi}{6}-\left(-\frac{\pi}{3}\right)=\frac{\pi}{6}+\frac{2\pi}{6}=\frac{3\pi}{6}=\frac{\pi}{2}$〔rad〕

となり，電圧eが電流iより**$\pi/2$〔rad〕進んでいる．**

例題 2　$e_a=E_m\sin\omega t$〔V〕と同じ大きさの起電力でe_aより1/6周期遅れた起電力e_bを表す式を求めよ．

解　1周期は2π〔rad〕に相当する．

1/6周期をX〔rad〕とすると，次式が成り立つ．

$$\frac{1\text{周期}}{\frac{1}{6}\text{周期}}=\frac{2\pi\text{〔rad〕}}{X\text{〔rad〕}} \longrightarrow X=\frac{\pi}{3}\text{〔rad〕}$$

したがって，1/6 周期は $\pi/3$〔rad〕に相当するので，次式となる．

$$\boldsymbol{e_b = E_m \sin\left(\omega t - \frac{\pi}{3}\right)}〔V〕$$

3・2　交流の複素数表示

1．正弦波交流の表現方法

正弦波交流の現象を表現する方法として，正弦波交流電圧 $v = V_m \sin(2\pi ft + \theta) = V\sqrt{2}\sin(\omega t + \theta)$ を例にとって整理すると以下のようになる．

〔a〕 瞬時値式による表現

$$v = V_m \sin(2\pi ft + \theta) = \sqrt{2}\,V \sin(\omega t + \theta) \tag{3・22}$$

〔b〕 回転ベクトルと波形による表現

$$\dot{V} = Ve^{j(\omega t + \theta)} \qquad (V_m = \sqrt{2}\,V) \tag{3・23}$$

式（3・23）で表されるベクトルは，偏角が時間 t の関数であるから，**図 3・10** (a) のように，時間 t と共に，反時計方向に角周波数〔rad/s〕で回転する．この回転するベクトルを一般に**回転ベクトル**とよぶ．

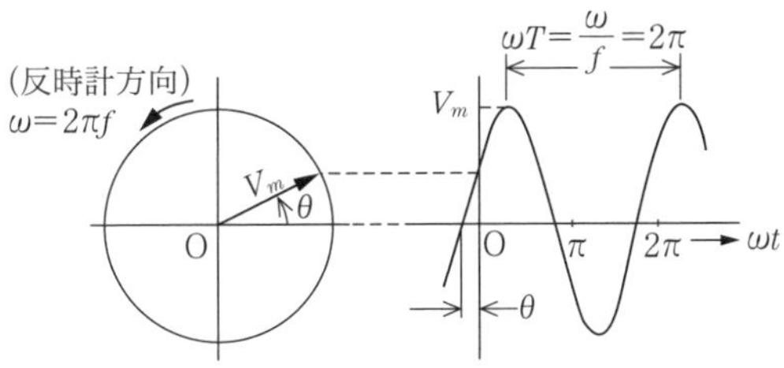

(a) 回転ベクトル　　(b) 波形

図 3・10　回転ベクトルと波形

〔c〕 静止ベクトルによる表現

複数のベクトルが同一の角周波数で回転する場合，二つのベクトルの相互の関係はどの位置にあっても変化しないので，各ベクトルが静止しているとして取り扱ってもよい．このように取り扱うベクトルを**静止ベクトル**とよぶ．式（3・24）で表されるベクトルは静止ベクトルである．

$$\dot{V} = Ve^{j\theta} \tag{3・24}$$

〔d〕 複素数による表現

〔c〕の静止ベクトルによる表現は複素数によって表現することができる．

正弦波交流電圧 $\sqrt{2}\,V\sin(\omega t+\theta)$ の複素数による表現を**記号法（記号式）**(symbolic method) という．**図 3･11** の複素数による表現を

$$\left.\begin{aligned}\dot{\boldsymbol{V}}&=\boldsymbol{a}+\boldsymbol{jb}=\boldsymbol{V}\cos\boldsymbol{\theta}+\boldsymbol{jV}\sin\boldsymbol{\theta}\cdots\cdots\text{直交座標表示 (rectangular form)}\\ \dot{\boldsymbol{V}}&=\boldsymbol{Ve}^{j\theta}=\boldsymbol{V}\angle\boldsymbol{\theta}\cdots\cdots\text{極座標表示 (polar form)}\end{aligned}\right\}\tag{3・25}$$

とよぶ．

上記の瞬時値式による表現，回転ベクトルと波形による表現，静止ベクトルによる表現および複素数による表現は，いずれも正弦波交流の現象を表現する手段であり，どの表現も，他の表現方法に改めることができる．

例えば，電圧 v，電流 i の瞬時値がそれぞれ

$$v=V_m\sin(\omega t+\theta_1)=\sqrt{2}\,V\sin(\omega t+\theta_1)$$
$$i=I_m\sin(\omega t+\theta_2)=\sqrt{2}\,I\sin(\omega t+\theta_2)$$
（ただし，$\theta_1>\theta_2$）

である場合，ベクトル図は**図 3･12** のようになり，複素数による表現は，それぞれ

$$\left.\begin{aligned}\dot{V}&=V(\cos\theta_1+j\sin\theta_1)\\ &=Ve^{j\theta_1}=V\angle\theta_1\\ \dot{I}&=I(\cos\theta_2+j\sin\theta_2)\\ &=Ie^{j\theta_2}=I\angle\theta_2\end{aligned}\right\}\tag{3・26}$$

となる．

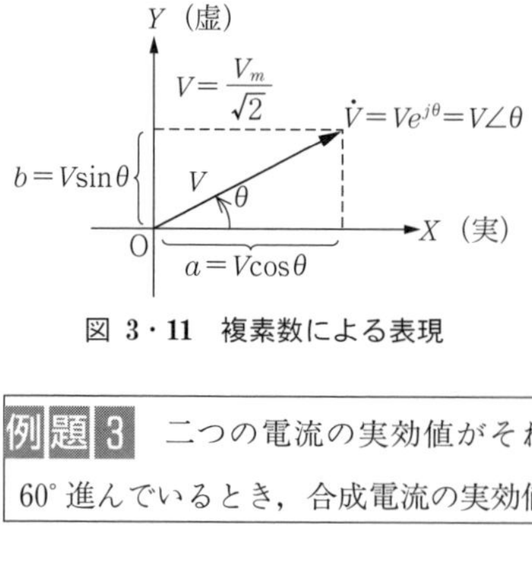

図 3・11　複素数による表現

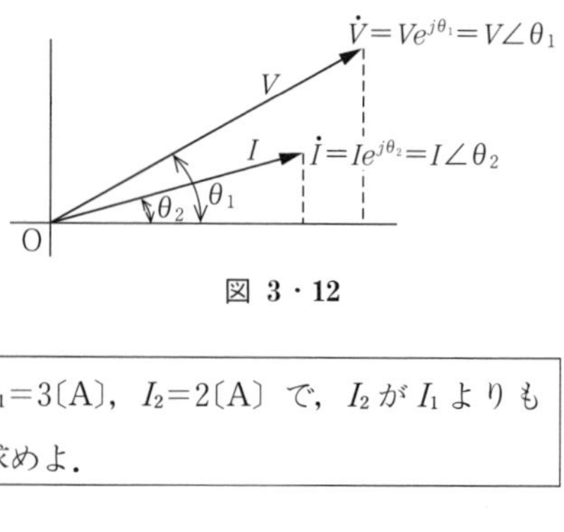

図 3・12

例題 3　二つの電流の実効値がそれぞれ $I_1=3$〔A〕，$I_2=2$〔A〕で，I_2 が I_1 よりも 60° 進んでいるとき，合成電流の実効値 I_e を求めよ．

解　I_1＝基準（I_1 の位相を 0 にする）にとると

$$\dot{I}_1=3$$

$$\dot{I}_2=2(\cos 60^\circ+j\sin 60^\circ)$$

$$=2\left(\frac{1}{2}+j\frac{\sqrt{3}}{2}\right)=1+j\sqrt{3}$$

したがって，合成すると

$$\dot{I}_e=\dot{I}_1+\dot{I}_2=3+1+j\sqrt{3}=4+j\sqrt{3}$$

$$\therefore\quad \boldsymbol{I_e}=|\dot{I}_e|=\sqrt{4^2+\sqrt{3}^2}=\sqrt{19}$$

$$\boldsymbol{\fallingdotseq 4.36〔A〕}$$

これらのベクトル図は**図 3・13** のようになる．

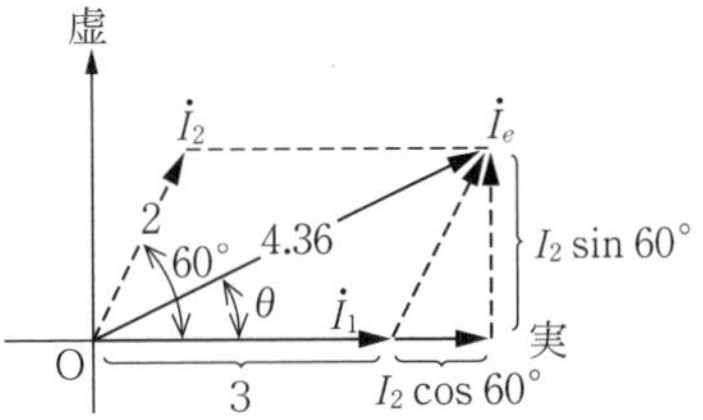

図 3・13

例題 4　$\sqrt{2}\,20\sin\left(\omega t+\dfrac{\pi}{6}\right)$〔A〕の電流を極座標表示および直交座標表示で示せ．

解　この電流は実効値が 20 A，位相角が $\dfrac{\pi}{6}$〔rad〕(30°) であるので，極座標表示で示せば，実効値が大きさになり，位相角が偏角となる．したがって

$$\dot{\boldsymbol{I}}=Ie^{j\varphi}=20e^{j(\pi/6)}=\boldsymbol{20\angle\frac{\pi}{6}〔A〕}$$

となる．これを直交座標表示で表せば

$$\boldsymbol{I}=20(\cos\varphi+j\sin\varphi)=20\left(\cos\frac{\pi}{6}+j\sin\frac{\pi}{6}\right)$$

$$=20\left(\frac{\sqrt{3}}{2}+j\frac{1}{2}\right)=\boldsymbol{10\sqrt{3}+j10〔A〕}$$

なお，$\dot{I}$ のベクトル図は**図 3・14** のようになる．

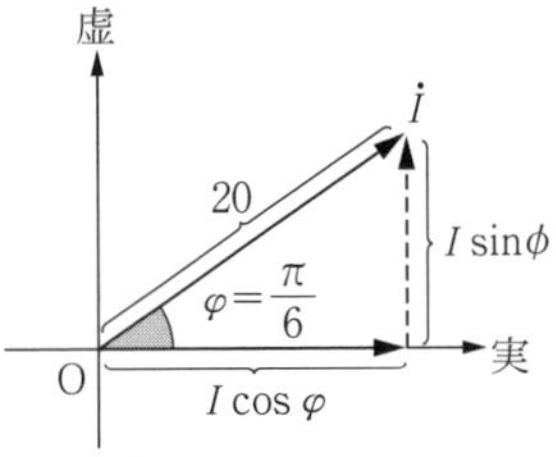

図 3・14

例題 5　$\dot{I}=1+j\sqrt{3}$〔A〕であるとき，瞬時値 i を示せ．

解　実効値　$I=\sqrt{1^2+\sqrt{3}^2}=2$〔A〕

i の偏角　$\varphi=\tan^{-1}\dfrac{\sqrt{3}}{1}=\dfrac{\pi}{3}$〔rad〕＝60°

となる．ある時刻 t における正弦波交流の値が瞬時値であるので，瞬時値 i は

$$\boldsymbol{i=\sqrt{2}\,2\sin(\omega t+\pi/3)〔A〕}$$

となる．なお，$\dot{I}$ のベクトル図は**図 3・15** のようになる．

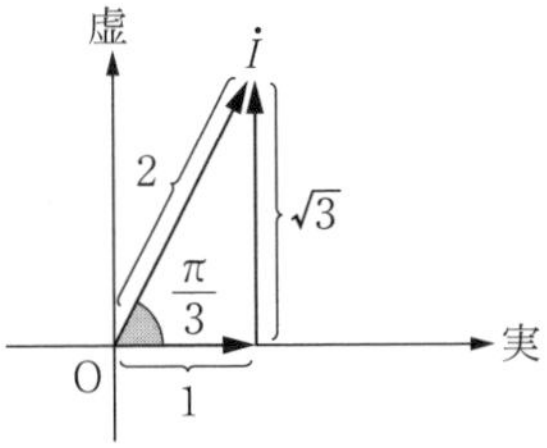

図 3・15

例題 6　**図3･16**において，ベクトル $\dot{I}_1$，$\dot{I}_2$ の合成ベクトル $\dot{I}$〔A〕を極座標表示で示せ．

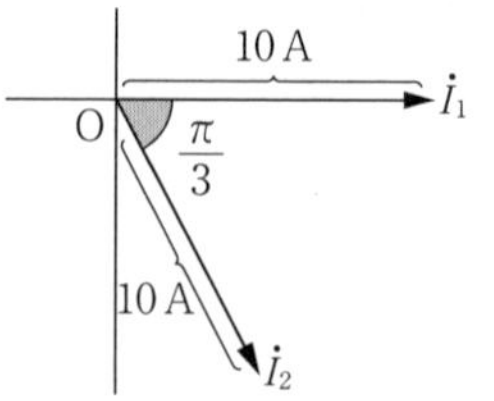

図 3・16

解　**図3･17**より $\dot{I}_2$ を直角座標表示で示せば

$$\dot{I}_2=5-j5\sqrt{3}\text{〔A〕}$$

また，$\dot{I}_1$ は $\dot{I}_1=10$〔A〕

したがって，$\dot{I}$ は

$$\dot{I}=\dot{I}_1+\dot{I}_2=10+5-j5\sqrt{3}$$
$$=15-j5\sqrt{3}\text{〔A〕}$$

また，$\dot{I}$ の大きさは

$$I=\sqrt{15^2+(5\sqrt{3})^2}=\sqrt{300}$$
$$=10\sqrt{3}\text{〔A〕}$$

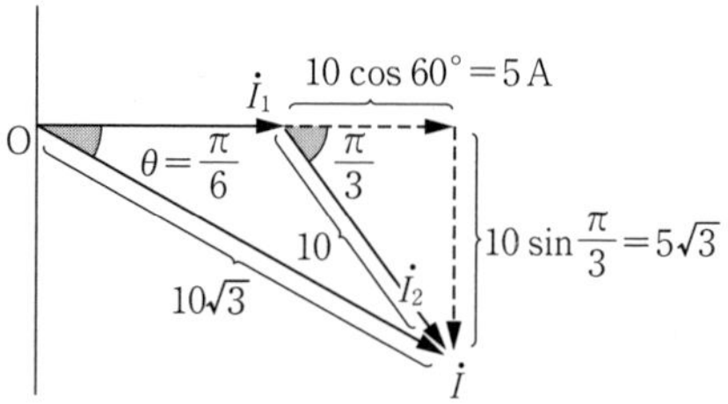

図 3・17

位相角 θ は

$$\tan\theta=\frac{5\sqrt{3}}{15}=\frac{1}{\sqrt{3}}\quad\longrightarrow\quad\theta=\frac{\pi}{6}$$

となり，遅れであるので

$$\boldsymbol{\dot{I}=10\sqrt{3}\angle\left(-\frac{\pi}{6}\right)\text{〔A〕}}$$

なお，瞬時値 i は $i=10\sqrt{3}\sqrt{2}\sin\left(\omega t-\frac{\pi}{6}\right)$〔A〕となる．

例題 7　ある回路の電圧と電流とが**図3･18**のような正弦波であった．電圧 e を基準とするとき，電流 i〔A〕を表す式を求めよ．

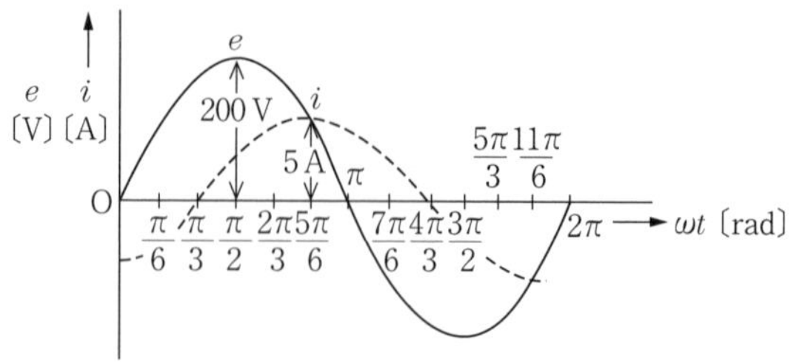

図 3・18

解　図3・19のように e, i を回転ベクトルにして考える．e, i ともに矢印の反時計方向に回転（これが正方向）し，e は $t=0$ であるから図のように実軸に一致する．すなわち，図のような e のグラフが描かれるためには，e は実軸に一致しているところから反時計方向に回転すればよい．

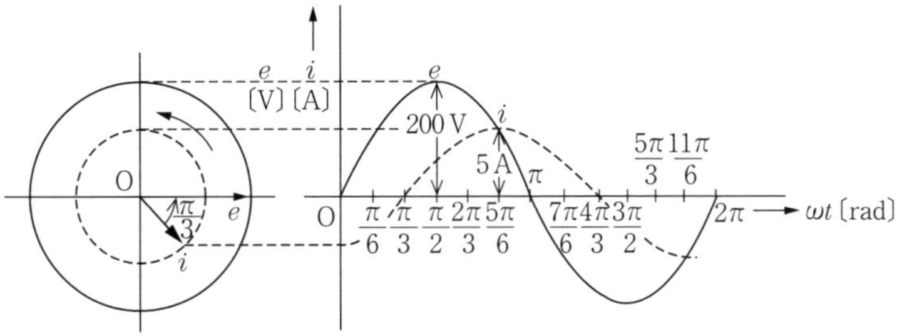

図 3・19

一方，i のグラフが描かれるためには，i は時計方向に（これを負の方向とし，(−) で表す）に $\pi/3$ の位置から反時計方向に回転すればよい．すなわち，i は e より $\pi/3$ 遅れている．したがって，次式で表される．

$$\boldsymbol{i=5\sin\left(\omega t-\frac{\pi}{3}\right)}\text{〔A〕}$$

例題 8　$e=\sqrt{2}\,200\sin(\omega t-\pi/3)$〔V〕と，$i=\sqrt{2}\,100\cos(\omega t+\pi/3)$〔A〕がある．$i$ は e よりいくら進んでいるか．

解　i の $\cos(\omega t+\pi/3)$ を $\sin(\omega t+x)$ の形に変形したほうが考えやすい．いま，$\cos\theta=\sin(\theta+\pi/2)$ が成り立つから，$\theta=\omega t+\pi/3$ を代入すると

$$\cos\left(\omega t+\frac{\pi}{3}\right)=\sin\left(\omega t+\frac{\pi}{3}+\frac{\pi}{2}\right)=\sin\left(\omega t+\frac{5}{6}\pi\right)$$

となる．したがって

$$i=\sqrt{2}\,100\cos\left(\omega t+\frac{\pi}{3}\right)=\sqrt{2}\,100\sin\left(\omega t+\frac{5}{6}\pi\right)$$

となり，i の位相角は $(5/6)\pi$〔rad〕となる．

一方，e の位相角は $-\pi/3$〔rad〕であるので，i と e の位相差は

$$\frac{5}{6}\pi-\left(-\frac{\pi}{3}\right)=\frac{7}{6}\pi\text{〔rad〕}$$

となり，**i の位相が e の位相より $(7/6)\pi$〔rad〕進んでいる**．なお，ベクトル図は図3・20のようになる．

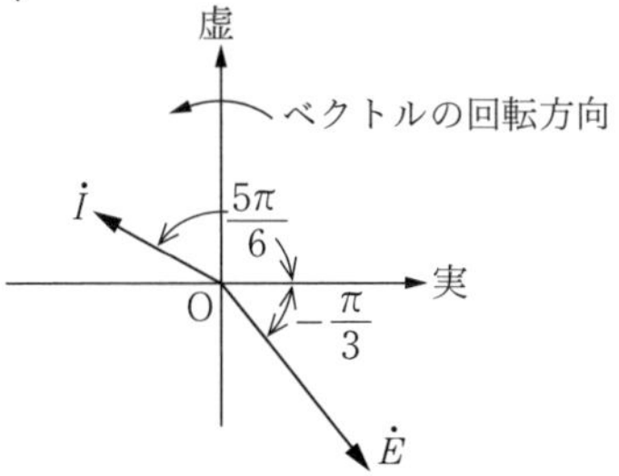

図 3・20

演　習　問　題

〔**1**〕 次の瞬時値で表された電圧 v の極座標表示を求め，ベクトル図を示せ．

(1) $v=\sqrt{2}\,100\sin\left(\omega t+\dfrac{\pi}{6}\right)$〔V〕　　(2) $v=\sqrt{2}\,50\sin\omega t$〔V〕

(3) $v=\sqrt{2}\,20\sin\left(\omega t-\dfrac{\pi}{4}\right)$〔V〕　　(4) $v=\sqrt{2}\,10\sin\left(\omega t-\dfrac{\pi}{3}\right)$〔V〕

〔**2**〕 次の極座標表示の電圧 $\dot{V}$ または電流 $\dot{I}$ の瞬時値 v または i を式で表し，それぞれの波形を示せ．

(1) $\dot{V}=100\angle 0$〔V〕　　(2) $\dot{V}=200\angle\dfrac{\pi}{6}$〔V〕

(3) $\dot{V}=50\angle-\dfrac{\pi}{6}$〔V〕　　(4) $\dot{I}=20\angle-\dfrac{\pi}{6}$〔A〕

(5) $\dot{I}=15\angle-\dfrac{\pi}{2}$〔A〕　　(6) $\dot{I}=10\angle-\pi$〔A〕

〔**3**〕 次の極座標表示された電圧 $\dot{V}$ を直交座標表示に変換し，ベクトル図を示せ．

(1) $\dot{V}=100\angle\dfrac{\pi}{6}$〔V〕　　(2) $\dot{V}=50\angle\dfrac{\pi}{2}$〔V〕

(3) $\dot{V}=60\angle-\dfrac{\pi}{6}$〔V〕　　(4) $\dot{V}=100\angle-\dfrac{\pi}{4}$〔V〕

〔**4**〕 次の瞬時値で表された電圧 v_1，v_2，v_3 を極座標表示と直交座標表示に変換し，ベクトル図を示せ．

(1) $v_1=\sqrt{2}\,100\sin\left(\omega t-\dfrac{\pi}{2}\right)$〔V〕　　(2) $v_2=\sqrt{2}\,60\sin\left(\omega t+\dfrac{2\pi}{3}\right)$〔V〕

(3) $v_3=\sqrt{2}\,50\cos\omega t$〔V〕

〔**5**〕 次の瞬時値で表された v について，周波数 f を求めよ．

$v=\sqrt{2}\,100\sin\left(628t+\dfrac{\pi}{3}\right)$〔V〕

〔**6**〕 $e=\sqrt{2}\,100\sin\left(\omega t+\dfrac{\pi}{3}\right)$〔V〕 と $i=\sqrt{2}\,10\cos\left(\omega t+\dfrac{\pi}{3}\right)$〔A〕 がある．$i$ は e よりいくら進んでいるか．

〔7〕 $e=\sqrt{2}E\sin\left(\omega t+\frac{\pi}{4}\right)$, $i=-\sqrt{2}I\cos\left(\omega t+\frac{\pi}{6}\right)$ とすれば i の位相は e の位相よりいくら遅れているか.

〔8〕 $e=\sqrt{2}E\sin\left(\omega t+\frac{2\pi}{3}\right)$, $i=-\sqrt{2}I\cos\left(\omega t+\frac{\pi}{4}\right)$ とすれば i の位相は e の位相よりいくら遅れているか.

〔9〕 $e=\sqrt{2}E\cos\left(100\pi t-\frac{\pi}{6}\right)$〔V〕と $i=\sqrt{2}I\sin\left(100\pi t+\frac{\pi}{4}\right)$〔A〕で表される電圧と電流の位相差を時間〔s〕で表すと，いくらになるか.

第 4 章

R, *L*, *C* 交流回路

第 3 章で正弦波交流の複素数表示（直交座標表示と極座標表示）について学んだ．

本章では抵抗だけの回路，自己インダクタンスだけの回路および静電容量だけの回路のそれぞれに交流電圧を加えた場合の電圧と電流の関係やベクトル図について学ぶ．次に ***R***，***L***，***C*** 直列回路に交流電圧を加えた場合の電圧，電流の関係，ベクトル図について学ぶ．さらに，複素アドミタンス，有効電力，無効電力および皮相電力について学ぶ．

4・1 抵抗だけの回路

図 4•1(a) のように抵抗 R〔Ω〕の両端に交流電圧

$$v=\sqrt{2}\,V\sin\omega t\,〔\mathrm{V}〕 \qquad (4\cdot1)$$

を加えると，抵抗 R に流れる電流 i〔A〕は，オームの法則から

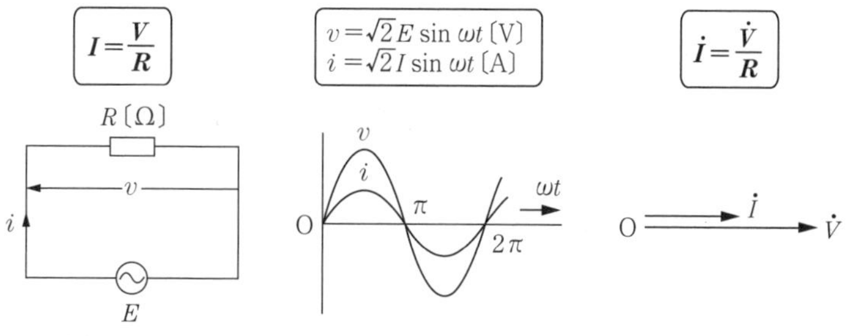

(a) 回路図　(b) 波形　(c) ベクトル図

図 4・1　R の交流回路

$$i=\frac{v}{R}=\sqrt{2}\,\frac{V}{R}\sin\omega t\,〔\mathrm{A}〕 \qquad (4\cdot2)$$

となる．

抵抗だけの回路においては，式（4·1），（4·2）から電圧と電流の位相差は0，すなわち同相であることがわかり，図4·1(b) のようになる．また，$v=\sqrt{2}\,V\sin\omega t$，$i=\sqrt{2}\,I\sin\omega t$ のベクトルをそれぞれ $\dot{V}$，$\dot{I}$ で表すとすれば，$\dot{I}=\dot{V}/R$ となり，$\dot{V}$ と $\dot{I}$ のベクトル図は同図(c) のようになる．

このように，**抵抗 *R* は電流の流れを妨げる作用をもっているが，波形，周波数および位相を変化させる作用はもっていない．**

4・2 自己インダクタンスだけの回路

1. 自己インダクタンスとは

導線を巻いたもの（コイル）に電流を流すと，コイルの中を磁束が貫通する．電流 i が時間的に変化すると，コイルを貫通している磁束の量も変化する．すると，磁束の時間に対する変化の割合に比例する起電力がコイルの端子間に生ずる．これを**ファラデーの電磁誘導法則**という．

コイルに，ある短い時間 $\varDelta t$〔s〕間に電流が $\varDelta i$〔A〕だけ増加したとき，コイルの両端には，

$$e'=L\frac{\varDelta i}{\varDelta t}〔\mathrm{V}〕$$

の電圧が生じる．この**比例定数 *L* を自己インダクタンス**（self inductance）または単にインダクタンスとよぶ．単位には**ヘンリー〔H〕**を用いる．

2. 自己インダクタンス *L*〔H〕に交流電圧を加えた場合

図4·2(b) のような自己インダクタンス L〔H〕だけの回路に $v=\sqrt{2}\,V\sin\omega t$〔V〕を加えると，流れる電流 i は $\pi/2$〔rad〕遅れる．この理由を次に説明する．

図4·2において，発生する逆起電力 e' は

$$e'=L\frac{\varDelta i}{\varDelta t}〔\mathrm{V}〕 \qquad (4\cdot3)$$

となる．時計方向には

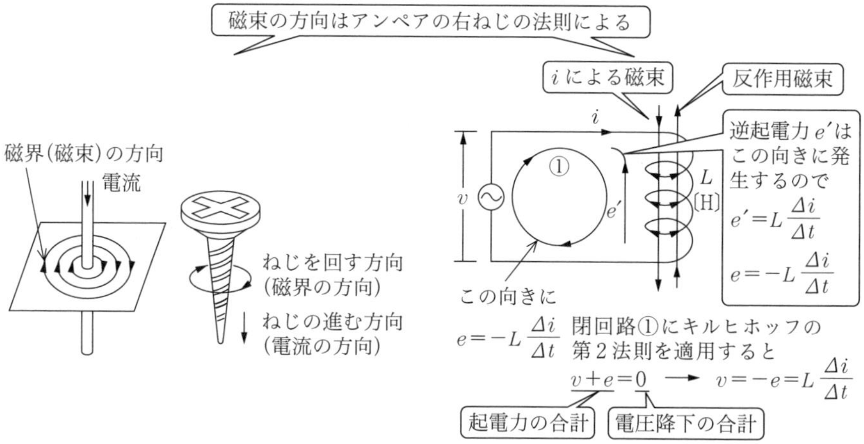

(a) アンペアの右ねじの法則　　(b) 起電力の方向

図 4・2　L のみに v を加えたとき

$$\boldsymbol{e=-L\frac{\Delta i}{\Delta t}}\text{〔V〕} \tag{4・4}$$

閉回路①にキルヒホッフの第2法則を適用すると

$$v+e=0$$

$$v=-e=-\left(-L\frac{\Delta i}{\Delta t}\right)=L\frac{\Delta i}{\Delta t}\text{〔V〕} \tag{4・5}$$

$v=\sqrt{2}\,V\sin\omega t$〔V〕とすると（ただし，$\omega=2\pi f$）

$$\frac{\Delta i}{\Delta t}=\frac{v}{L}=\frac{\sqrt{2}\,V}{L}\sin\omega t \tag{4・6}$$

式（4・6）の両辺を時間 t で積分すると

$$i=\int\frac{\sqrt{2}\,V}{L}\sin\omega t dt=\frac{\sqrt{2}\,V}{L}\int\sin\omega t dt=\frac{\sqrt{2}\,V}{L}\left\{\frac{1}{\omega}\times(-\cos\omega t)\right\}$$

$$=\frac{\sqrt{2}\,V}{\omega L}\times(-\cos\omega t) \tag{4・7}$$

$$\left(\because\quad\frac{d}{dt}\left\{\frac{1}{\omega}\times(-\cos\omega t)\right\}=\frac{1}{\omega}\times\{-(-\omega)\sin\omega t\}=\sin\omega t\right)$$

したがって

$$\boldsymbol{i=\frac{\sqrt{2}\,V}{\omega L}\sin\left(\omega t-\frac{\pi}{2}\right)}\text{〔A〕} \tag{4・8}$$

となり，電流 i は v より $\pi/2$〔rad〕遅れることになる．

式 (4·8) より電流の実効値 I は

$$I = \frac{V}{\omega L} = \frac{V}{X_L} \text{[A]} \tag{4·9}$$

(なお, $X_L = \omega L$ [Ω] を**誘導性リアクタンス**(inductive reactance)**とよぶ**)
となり, 電圧 v, 電流 i の波形は**図 4·3**(b) のようになる. また, v に対して i は $\pi/2$ [rad] 遅れるので $\dot{V} = V$ [V] を基準ベクトルとすると

$$\left. \begin{array}{l} \dot{V} = V \text{[V]} \\ \dot{I} = -j\dfrac{\dot{V}}{\omega L} = -j\dfrac{V}{\omega L} = \dfrac{V}{\omega L} \angle \left(-\dfrac{\pi}{2}\right) \text{[A]} \end{array} \right\} \tag{4·10}$$

となり, ベクトル図は同図(c) のようになる. いま

$$i = \sqrt{2}\, I \sin \omega t \text{[A]} \tag{4·11}$$

とすると, 式 (4·5) より

$$v = L\frac{di}{dt} = L\frac{d(\sqrt{2}\, I \sin \omega t)}{dt} = \sqrt{2}\, \omega L I \cos \omega t$$

$$\left(\because \quad \frac{d(\sin \omega t)}{dt} = \omega \cos \omega t \right)$$

$$= \sqrt{2}\, \omega L I \sin\left(\omega t + \frac{\pi}{2}\right) = \sqrt{2}\, V \sin\left(\omega t + \frac{\pi}{2}\right) \text{[V]} \tag{4·12}$$

となる.

ここで, $\dot{I}$ を基準ベクトルとすると, v は $\pi/2$ [rad] だけ進むので

$$\boxed{I = \frac{V}{\omega L} \text{[A]}} \quad \boxed{\begin{array}{l} v = \sqrt{2}V \sin \omega t \text{[V]} \\ i = \sqrt{2}I \sin\left(\omega t - \dfrac{\pi}{2}\right) \text{[A]} \end{array}} \quad \boxed{\begin{array}{l} \dot{V} = j\omega L \dot{I} \text{[V]} \\ \dot{I} = -j\dfrac{\dot{V}}{\omega L} = -j\dfrac{\dot{V}}{X_L} \\ \phantom{\dot{I}} = \dfrac{V}{\omega L} \angle -\dfrac{\pi}{2} \text{[A]} \\ X_L = \omega L : 誘導性リアクタンス \end{array}}$$

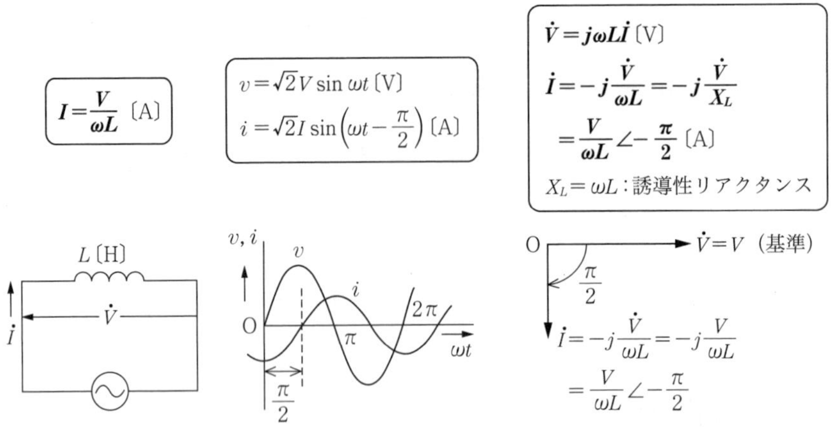

(a) 回路図 (b) 波形 (c) ベクトル図

図 4·3 L の交流回路

$$
\left.
\begin{aligned}
&\dot{\boldsymbol{I}}=\boldsymbol{I}\,[\mathrm{A}]\\
&\dot{\boldsymbol{V}}=\boldsymbol{j\omega L\dot{I}}=\boldsymbol{j\omega LI}=\boldsymbol{\omega LI}\angle\frac{\boldsymbol{\pi}}{\mathbf{2}}\,[\mathrm{V}]
\end{aligned}
\right\}\qquad(4\cdot13)
$$

となる．

図 4•4(a) に i，v の波形を，同図(b) に $\dot{I}$，$\dot{V}$ のベクトル図を示す．

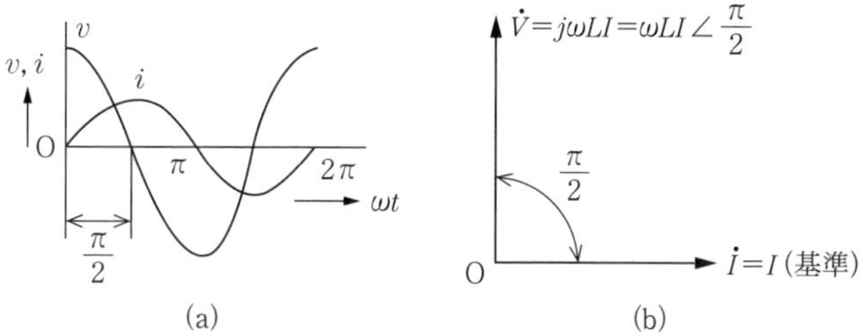

図 4・4　$\dot{I}$を基準ベクトルとした場合

3．回転ベクトルを用いた場合

正弦波交流電流 $i=\sqrt{2}\,I\sin\omega t$〔A〕を回転ベクトル $\dot{I}=Ie^{j\omega t}$ の形で取り扱うと

$$v=L\frac{di}{dt}\ \text{より}$$

$$\dot{\boldsymbol{V}}=\boldsymbol{L}\frac{\boldsymbol{d\dot{I}}}{\boldsymbol{dt}}=L\frac{d\,(Ie^{j\omega t})}{dt}=LIj\omega e^{j\omega t}=j\omega LIe^{j\omega t}$$

$$=\boldsymbol{j\omega L\dot{I}}\quad\left(\because\ \text{指数関数の微分公式の}\ \frac{d}{dt}(e^{at})=\boldsymbol{a}e^{at}\ \text{より}\right)$$

となり，式 (4•13) と同じ結果となる．

例題 1　インダクタンス 500 mH だけの回路に，50 Hz，100 V の交流電圧を加えた場合，誘導性リアクタンス X_L および流れる電流を求めよ．また，$v=\sqrt{2}\,100\sin\omega t$〔V〕とした場合，$i$ の瞬時値の式とベクトル図を示せ．

解　$X_L=\omega L=2\pi f\times L$

$$=2\pi\times50\times500\times10^{-3}=\mathbf{157}\,[\Omega]$$

$$I=\frac{V}{X_L}=\frac{100}{157}=\mathbf{0.637}\,[\mathrm{A}]$$

$$i=\sqrt{2}\times0.637\sin\left(\omega t-\frac{\pi}{2}\right)$$

$$=\boldsymbol{\sqrt{2}\times0.637\sin\left(2\pi\times50t-\frac{\pi}{2}\right)}\,[\mathrm{A}]$$

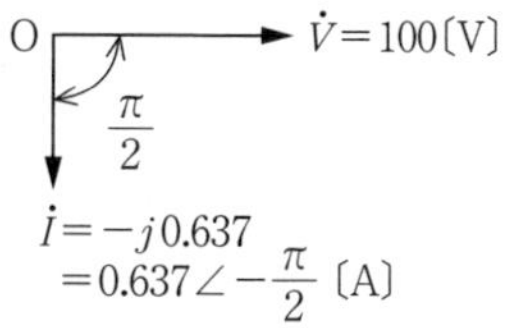

図 4・5

となる．ベクトル図を**図4・5**に示す．

4・3 キャパシタンス（静電容量）だけの回路

1. キャパシタンス（静電容量）とは

図4・6(a) のような2枚の導体板を空気のような絶縁体の層を隔てて向き合わせ，それぞれの導体板に $+q$〔C〕, $-q$〔C〕の電荷を与えると，導体板間に q に比例する電圧 v が生ずる．比例定数を C とすると，次式が成り立つ．

$$\left.\begin{aligned} \boldsymbol{v} &= \frac{\boldsymbol{q}}{\boldsymbol{C}}\text{〔V〕} \\ \boldsymbol{q} &= \boldsymbol{Cv}\text{〔C〕} \end{aligned}\right\} \qquad (4\cdot14)$$

式 (4・14) の比例定数 C をキャパシタンス（または静電容量 (capacitance)）という．C は式 (4・14) から $C=\dfrac{q}{v}$〔C/V〕≡〔F〕となり，単位にはファラッド〔F〕を用いる．

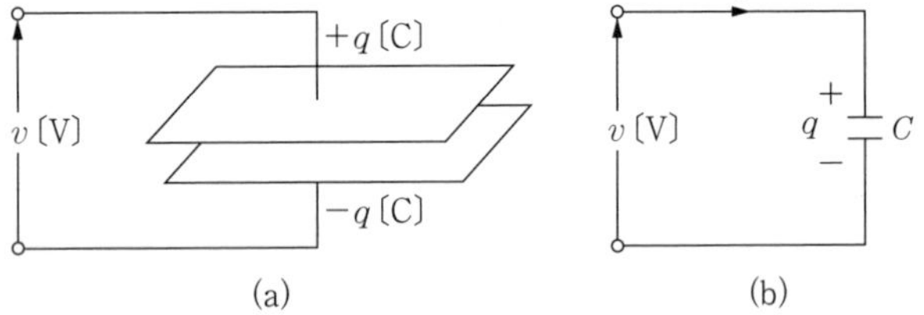

図 4・6 キャパシタンス（静電容量）

電圧 v が外部の電源から加えたものであるとき，式 (4・14) より v が変化すれば，電荷 q も v に比例して変化するはずである．いま v が Δt〔s〕間に Δv〔V〕だけ増加したとすると，式 (4・14) より電荷 q は $C\Delta v$〔C〕だけ増加したことになる．この電荷の増加分は，コンデンサの端子を通して導体板に入ってくる．すなわち，電流が流れ込むことになる．また

電流 $i=\dfrac{\Delta q}{\Delta t}$ より

$$i=\frac{\Delta q}{\Delta t}=\frac{C\Delta v}{\Delta t}=C\frac{\Delta v}{\Delta t}\text{〔A〕} \qquad (4\cdot15)$$

Δt，Δv を十分小さくとり，それぞれ dt，dv とすれば

$$\boldsymbol{i = C\frac{dv}{dt}}\text{〔A〕} \tag{4・16}$$

となり，電圧の変化の速さ dv/dt に比例した電流が流れる．

2．コンデンサ C〔F〕に交流電圧を加えた場合

図 4･7(a) のようにコンデンサ C〔F〕に $v=\sqrt{2}\,V\sin\omega t$〔V〕（ただし，$\omega=2\pi f$）を加えたとき，コンデンサに与えられる（蓄えられる）電荷 q〔C〕は式 (4･14) より

$$q = Cv = CV\sqrt{2}\sin\omega t\text{〔C〕} \tag{4・17}$$

となり，加えた電圧 v と同相で正弦波状に変化する．単位時間 Δt あたりに移動する電荷 Δq が電流 i であるから

$$\begin{aligned} \boldsymbol{i} &= \frac{dq}{dt} = \frac{d(\sqrt{2}\,CV\sin\omega t)}{dt} \\ &= \sqrt{2}\,\omega CV\cos\omega t = \boldsymbol{\sqrt{2}\,\omega CV\sin\left(\omega t + \frac{\pi}{2}\right)}\text{〔A〕} \end{aligned} \tag{4・18}$$

$$\left(\because\quad \frac{d}{dt}(\sin\omega t) = \omega\cos\omega t\right)$$

となり，電流 i は v より $\pi/2$〔rad〕進むことになる．

式 (4･18) より電流の実効値 I は

$$\boldsymbol{I = \omega CV = \frac{V}{\dfrac{1}{\omega C}} = \frac{V}{X_C}}\text{〔A〕} \tag{4・19}$$

となり，電圧 v，電流 i の波形は図 4･7(b) のようになる．なお，$\boldsymbol{X_C = 1/(\omega C)}$〔Ω〕を**容量性リアクタンス** (capacitance reactance) とよぶ．また，電圧 v に対して電流 i は $\pi/2$〔rad〕進むので $\dot{V} = V$〔V〕を基準ベクトルとすると

$$\left.\begin{aligned} &\boldsymbol{\dot{V} = V}\text{〔V〕} \\ &\boldsymbol{\dot{I} = j\omega C\dot{V} = j\frac{\dot{V}}{\dfrac{1}{\omega C}} = j\frac{\dot{V}}{X_C} = j\omega CV = \omega CV\angle\left(\frac{\pi}{2}\right)}\text{〔A〕} \end{aligned}\right\} \tag{4・20}$$

となり，ベクトル図は同図(c) のようになる．

$$\boldsymbol{I=\omega CV}\ 〔\mathrm{A}〕$$

$$v=\sqrt{2}V\sin\omega t\ 〔\mathrm{V}〕$$
$$i=\sqrt{2}I\sin\left(\omega t+\frac{\pi}{2}\right)\ 〔\mathrm{A}〕$$

$$\boldsymbol{\dot{I}=j\omega C\dot{V}}\ 〔\mathrm{A}〕$$
$$\boldsymbol{\dot{V}=-j\frac{\dot{I}}{\omega C}}\ 〔\mathrm{V}〕$$
$X_C=\dfrac{1}{\omega C}$:容量性リアクタンス

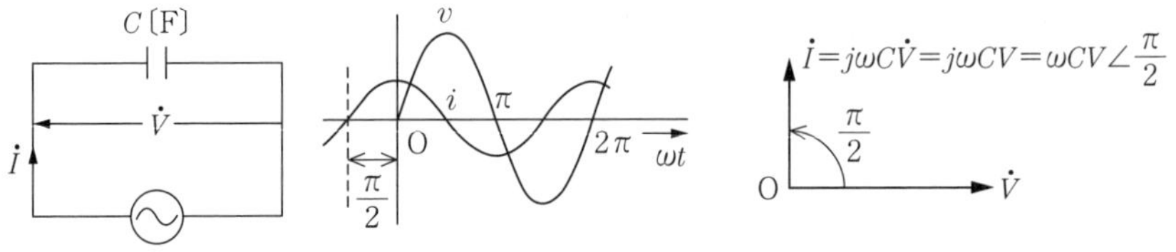

(a) 回路図　(b) 波形　(c) ベクトル図

図 4・7　Cの交流回路

3. 回転ベクトルを用いた場合

正弦波交流電圧 $v=\sqrt{2}\,V\sin\omega t$〔V〕を回転ベクトル $\boldsymbol{\dot{V}=Ve^{j\omega t}}$ の形で取り扱うと

$$i=\frac{dq}{dt}=C\frac{dv}{dt}\ \text{より}$$

$$\boldsymbol{\dot{I}=C\frac{d\dot{V}}{dt}}=C\frac{d\,(Ve^{j\omega t})}{dt}=CVj\omega e^{j\omega t}$$

$$=\boldsymbol{j\omega C\dot{V}}$$

となり，式(4・20)と同じ結果が得られる.

例題2　静電容量 C が $1\,\mu\mathrm{F}$ だけの回路に，50 Hz，100 V の交流電圧を加えた場合，容量性リアクタンス X_C および流れる電流を求めよ．また，$v=\sqrt{2}\,100\sin\omega t$〔V〕とした場合，$i$ の瞬時値の式とベクトル図を示せ.

解　$X_C=\dfrac{1}{\omega C}=\dfrac{1}{2\pi\times50\times1\times10^{-6}}=\mathbf{3\,183}$**〔Ω〕**

$$I=\omega CV=2\pi\times50\times1\times10^{-6}\times100$$
$$=0.0314〔\mathrm{A}〕=\mathbf{3.14\times10^{-2}}〔\mathbf{A}〕$$
$$\boldsymbol{i=\sqrt{2}\times3.14\times10^{-2}\sin\left(2\pi\times50t+\frac{\pi}{2}\right)}〔\mathbf{A}〕$$

となる．ベクトル図を図 4・8 に示す.

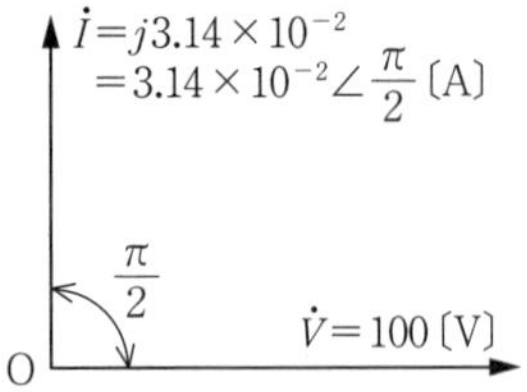

図 4・8

4・4　交流回路におけるインピーダンス

1. 複素数表示におけるオームの法則

図 4・9(a) の直流回路におけるオームの法則と同じように，同図(b) のように負荷に交流電圧 $\dot{V}$〔V〕を加えたとき，回路に流れる電流を $\dot{I}$〔A〕とすると，次式が成り立つ．

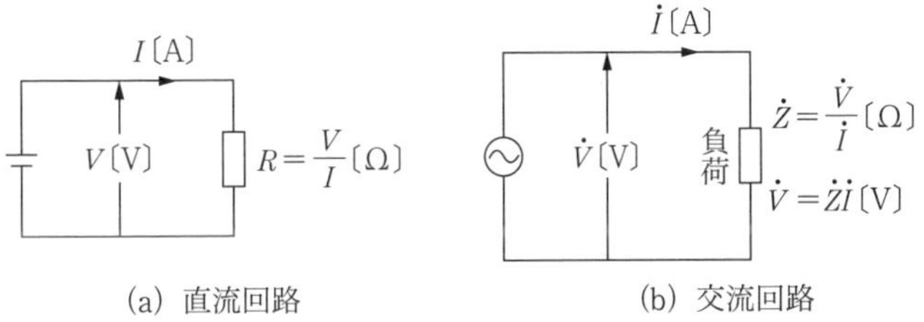

図 4・9　インピーダンス

$$\dot{\boldsymbol{V}}=\dot{\boldsymbol{Z}}\dot{\boldsymbol{I}}\text{〔V〕}\quad\text{（交流回路のオームの法則）}\tag{4・21}$$

このとき，**$\dot{V}$と$\dot{I}$の比を複素インピーダンス**（complex impedance）**といい，その記号に$\dot{Z}$，単位にオーム〔Ω〕を用いる．**

したがって，一般に $\dot{Z}$ も複素数であり，式（4・21）より

$$\dot{\boldsymbol{Z}}=\frac{\dot{\boldsymbol{V}}}{\dot{\boldsymbol{I}}}\text{〔Ω〕}\tag{4・22}$$

となる．この式を交流回路のオームの法則という．

2. *R*，*L*，*C* 回路のインピーダンス

抵抗 R〔Ω〕だけの回路においては，$\dot{I}=\dot{V}/R$ より

$$\dot{Z}_R=\frac{\dot{V}}{\dot{I}}=\frac{R\dot{I}}{\dot{I}}=R\text{〔Ω〕}\tag{4・23}$$

となる．

自己インダクタンス L〔H〕だけの回路におけるインピーダンス $\dot{Z}_L$ は式（4・10）より

$$\dot{Z}_L=\frac{\dot{V}}{\dot{I}}=\frac{\dot{V}}{-j\dfrac{\dot{V}}{\omega L}}=j\omega L=jX_L=\omega L\angle\frac{\pi}{2}=X_L\angle\frac{\pi}{2}\,[\Omega] \qquad (4\cdot 24)$$

（ただし，$X_L=\omega L\,[\Omega]$）

静電容量 C〔F〕だけの回路におけるインピーダンス $\dot{Z}_C$ は式（4·20）より

$$\dot{Z}_C=\frac{\dot{V}}{\dot{I}}=\frac{V}{j\omega CV}=-j\frac{1}{\omega C}=-jX_C=\frac{1}{\omega C}\angle-\frac{\pi}{2}=X_C\angle-\frac{\pi}{2}\,[\Omega]$$

$$\left(\text{ただし，}X_C=\frac{1}{\omega C}\,[\Omega]\right) \qquad (4\cdot 25)$$

となる．

以下，複素インピーダンスを単にインピーダンス（impedance）という．整理すると

回路要素		インピーダンス
R〔Ω〕	⟶	$\boldsymbol{R}$**〔Ω〕**
L〔H〕	⟶	$\boldsymbol{j\omega L=jX_L}$**〔Ω〕**
C〔F〕	⟶	$\boldsymbol{-j\dfrac{1}{\omega C}=-jX_C}$**〔Ω〕**

3．RLC 直列回路

図 4·10(a) に示すような抵抗 R〔Ω〕，自己インダクタンス L〔H〕，静電容量 C〔F〕の直列回路に，周波数 f〔Hz〕で $\dot{V}$〔V〕の電圧を加えたときの電流を $\dot{I}$〔A〕（基本ベクトル）とし，R, L, C の各電圧を $\dot{V}_R$, $\dot{V}_L$, $\dot{V}_C$ とすれば

$\dot{V}_R=R\dot{I}$〔V〕

（$\dot{I}=I$ の R 倍で，$\dot{I}$ と同相）

$\dot{V}_L=j\omega L\dot{I}$〔V〕

（$\dot{I}=I$ の ωL 倍で，90° 進みであるから j を掛ける）

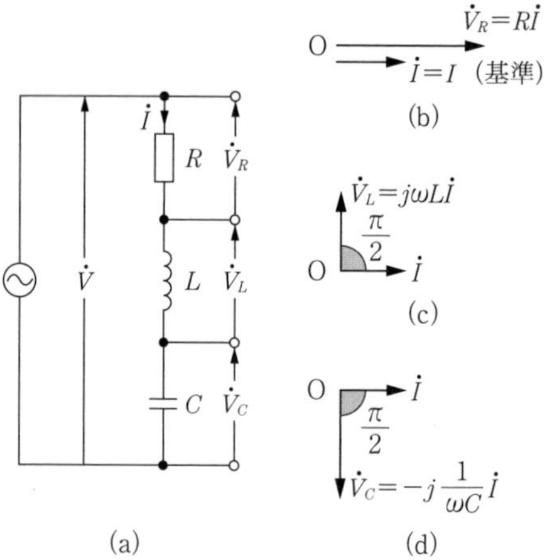

図 4・10　RLC 直列回路

$$\dot{V}_C = -j\frac{1}{\omega C}\dot{I}\,〔\mathrm{V}〕$$

（$\dot{I}=I$ の $1/(\omega C)$ 倍で 90° 遅れであるから，$-j$ を掛ける）

となり，それぞれ $\dot{I}=I$ とのベクトル図は同図(b)，(c)，(d) のようになる．全電圧 $\dot{V}$ は，$\dot{V}_R$，$\dot{V}_L$，$\dot{V}_C$ のベクトル和であるので

$$\dot{\boldsymbol{V}} = \dot{V}_R + \dot{V}_L + \dot{V}_C = R\dot{I} + j\omega L\dot{I} - j\frac{1}{\omega \boldsymbol{C}}\dot{I}$$

$$= \left\{\boldsymbol{R} + \boldsymbol{j}\left(\boldsymbol{\omega L} - \frac{\boldsymbol{1}}{\boldsymbol{\omega C}}\right)\right\}\dot{\boldsymbol{I}}\,〔\mathbf{V}〕 \qquad (4・26)$$

$i = I\sqrt{2}\sin\omega t$〔A〕の瞬時値で表すと

$$v_R = RI\sqrt{2}\sin\omega t\,〔\mathrm{V}〕$$

$$v_L = \omega LI\sqrt{2}\sin\left(\omega t + \frac{\pi}{2}\right)〔\mathrm{V}〕$$

$$v_C = \frac{1}{\omega C}I\sqrt{2}\sin\left(\omega t - \frac{\pi}{2}\right)〔\mathrm{V}〕$$

となる．

図 4・10(b)，(c)，(d) のベクトル図を整理すると，**図 4・11** のようになる．

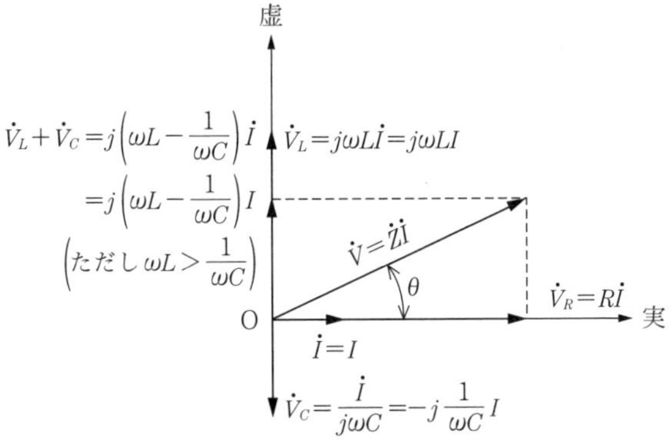

図 4・11　*RLC* 直列回路

いま，式 (4・26) において

$$\dot{\boldsymbol{Z}} = \boldsymbol{R} + \boldsymbol{j}\left(\boldsymbol{\omega L} - \frac{\boldsymbol{1}}{\boldsymbol{\omega C}}\right)〔\Omega〕 \qquad (4・27)$$

とおくと

$$\dot{\boldsymbol{V}} = \dot{\boldsymbol{Z}}\dot{\boldsymbol{I}}, \qquad \dot{\boldsymbol{I}} = \frac{\dot{\boldsymbol{V}}}{\dot{\boldsymbol{Z}}} \qquad (4・28)$$

となる．これは交流回路のオームの法則に相当するものと考えられる．

式（4·27）は，記号式で表されたインピーダンスであるから，**ベクトルインピーダンス**（vector impedance）とよぶ（**図 4·12**）．

さらに，$X_L = \omega L$，$X_C = 1/(\omega C)$ とおけば，式（4·27）は

$$\dot{Z} = R + j(X_L - X_C) = R + jX \tag{4・29}$$

ここに，リアクタンス X は，$X = X_L - X_C$ で X_L，X_C は前に述べたようにそれぞれ**誘導性リアクタンス**，**容量性リアクタンス**とよんでいる．

合成インピーダンス $\dot{Z} = R + jX_L - jX_C = R + j(X_L - X_C) = R + jX$〔Ω〕より，$\dot{Z}$ の絶対値 Z および偏角 θ は次のようになる．

$$\left.\begin{aligned} Z &= \sqrt{R^2 + \left(\omega L - \frac{1}{\omega C}\right)^2} \\ \theta &= \tan^{-1}\frac{\omega L - \frac{1}{\omega C}}{R} \end{aligned}\right\} \tag{4・30}$$

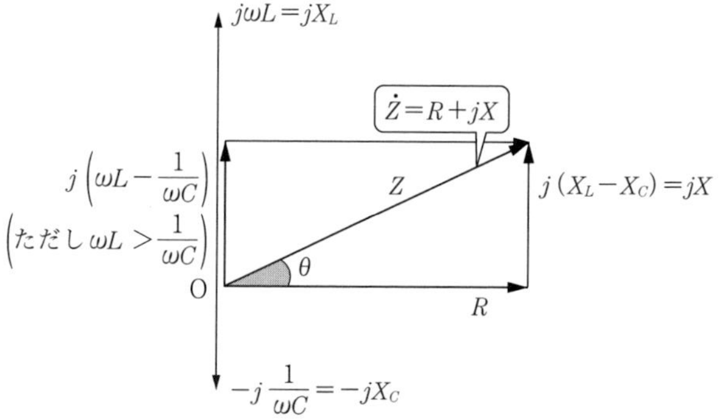

図 4・12　ベクトルインピーダンス

例題 3　**図 4·13** のように，5 Ω の抵抗と誘導性リアクタンス 10 Ω のコイルを直列に接続した回路に，正弦波交流電圧 100 V を加えたとき，回路に流れる電流および位相角（偏角）を求めよ．

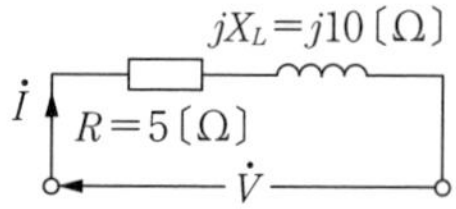

図 4・13

解　回路のインピーダンス $\dot{Z}$ は

$$\dot{Z} = R + jX_L = 5 + j10\,[\Omega]$$

$$\theta = \tan^{-1}\frac{10}{5} = 63.44°$$

となる．電流 $\dot{I}$ は，電圧 $\dot{V}=100$〔V〕を基準ベクトルとすると

$$\dot{I}=\frac{\dot{V}}{\dot{Z}}=\frac{100}{5+j10}=\frac{20}{1+j2}=\frac{20(1-j2)}{(1+j2)(1-j2)}$$

$$=\frac{20(1-j2)}{5}=4-j8\text{〔A〕}\cdots\cdots①$$

（$-j$ は電流が遅れることを意味する）

式①より，電流の大きさ I，位相角（偏角）θ' は

$$I=\sqrt{4^2+8^2}=\mathbf{8.94\text{〔A〕}}$$

$$\theta'=\tan^{-1}\frac{-8}{4}=\mathbf{-63.44}^\circ$$

となる．

なお，$\dot{V}=100$〔V〕，$\dot{Z}=5+j10$〔Ω〕，$\dot{I}=4-j8$〔A〕のベクトル図は**図 4・14** のようになる．

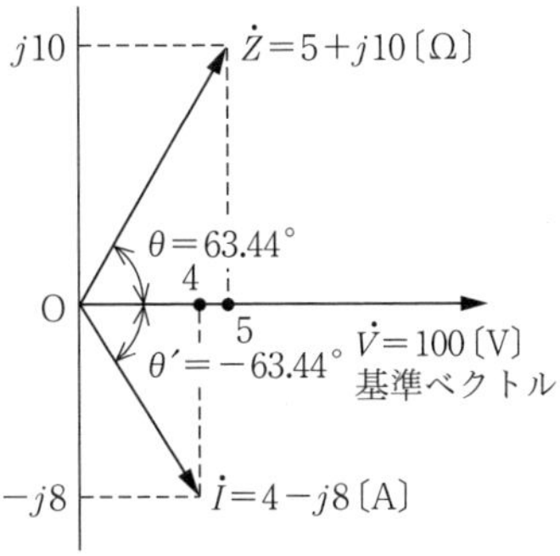

図 **4・14**

例題 4　**図 4・15** のように，9 Ω の抵抗と 12 Ω の容量性リアクタンスの直列回路に，105 V の正弦波交流電圧を加えたとき，流れる電流および位相角（偏角）を求めてそのベクトル図を示せ．

さらに，$\dot{V}_R$，$\dot{V}_C$ を求めベクトル図を示せ．

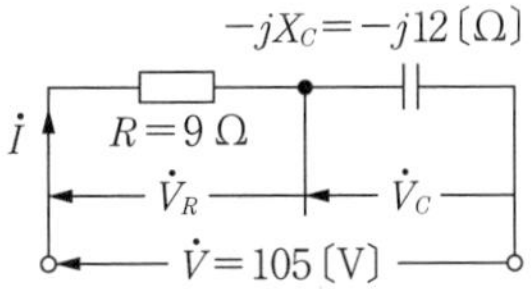

図 **4・15**

解　電圧 $\dot{V}=105$〔V〕を基準ベクトルとする．

$$\dot{I}=\frac{\dot{V}}{\dot{Z}}=\frac{\dot{V}}{R-jX_C}=\frac{105}{9-j12}=\frac{35}{3-j4}$$

$$=\frac{35(3+j4)}{(3-j4)(3+j4)}=\frac{35}{25}(3+j4)=4.2+j5.6\text{〔A〕}\cdots\cdots①$$

式①より電流の大きさ I および位相角（偏角）は

$$I=|\dot{I}|=\sqrt{4.2^2+5.6^2}=\mathbf{7\text{〔A〕}}$$

$$\theta=\tan^{-1}\frac{5.6}{4.2}=\mathbf{53.1}^\circ$$

となる．

$$\dot{Z}=R-jX_C=9-j12\text{〔Ω〕}\cdots\cdots②$$

式②より

$$Z=|\dot{Z}|=\sqrt{9^2+12^2}=15\text{〔Ω〕}$$

$\dot{Z}$ の偏角 θ' は

$$\theta'=\tan^{-1}\frac{X_C}{R}=\tan^{-1}\frac{-12}{9}=-53.1^\circ$$

となる．

$\dot{V}_R = R\dot{I}$ で，$\dot{V}_R$ は $\dot{I}$ と同相である．したがって

$$V_R = RI = 9 \times 7 = 63〔\mathrm{V}〕$$

となる．

次に，$\dot{V}_C = -jX_C\dot{I}$ で，$\dot{V}_C$ は $\dot{I}$ より $\pi/2$〔rad〕遅れるため

$$V_C = X_C I = 12 \times 7 = 84〔\mathrm{V}〕$$

となる．また

$$V = \sqrt{V_R{}^2 + V_C{}^2}$$
$$= \sqrt{63^2 + 84^2} = 105〔\mathrm{V}〕$$

となり，ベクトル図は**図4•16**のようになる．

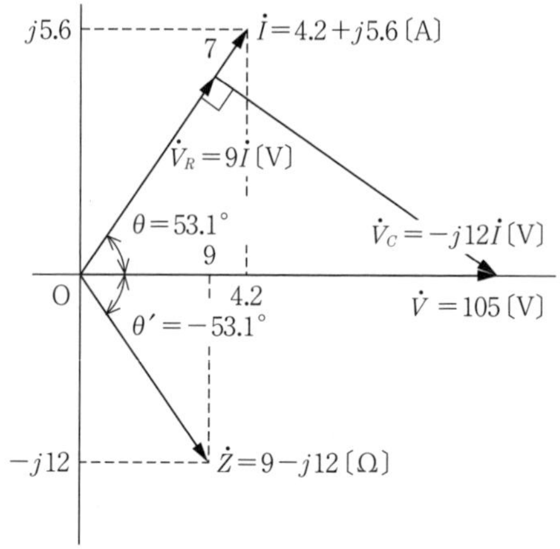

図 4・16

例題5 **図4•17**のように，12Ωの抵抗と誘導性リアクタンス16Ωのコイルおよび容量性リアクタンス7Ωのコンデンサを直列に接続した回路に，正弦波交流電圧 $\dot{V}$〔V〕を加えたとき，回路に14Aの電流が流れた．次の各値を求めよ．また，電流 $\dot{I}=14$〔A〕を基準ベクトルとして，$\dot{V}$, $\dot{V}_R$, $\dot{V}_L$, $\dot{V}_C$ のベクトル図を示せ．

(a) 回路インピーダンス $\dot{Z}$ とその偏角 θ

(b) 電圧 $\dot{V}_R$, $\dot{V}_L$, $\dot{V}_C$, $\dot{V}$

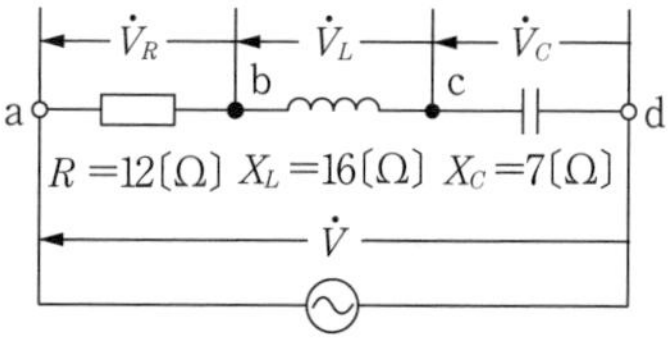

図 4・17

解 (a) $\dot{Z} = R + jX_L - jX_C$

$$= 12 + j16 - j7 = 12 \boldsymbol{+ j9}〔\boldsymbol{\Omega}〕$$

$$Z = |\dot{Z}| = \sqrt{12^2 + 9^2} = 15〔\Omega〕$$

$$\theta = \tan^{-1}\frac{X_L - X_C}{R} = \tan^{-1}\frac{9}{12} = \mathbf{36.9°}$$

(b) $\dot{V}_R = R\dot{I} = 12 \times 14 = \mathbf{168〔V〕}$

となるので $V_R = 168$〔V〕

$$\dot{V}_L = jX_L\dot{I} = j16 \times 14 = \boldsymbol{j224}〔\mathbf{V}〕$$

となるので $V_L = 224$〔V〕

$$\dot{V}_C = -jX_C\dot{I} = -j7 \times 14 = \boldsymbol{-j98}〔\mathbf{V}〕$$

となるので $V_C = 98$〔V〕

$$\dot{V} = \dot{V}_R + \dot{V}_L + \dot{V}_C = 168 + j224 - j98 = \mathbf{168} \boldsymbol{+ j126}〔\mathbf{V}〕$$

$$V = ZI = 15 \times 14 = 210〔\mathrm{V}〕$$

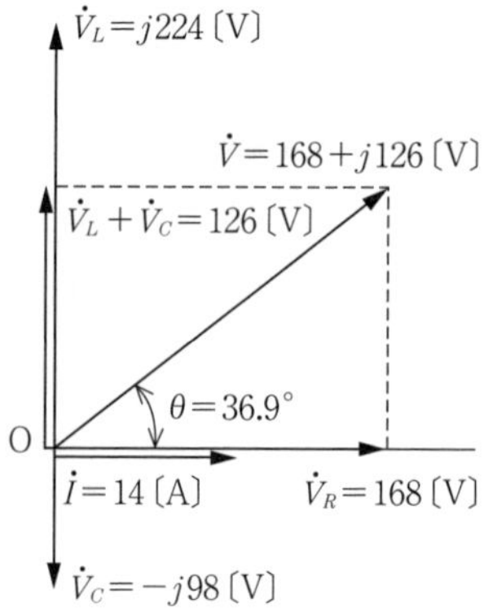

図 4・18

図 4・18 にベクトル図を示す．

4・5 複素アドミタンス

1. アドミタンス

複素インピーダンス $\dot{Z}$ の逆数 $\dfrac{1}{\dot{Z}}$ を**複素アドミタンス**（complex admittance）あるいは，単に**アドミタンス**といい，その記号に $\dot{Y}$，単位にジーメンス（siemens，〔S〕）を用いる．アドミタンス $\dot{Y}$ は，複素数の形として一般に式（4・31）のように表される．式中の G を**コンダクタンス**（conductance），$\dot{Y}$ の虚部の絶対値 B を**サセプタンス**（susceptance）という．G，B の単位もジーメンス〔S〕である．

$$\textbf{アドミタンスの}\ \dot{Y}=\frac{1}{\dot{Z}}=G+jB\,〔\mathrm{S}〕 \tag{4・31}$$

複素インピーダンス $\dot{Z}=Ze^{j\theta}=Z\angle\theta=R+jX$〔Ω〕であるとき，$\dot{Y}$ は

$$\left.\begin{aligned}\dot{Y}&=\frac{1}{Ze^{j\theta}}=\left(\frac{1}{Z}\right)e^{-j\theta}=Ye^{-j\theta}=Y\angle(-\theta)\,〔\mathrm{S}〕\\&=\left(\frac{1}{Z}\right)e^{-j\theta}=Ye^{-j\theta}\\\dot{Y}&=\frac{1}{R+jX}=\frac{R-jX}{R^2+X^2}=\underbrace{\frac{R}{R^2+X^2}}_{\text{実部 }G}-j\underbrace{\left(\frac{X}{R^2+X^2}\right)}_{\text{虚部 }B}〔\mathrm{S}〕\end{aligned}\right\} \tag{4・32}$$

となり，アドミタンス $\dot{Y}$ の実部がコンダクタンス G であり，虚部の絶対値がサセプタンス B を表す．また，式（4・31），（4・32）より，次式が導かれる．

$$\left.\begin{aligned}Y&=\sqrt{G^2+B^2}=\frac{1}{Z}\\\theta&=-\tan^{-1}\frac{B}{G}\end{aligned}\right\} \tag{4・33}$$

いま，**図 4・19** のように，アドミタンス $\dot{Y}$ に電圧 $\dot{V}$ を加えたときに流れる電流 $\dot{I}$ は，次式で求められる．

$$\dot{I}=\frac{\dot{V}}{\dot{Z}}=\dot{Y}\dot{V} \tag{4・34}$$

このように，電流 $\dot{I}$ は $\dot{Y}$ に電圧 $\dot{V}$ を掛けたものとなり，特に電圧 $\dot{V}$ を基準ベクトルとした場合は，電流 $\dot{I}$ が簡単に求められて便利である．したがって，並列回路の計算では，アドミタンスを用いたほうが簡単である．$\dot{Z}$ に対する $\dot{Y}$ の関係をベクトル図で示せば，**図 4・20** となり，$\dot{Z}$ と $\dot{Y}$ の偏角は符号が異なっているが絶対値は同じであり，$\dot{Z}$ と $\dot{Y}$ の虚部の符号は必ず異なっている．

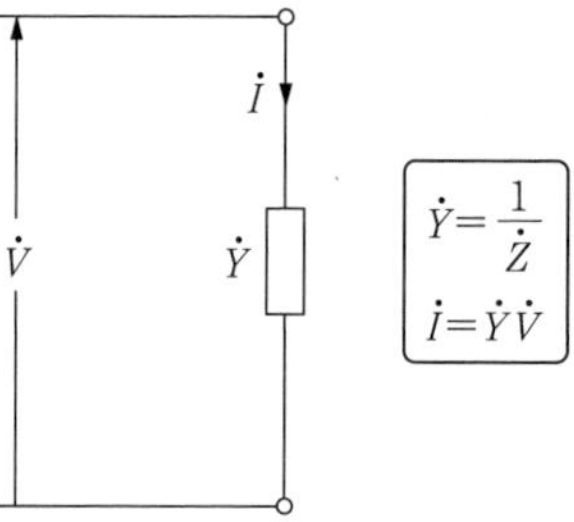

図 4・19 $\dot{I}$ と $\dot{Y}$

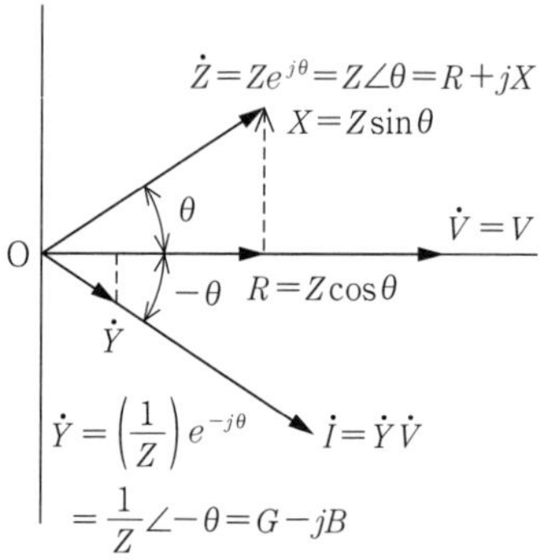

図 4・20 $\dot{Z}$, $\dot{Y}$ のベクトル図

2. 並列回路での合成インピーダンス

図 4・21 のように，n 個のインピーダンス $\dot{Z}_1$, $\dot{Z}_2$, ……, $\dot{Z}_n$ が並列に接続された回路の合成インピーダンス $\dot{Z}$ を求める．

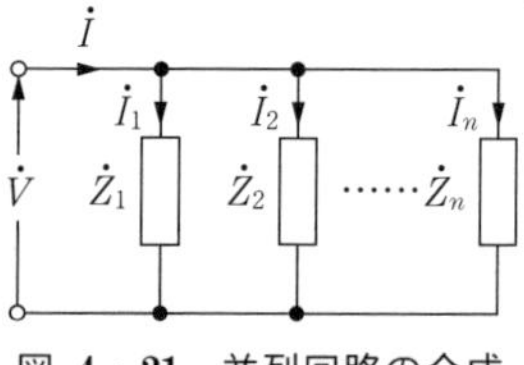

図 4・21 並列回路の合成インピーダンス

電流 $\dot{I}$ は

$$\dot{I}=\dot{I}_1+\dot{I}_2+\cdots\cdots+\dot{I}_n$$
$$=\frac{\dot{V}}{\dot{Z}_1}+\frac{\dot{V}}{\dot{Z}_2}+\cdots\cdots+\frac{\dot{V}}{\dot{Z}_n}$$
$$=\left(\frac{1}{\dot{Z}_1}+\frac{1}{\dot{Z}_2}+\cdots\cdots+\frac{1}{\dot{Z}_n}\right)\dot{V} \qquad (4\cdot35)$$

となる．

合成インピーダンス $\dot{Z}$ は式（4・35）より

$$\dot{Z}=\frac{\dot{V}}{\dot{I}}=\frac{\dot{V}}{\left(\frac{1}{\dot{Z}_1}+\frac{1}{\dot{Z}_2}+\cdots\cdots+\frac{1}{\dot{Z}_n}\right)\dot{V}}=\frac{1}{\frac{1}{\dot{Z}_1}+\frac{1}{\dot{Z}_2}+\cdots\cdots+\frac{1}{\dot{Z}_n}} \qquad (4\cdot36)$$

となり計算が煩雑である．

3．並列回路での合成アドミタンス

並列回路では，合成インピーダンスが複雑な形になるので，インピーダンスの逆数のアドミタンスを用いると計算が簡単になる．**図 4・22** のように，アドミタンス $\dot{Y}_1, \dot{Y}_2, \cdots\cdots, Y_n$ を並列に接続し，それぞれの回路に流れる電流を $\dot{I}_1, \dot{I}_2, \cdots\cdots, \dot{I}_n$ とすれば

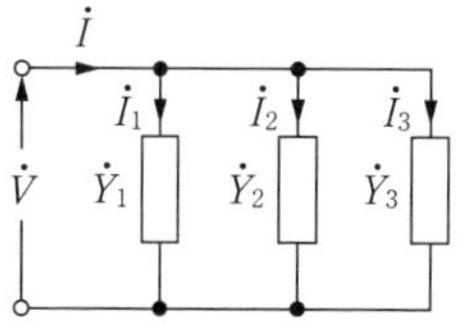

図 4・22　合成アドミタンス

$$\left.\begin{aligned}\dot{I}_1 &= \dot{Y}_1\dot{V}\\ \dot{I}_2 &= \dot{Y}_2\dot{V}\\ &\vdots\\ \dot{I}_n &= \dot{Y}_n\dot{V}\end{aligned}\right\} \qquad (4・37)$$

となる．したがって，回路の合成電流 $\dot{I}$ および合成アドミタンス $\dot{Y}$ は

$$\begin{aligned}\dot{\boldsymbol{I}} &= \dot{I}_1+\dot{I}_2+\cdots\cdots+\dot{I}_n = \dot{\boldsymbol{Y}}_1\dot{\boldsymbol{V}}+\dot{\boldsymbol{Y}}_2\dot{\boldsymbol{V}}+\cdots\cdots+\dot{\boldsymbol{Y}}_n\dot{\boldsymbol{V}}_n\\ &=(\dot{\boldsymbol{Y}}_1+\dot{\boldsymbol{Y}}_2+\cdots\cdots+\dot{\boldsymbol{Y}}_n)\dot{\boldsymbol{V}}=\dot{\boldsymbol{Y}}\dot{\boldsymbol{V}}\end{aligned} \qquad (4・38)$$

したがって，並列回路での合成アドミタンス $\dot{Y}$ は式（4・38）より

$$\dot{\boldsymbol{Y}}=\dot{\boldsymbol{Y}}_1+\dot{\boldsymbol{Y}}_2+\cdots\cdots+\dot{\boldsymbol{Y}}_n \qquad (4・39)$$

となり，簡単に求まる．

式（4・39）より並列回路の合成アドミタンスは，各アドミタンスの和に等しく，各アドミタンスに流れる電流比は，各アドミタンスの比になるから

$$\dot{I}_1 : \dot{I}_2 : \cdots\cdots : \dot{I}_n : \dot{I} = \dot{Y}_1 : \dot{Y}_2 : \cdots\cdots : \dot{Y}_n : \dot{Y} \qquad (4・40)$$

$$\left.\begin{aligned}\dot{I}_1 &= \frac{\dot{Y}_1}{\dot{Y}}\dot{I}\\ \dot{I}_2 &= \frac{\dot{Y}_2}{\dot{Y}}\dot{I}\\ \dot{I}_3 &= \frac{\dot{Y}_3}{\dot{Y}}\dot{I}\end{aligned}\right\} \qquad (4・41)$$

となる．

例題 6　**図 4・23**(a) のような並列回路に，電圧 $\dot{V}=50$〔V〕を加えたとき，次の値を求めよ．

(a)　電流 $\dot{I}_1$，$\dot{I}_2$，$\dot{I}$〔A〕

(b)　合成アドミタンス $\dot{Y}=G-jB$〔S〕

(c) 図(a) の合成インピーダンス $\dot{Z}$〔Ω〕と図(b) の等価な R_0, X_0

(d) 電圧 $\dot{V}_{cd}$〔V〕

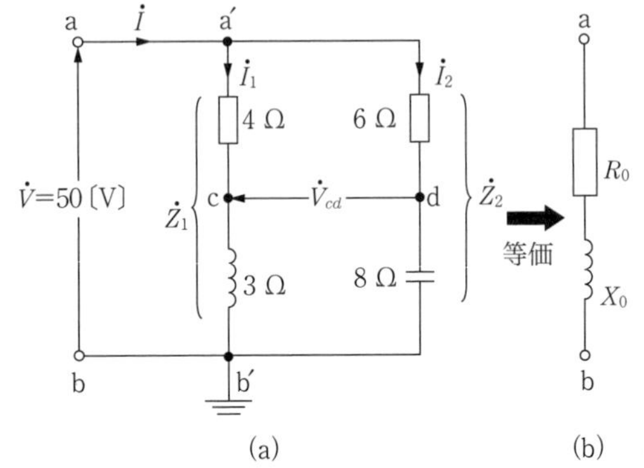

図 4・23

解 (a) $\left.\begin{array}{l}\dot{Z}_1=4+j3〔\Omega〕\\ \dot{Z}_2=6-j8〔\Omega〕\end{array}\right\}$ ……①

式①より

$$\left.\begin{array}{l}\dot{Y}_1=\dfrac{1}{\dot{Z}_1}=\dfrac{1}{4+j3}=\dfrac{4-j3}{(4+j3)(4-j3)}=\dfrac{4-j3}{25}〔\mathrm{S}〕\\ \dot{Y}_2=\dfrac{1}{\dot{Z}_2}=\dfrac{1}{6-j8}=\dfrac{6+j8}{(6-j8)(6+j8)}=\dfrac{6+j8}{100}〔\mathrm{S}〕\end{array}\right\} \cdots\cdots ②$$

式②より

$$\dot{I}_1=\dot{Y}_1\dot{V}=\frac{4-j3}{25}\times 50=\mathbf{8-j6〔A〕}$$

$$\dot{I}_2=\dot{Y}_2\dot{V}=\frac{6+j8}{100}\times 50=\mathbf{3+j4〔A〕}$$

$$\dot{I}=\dot{I}_1+\dot{I}_2=\mathbf{11-j2〔A〕}$$

(b) $\dot{Y}=\dfrac{\dot{I}}{\dot{V}}=\dfrac{11-j2}{50}=\mathbf{0.22-j0.04〔S〕}$

したがって

コンダクタンス $G=0.22$〔S〕

サセプタンス $B=0.04$〔S〕

また，$\dot{Y}$ は次のようにしても求められる．

$$\dot{Y}=\dot{Y}_1+\dot{Y}_2=\frac{4-j3}{25}+\frac{6+j8}{100}=0.22-j0.04〔\mathrm{S}〕$$

(c) $\dot{Z}=\dfrac{\dot{V}}{\dot{I}}=\dfrac{50}{11-j2}=\dfrac{50}{125}(11+j2)=\mathbf{4.4+j0.8〔\Omega〕}$

また，$\dot{Z}$ は次のようにしても求められる．

$$\dot{Z}=\frac{\dot{Z}_1\dot{Z}_2}{\dot{Z}_1+\dot{Z}_2}=\frac{(4+j3)(6-j8)}{10-j5}=\frac{48-j14}{10-j5}$$

$$=\frac{(48-j14)(10+j5)}{(10-j5)(10+j5)}=\frac{550+j100}{125}$$

$$=4.4+j0.8=R_0+jX_0〔\Omega〕$$

したがって

$\boldsymbol{R_0=4.4〔\Omega〕}$

$\boldsymbol{X_0=0.8〔\Omega〕}$

となる．

(d)　b′点を接地して 0 電位とした場合の c 点の電位 $\dot{V}_c$，d 点の電位 $\dot{V}_d$ を求め，$\dot{V}_{cd}=\dot{V}_c-\dot{V}_d$ により $\dot{V}_{cd}$ を求める．

$$\dot{V}_c=j3\times\dot{I}_1=j3(8-j6)=18+j24〔\mathrm{V}〕$$

$$\dot{V}_d=-j8\times\dot{I}_2=-j8(3+j4)=32-j24〔\mathrm{V}〕$$

$$\therefore\quad \dot{V}_{cd}=\dot{V}_c-\dot{V}_d=\boldsymbol{-14+j48〔\mathrm{V}〕}$$

これらの電流と電圧の関係を $\dot{V}=50〔\mathrm{V}〕$ を基準にしてベクトル図で示すと，**図 4・24** のようになる．

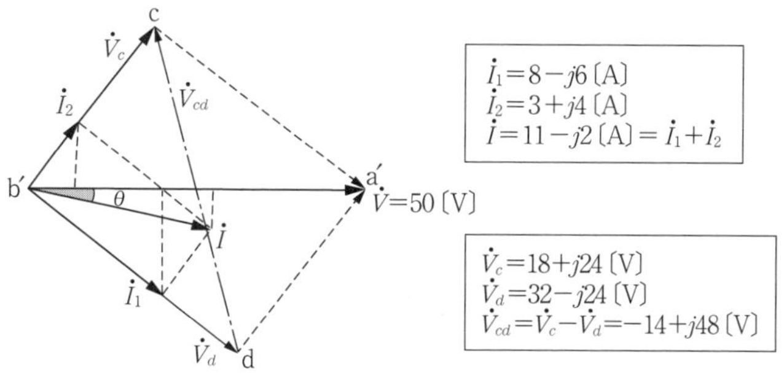

図　4・24

4・6　交流回路の電力

1.　交流回路の電力

交流は，電圧 v も電流 i もその大きさと方向が周期的に変化するので，v と i の積を交流の瞬時電力 p とすると，p も時間とともに変化する．

瞬時電力の1周期間の平均的な値を交流電力という．

したがって

$$\textbf{交流電力} = \textbf{瞬時電力の1周期間の平均値}〔\mathrm{W}〕$$
$$= \frac{\textbf{1周期間に行う仕事量}}{\textbf{1周期}}〔\mathrm{W}〕 \quad (4 \cdot 42)$$

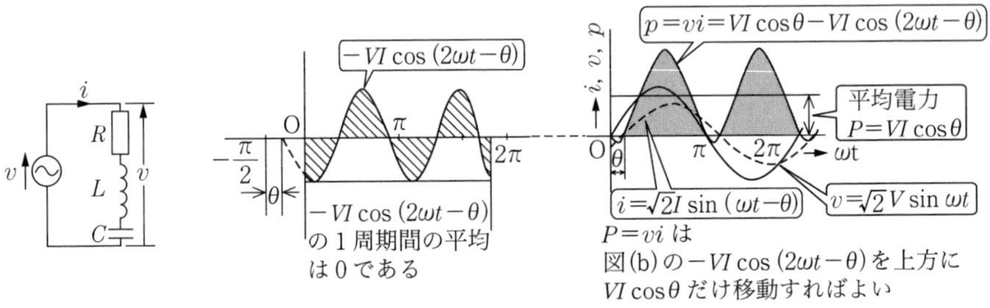

(a) 回路　　(b) $-VI\cos(2\omega t-\theta)$　　(c) 波形

図 4・25　交流回路の電力

瞬時電力 p は

$$\boldsymbol{p = vi}〔\mathrm{W}〕 \quad (4 \cdot 43)$$

図 4・25(a) の回路で，電圧 v〔V〕より電流 i〔A〕が θ〔rad〕だけ位相が遅れていると

$$\left.\begin{aligned} v &= V\sqrt{2}\sin\omega t〔\mathrm{V}〕 \\ i &= I\sqrt{2}\sin(\omega t-\theta)〔\mathrm{A}〕 \\ p &= vi = V\sqrt{2}\sin\omega t \cdot I\sqrt{2}\sin(\omega t-\theta) \\ &= 2VI\sin\omega t \cdot \sin(\omega t-\theta) \end{aligned}\right\} \quad (4 \cdot 44)$$

いま

$$\sin\alpha\sin\beta = \frac{1}{2}\{\cos(\alpha-\beta)-\cos(\alpha+\beta)\}$$

が成り立つので $\alpha=\omega t$, $\beta=\omega t-\theta$ とおくと

$$\sin\omega t\sin(\omega t-\theta) = \frac{1}{2}\{\cos\theta-\cos(2\omega t-\theta)\}$$

となるので

$$p = VI\cos\theta - VI\cos(2\omega t-\theta)〔\mathrm{W}〕 \quad (4 \cdot 45)$$

いま，この回路の**平均電力** (average power) P〔W〕は，瞬時電力 p の1周期の平均値であるが，式 (4・45) の第2項 $-VI\cos(2\omega t-\theta)$ の1周期の平均値

は図 4・25(b) に示すように，0 となるから，第 1 項だけの平均値で次式を得る．

$$\boldsymbol{P = VI\cos\theta}\,\text{〔W〕} \tag{4・46}$$

図 4・25(c) に式 (4・4) の波形を示す．

式 (4・46) で表される電力を**有効電力** (active power) または単に**電力** (power) といい，単位にはワット〔W〕を用いる．

なお，自己インダクタンスのみの回路および C のみの回路においては，ともに電圧 v と電流 i の位相角 θ は $\theta=90°$ となる．

したがって

$$\cos\theta=\cos 90°=0$$

となるので有効電力は 0 となる．

2. 皮相電力と力率，無効電力

交流回路では，電圧 V〔V〕と電流 I〔A〕の大きさがわかっていても，それだけでは電力 P〔W〕は決定されない．V と I との積 VI は見掛けの電力であり，これを**皮相電力** (apparent power) といい，記号 $\boldsymbol{S}$ で表し，単位には**ボルトアンペア**を用いる．

$$\boldsymbol{S = VI}\,\text{〔VA〕} \tag{4・47}$$

有効電力 P の皮相電力に対する比を**力率** (power factor) といい

$$\textbf{力率} = \frac{\boldsymbol{P}}{\boldsymbol{S}} = \frac{\boldsymbol{VI\cos\theta}}{\boldsymbol{VI}} = \boldsymbol{\cos\theta} \tag{4・48}$$

で表される．また，$\sqrt{1-\cos^2\theta}=\sin\theta$ で示される値を**無効率** (reactive factor) といい，皮相電力と無効率の積を**無効電力** (reactive power) といい，記号 $\boldsymbol{Q}$ で表す．単位には**バール〔var〕**を用いる．

$$\boldsymbol{Q = VI\sin\theta}\,\text{〔var〕} \tag{4・49}$$

式 (4・46)，(4・47)，(4・49) から $\boldsymbol{S}$，$\boldsymbol{P}$，$\boldsymbol{Q}$ の間には

$$S=VI=\sqrt{(VI\cos\theta)^2+(VI\sin\theta)^2}=\sqrt{\boldsymbol{P}^2+\boldsymbol{Q}^2} \tag{4・50}$$

が成り立つ．これらの関係を**図 4・26** に示す．

また，図 4・26 の $I\cos\theta$ は有効電力 $VI\cos\theta$ に貢献するので，**有効電流** (active current)，$I\sin\theta$ は有効電力とは何の関係もないので，**無効電流** (reactive current) とよぶ．

なお，電力〔W〕，無効電力〔var〕，皮相電力〔VA〕のそれぞれ 1 000 倍の単

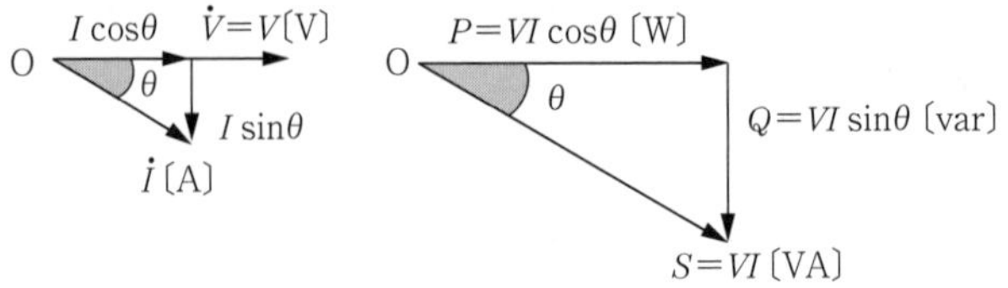

図 4・26 交流の有効電力，無効電力および皮相電力

位を〔kW〕，〔kvar〕，〔kVA〕という．

図 4・27 の回路の負荷のインピーダンス $\dot{Z}$〔Ω〕は

$$\dot{Z}=R+jX=Ze^{j\theta}=Z\angle\theta\,〔\Omega〕$$

で与えられているとき，電流 $\dot{I}$ は

$$\dot{I}=\frac{\dot{V}}{\dot{Z}}=\frac{\dot{V}}{Ze^{j\theta}}=\frac{V}{Z}e^{-j\theta}〔\mathrm{A}〕 \qquad (4\cdot51)$$

となる．したがって，力率角 θ はインピーダンス $\dot{Z}$ によって定まることになる．

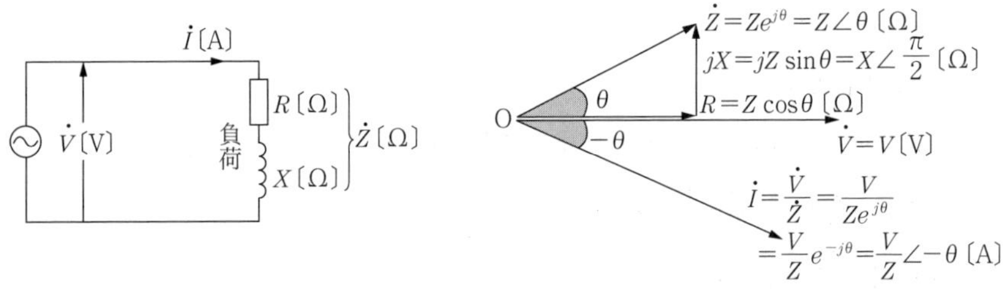

(a) 回路　(b) 力率角

図 4・27 力率角

$$\cos\theta=\frac{R}{Z}=\frac{R}{\sqrt{R^2+X^2}} \qquad (4\cdot52)$$

となる．**θ をインピーダンスの力率角**または**インピーダンス角**（impedance angle）という．

また，有効電力 P と無効電力 Q は

$$\left.\begin{aligned}P&=VI\cos\theta=IZI\frac{R}{Z}=I^2R〔\mathrm{W}〕\\Q&=VI\sin\theta=IZI\frac{X}{Z}=I^2X〔\mathrm{var}〕\end{aligned}\right\} \qquad (4\cdot53)$$

例題7 あるインピーダンス負荷に電圧200 Vを加えたところ，20 Aの電流が流れ，負荷には3.2 kWの電力が消費された．このときの力率，無効率，有効電流，無効電流，皮相電力，無効電力を計算せよ．

解　力率$\cos\theta$は，式（4･45）より

$P = VI\cos\theta$……①

式①に題意の$P=3.2\times10^3$〔W〕，$V=200$〔V〕，$I=20$〔A〕を代入すると

$$\boldsymbol{\cos\theta} = \frac{P}{VI} = \frac{3.2\times10^3}{200\times20} = \mathbf{0.8}……②$$

となる．無効率$\sin\theta$は

$$\boldsymbol{\sin\theta} = \sqrt{1-\cos^2\theta} = \sqrt{1-0.8^2} = \mathbf{0.6}……③$$

式②，③より有効電流$Ie = I\cos\theta$，無効電流$Iq = I\sin\theta$は

$$\boldsymbol{I_e} = I\cos\theta = 20\times0.8 = \mathbf{16〔A〕}$$

$$\boldsymbol{I_q} = I\sin\theta = 20\times0.6 = \mathbf{12〔A〕}$$

となる．皮相電力S，無効電力Qは

$$\boldsymbol{S} = VI = 200\times20 = 4\,000〔VA〕 = \mathbf{4〔kVA〕}$$

$$\boldsymbol{Q} = VI\sin\theta = 200\times20\times0.6 = 2\,400〔var〕 = \mathbf{2.4〔kvar〕}$$

となる．**図4･28**に電流，電力のベクトル図を示す．

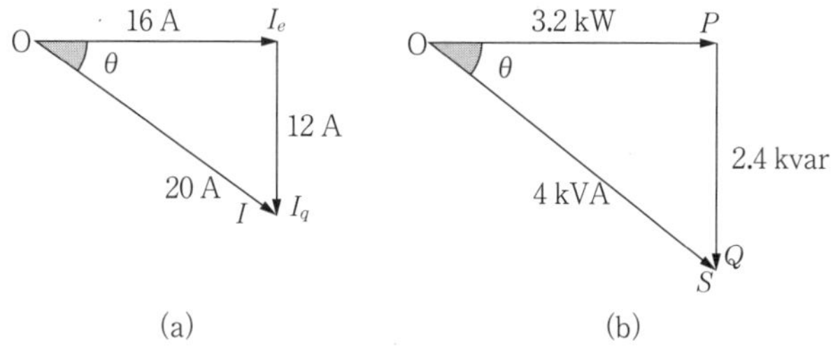

図 **4・28**

4・7　有効電力の積分による算出

4･6節で学んだように，電圧v〔V〕（実効値V）より電流i〔A〕（実効値I）がθ〔rad〕だけ位相が遅れていると有効電力Pは$P = VI\cos\theta$〔W〕となる．

これを積分を用いて求める．φ〔rad〕だけ電圧v〔V〕より電流i〔A〕が遅れているものとすると，$P = VI\cos\phi$〔W〕となる．これを積分を用いて求めてみる．

$v = V_m \sin \omega t$

$i = I_m \sin(\omega t - \varphi)$

とし，$\omega t = \theta$ と置くと

$v = V_m \sin \theta, \quad i = I_m \sin(\theta - \varphi)$

$p = vi = V_m \sin \theta I_m \sin(\theta - \varphi)$

$= V_m I_m \sin \theta \sin(\theta - \varphi)$

図 4·29 の斜線の面積について，$\theta = 0°$ から 2π まで積分すれば，電力の和，すなわち，$\int_0^{2\pi} P d\theta$ になる．ゆえに，平均電力 P は

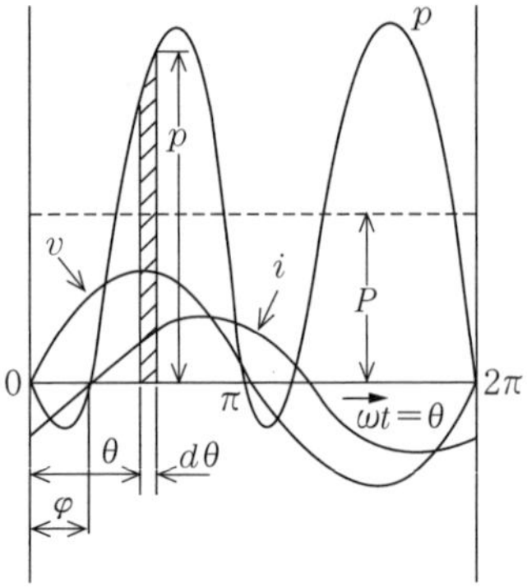

図 4・29

$$P = \frac{1}{2\pi} \int_0^{2\pi} P d\theta = \frac{V_m I_m}{2\pi} \int_0^{2\pi} \sin \theta \sin(\theta - \varphi)\, d\theta$$

しかるに

$$\sin \theta \sin(\theta - \varphi) = \frac{1}{2}\{\cos \varphi - \cos(2\theta - \varphi)\}$$

であるから

$$\int_0^{2\pi} \sin \theta \sin(\theta - \varphi)\, d\theta = \int_0^{2\pi} \boldsymbol{\frac{1}{2}\{\cos \varphi - \cos(2\theta - \varphi)\} d\theta}$$

$$\boldsymbol{= \frac{1}{2} \cos \varphi \int_0^{2\pi} d\theta - \frac{1}{2} \int_0^{2\pi} \cos(2\theta - \varphi)\, d\theta}$$

$$\boldsymbol{= \frac{1}{2} \cos \varphi [\theta]_0^{2\pi} - \frac{1}{4}[\sin(2\theta - \varphi)]_0^{2\pi}}$$

$$= \pi \cos \varphi - \frac{1}{4}\{\sin(4\pi - \varphi) - \sin(-\varphi)\}$$

$$= \pi \cos \varphi - \frac{1}{4}\{\sin 4\pi \cos \varphi - \cos 4\pi \sin \varphi + \sin \varphi\}$$

$$= \pi \cos \varphi - \frac{1}{4}(-\sin \varphi + \sin \varphi)$$

$(\because \quad \sin 4\pi = 0, \quad \cos 4\pi = 1)$

$$= \pi \cos \varphi$$

$$\therefore \quad \boldsymbol{P} = \frac{V_m I_m}{2\pi} \pi \cos \varphi = \frac{V_m I_m}{2} \cos \varphi = \boldsymbol{VI \cos \varphi} \qquad (4 \cdot 54)$$

となる．

演 習 問 題

〔1〕 抵抗およびリアクタンスの直列回路に 100 V の電圧を加えたときの皮相電力 2 kVA，電力 1.6 kW であった．抵抗とリアクタンスを求めよ．

〔2〕 **図 4•30** のような交流回路において，消費電力 1.2 kW，力率 80% で，10 A の電流が流れているとき，回路のインピーダンス Z，抵抗 R，リアクタンス X はいくらか．

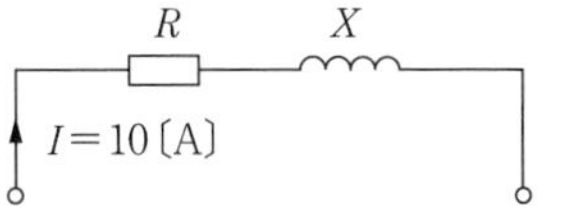

図 4・30

〔3〕 **図 4•31** の回路において，電源電圧 $\dot{V}=60$〔V〕のとき

(1) コンデンサに流れる電流 $\dot{I}_c$

(2) 供給された電流

(3) 回路の力率 $\cos\theta$〔%〕

(4) 回路の消費電力 P〔W〕

を求めよ．

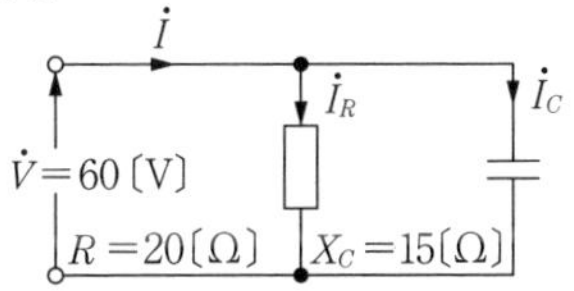

図 4・31

〔4〕 **図 4•32** のような R，L，C の並列回路において，合成アドミタンス $\dot{Y}$，電流 $\dot{I}$ およびその大きさ I を求めよ．

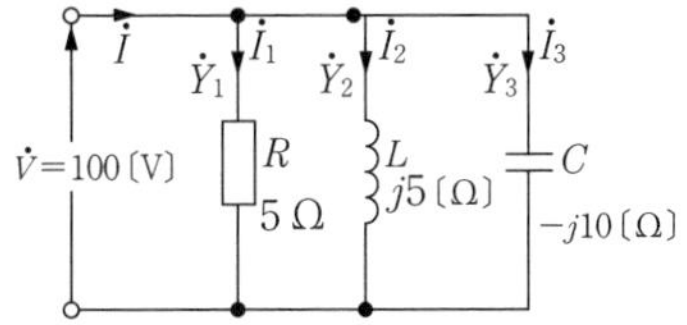

図 4・32

〔5〕 **図 4•33** のような交流回路において，抵抗 R を流れる電流 I_R〔A〕の大きさはいくらか．

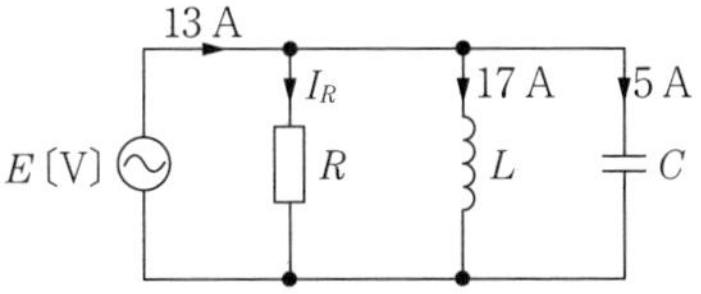

図 4・33

〔6〕 **図 4•34** のような回路において

$i=10\sqrt{2}\sin\omega t$〔A〕

$v=100\sqrt{2}\sin\left(\omega t-\dfrac{\pi}{4}\right)$〔V〕

である．抵抗 R〔Ω〕の値はいくらか．

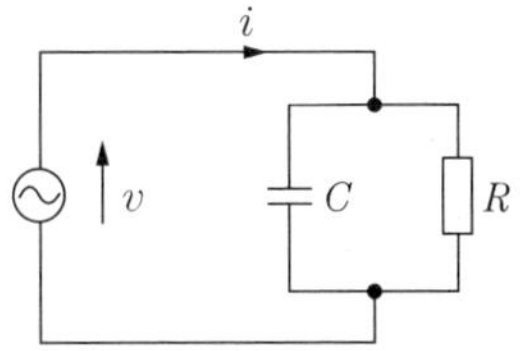

図 4・34

〔7〕 **図4･35** のように，コイルとコンデンサとの直列回路に 6 000 V の電圧源を接続した．コンデンサの端子電圧〔V〕はいくらか．

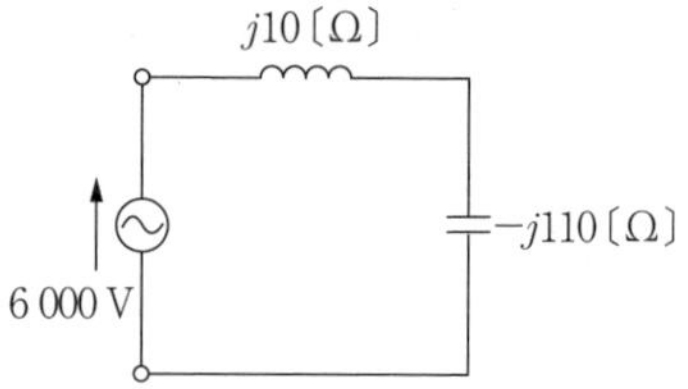

図 4・35

〔8〕 **図4･36** の回路で，電流 I が 5 A であるという．抵抗 R の端子電圧 V〔V〕はいくらか．

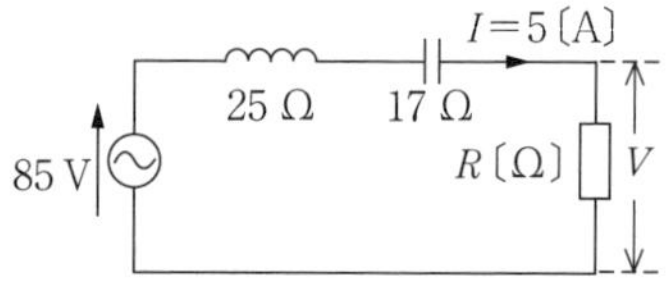

図 4・36

〔9〕 **図4･37** のような回路において，電源電圧 $e=200\sin(\omega t+\pi/4)$〔V〕であるとき，回路に流れる電流 i〔A〕を表す式を求めよ．

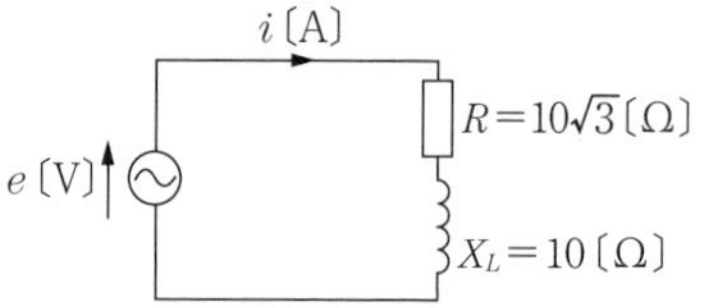

図 4・37

〔10〕 **図4･38** のような RC 交流回路がある．この回路に正弦波交流電圧 E〔V〕を加えたとき，容量性リアクタンス 6 Ω のコンデンサの端子間電圧の大きさは 12 V であった．このとき，E〔V〕と図の破線で囲んだ回路で消費される電力 P〔W〕の値はいくらか．

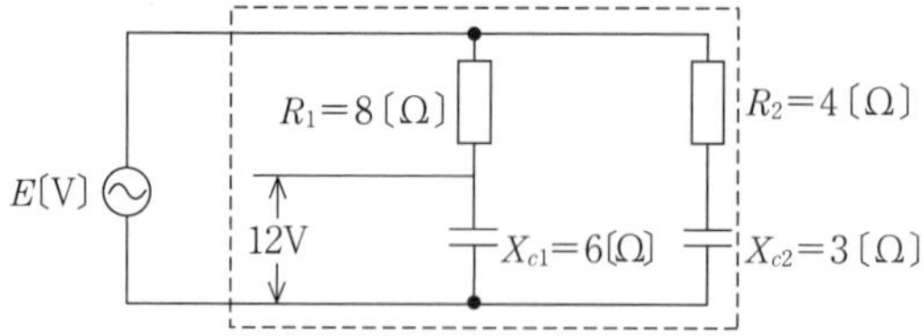

図 4・38

第5章

共振回路と交流ブリッジ回路

本章ではまず，ラジオやテレビ受信機などにおいて，多くの周波数の信号の中から希望の周波数の信号を取り出すときなどに使われる ***R*，*L*，*C*** 直列共振回路の共振周波数，共振特性について学ぶ．次に並列共振回路を学び，さらに交流ブリッジ回路（マクスウェルブリッジ，シェーリングブリッジ）について学ぶ．

5・1 共振回路

1. 直列共振回路

図5・1のような R，L，C 直列回路の合成インピーダンス $\dot{Z}$ は

$$\dot{\boldsymbol{Z}} = R + j\omega L - j\frac{1}{\omega C} = \boldsymbol{R} + \boldsymbol{j}\left(\boldsymbol{\omega L} - \frac{\boldsymbol{1}}{\boldsymbol{\omega C}}\right) \tag{5・1}$$

となる．

式（5・1）の $\dot{Z}$ の虚数部が0となるような特別な状態を**直列共振**（series resonance）という．

したがって，直列共振の条件は，共振角周波数を ω_r，共振周波数を $f_r(\omega_r = 2\pi f_r)$ とすると

$$\boldsymbol{\omega_r L} - \frac{\boldsymbol{1}}{\boldsymbol{\omega_r C}} = \boldsymbol{0} \quad \textbf{（直列共振の条件）} \tag{5・2}$$

が成立することである．

式（5・2）より

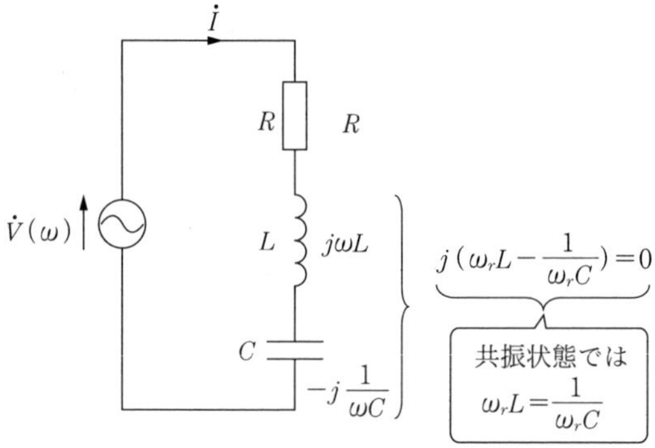

図 5・1　直列共振回路

$$\omega_r{}^2 = \frac{1}{LC} \longrightarrow \boldsymbol{\omega_r = \frac{1}{\sqrt{LC}}}\quad \textbf{（共振角周波数）} \tag{5・3}$$

$$\omega_r = 2\pi f_r = \frac{1}{\sqrt{LC}}$$

$$\boldsymbol{f_r = \frac{1}{2\pi\sqrt{LC}}}\quad \textbf{（共振周波数）} \tag{5・4}$$

この周波数 f_r を共振周波数（resonance frequency）といい，このときに流れる電流を共振電流（resonance current）という．共振時においては，$\dot{Z}=R$ であるから，共振電流

$$\dot{I} = \frac{\dot{V}}{R} \tag{5・5}$$

回路が共振しているとき

$$\omega_r L = \frac{1}{\omega_r C}\ \text{より} \tag{5・6}$$

$$\dot{Z} = R + j\left(\omega_r L - \frac{1}{\omega_r C}\right) = R \tag{5・7}$$

したがって

$$\left.\begin{aligned} &\dot{I} = \frac{\dot{V}}{\dot{Z}} = \frac{\dot{V}}{R} \\ &\dot{V}_R = R\dot{I} = \dot{Z}\dot{I} = \dot{V} \end{aligned}\right\} \tag{5・8}$$

さらに

$$\left.\begin{aligned}\dot{V}_L &= j\omega_r L\dot{I}\\ \dot{V}_C &= -j\frac{1}{\omega_r C}\dot{I}\end{aligned}\right\} \qquad (5\cdot 9)$$

式 (5・6), (5・9) より

$$\dot{V}_L = -\dot{V}_C \qquad (5\cdot 10)$$

が成り立つ.

図 5・2(a) に共振状態の回路, 同図(b) にそのときの電流, 電圧, 抵抗とリアクタンスの関係をベクトル図で示す.

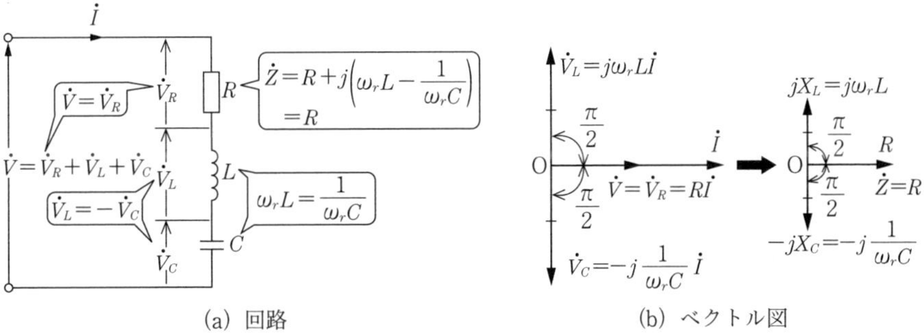

図 5・2 直列共振時のベクトル図

以上により, 回路が共振状態にあるときは, 次のことがわかる.

① リアクタンス成分は 0 となり, 電圧 $\dot{V}$ と電流 $\dot{I}$ は同相となる.

② インピーダンスが最小で, 電流は最大となる.

③ L の両端の電圧 V_L と C の両端の電圧 V_C は, 大きさが等しくなるが, 位相は 180° 異なる.

④ 回路のインピーダンスは抵抗 R だけとなり, 電源電圧はすべて R の両端に加わる.

2. 共振曲線

図 5・3(a) は, 図 5・2(a) の R, L, C 直列回路の誘導性リアクタンス $X_L=\omega L$ と容量性リアクタンス $X_C=\dfrac{1}{\omega C}$ およびリアクタンス X が角周波数 ω の変化とともにどのように変わるかを示したものである. また, 同図(b) は回路の

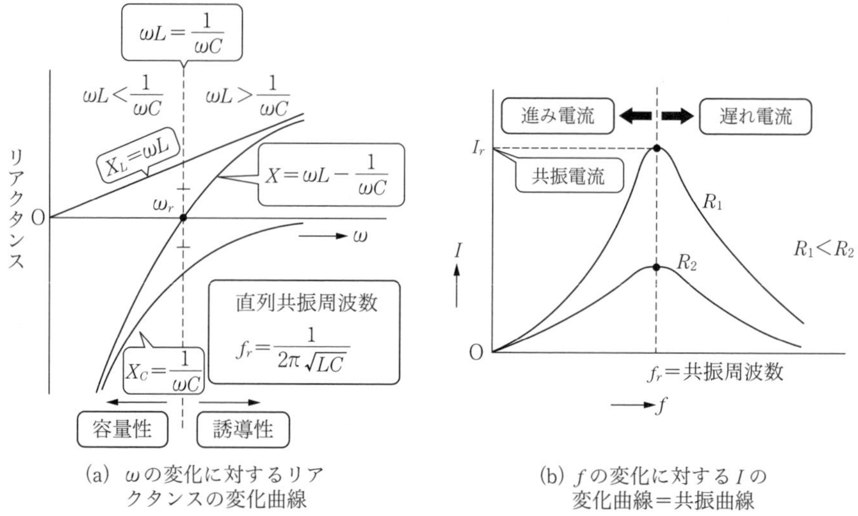

図 5・3　リアクタンスの変化曲線と共振曲線

抵抗 R の値を R_1 および R_2 にして周波数 f を変えたとき，回路に流れる電流 I の変化を示したものである．この曲線を**共振曲線**（resonance curve）といい，共振周波数 f_r で共振電流 I_r は最大になるが，回路の抵抗が小さいほど共振曲線は鋭く，抵抗が大きくなるにつれて平坦になる．

また，f_r を境にしてそれより低い周波数では，$X_C=\dfrac{1}{\omega C}$ が $X_L=\omega L$ より大きいので進み電流，高い周波数では $X_L=\omega L$ が $X_C=\dfrac{1}{\omega C}$ より大きいので遅れ電流となる．

図 5•4 は，コンデンサ C を変えたときのインピーダンス Z と電流 I の変化を示したものである．

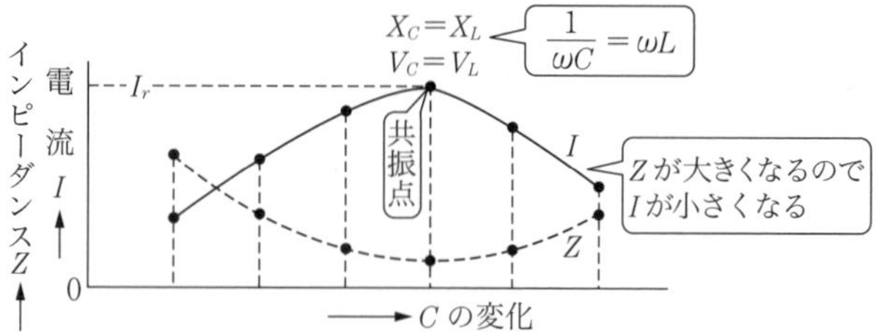

図 5・4　C の変化に対する Z, I の変化

なお，周波数 f が一定のとき，C あるいは L を変化させても完全な共振状態をつくることができる．この場合には，R-L-C 回路を電源の周波数 f に**同調**（tuning）させたという．

3．せん鋭度 Q と選択度 S

直列共振状態のときの L および C の両端の電圧 $V_L = V_C$ が，電源電圧 V の何倍になるかを示す値 $Q = V_L/V = V_C/V$ を，**せん鋭度**（quality factor），あるいは単に $\boldsymbol{Q}$ という．いま共振時の角周波数を ω_r，共振電流を I_r とするとき，図 5・2(a) の R-L-C 直列回路において，Q を計算する．

$$I_r = \frac{V}{Z} = \frac{V}{R}, \qquad \omega_r = \frac{1}{\sqrt{LC}}$$

したがって，

$$\left.\begin{aligned} V_L &= \omega_r L I_r = \omega_r L \cdot \frac{V}{R} = \frac{\omega_r L}{R} \cdot V = QV \\ V_C &= \frac{1}{\omega_r C} \cdot I_r = \frac{1}{\omega_r C} \cdot \frac{V}{R} = \frac{1}{\omega_r CR} \cdot V = QV \end{aligned}\right\} \tag{5・11}$$

式（5・11）より，せん鋭度 Q は

$$\boldsymbol{Q = \frac{V_L}{V} = \frac{V_C}{V} = \frac{\omega_r L}{R} = \frac{1}{\omega_r CR} = \frac{1}{R}\sqrt{\frac{L}{C}}} \quad \text{（せん鋭度）} \tag{5・12}$$

式（5・12）より，$\omega_r L \gg R$ または $\omega_r CR \ll 1$ のとき，Q は非常に大きくなり，微弱な電源電圧から大きな電圧を得ることができる．このような意味から，直列共振のことを**電圧共振**（voltage resonance）という．

また，**図 5・5** の共振曲線において，回路電流が共振電流 I_r の $1/\sqrt{2}$ になる周波数をそれぞれ $f_1 = f_r - \Delta f_0$，$f_2 = f_r + \Delta f_0$ としたとき

$$(f_r + \Delta f_0) - (f_r - \Delta f_0) = 2f_0 = \boldsymbol{B} \tag{5・13}$$

とおき，式（5・13）の $B = 2f_0$ を**周波数帯幅**（frequency bandwidth）といい，f_r が一定でも B の幅が狭いほど共振曲線は鋭くなる．この鋭さを表すのに，f_r と B の比をとり S とすれば

$$\boldsymbol{S = \frac{f_r}{f_2 - f_1} = \frac{f_r}{B} = \frac{f_r}{2\Delta f_0}} \quad \text{（選択度）} \tag{5・14}$$

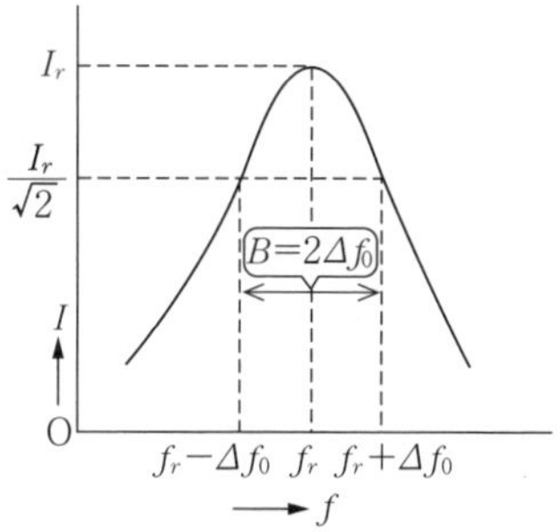

図 5・5　共振曲線と周波数帯幅

となる．この S を**選択度**（selectivity）といい，R，L，C 直列共振においては，$Q=S$ が成立する．電子回路などでいろいろな信号を含んだ多くの異なった周波数の中から，希望周波数 f_r を選ぶときは，選択度 S が大きいほどよい．

例題1　R，L，C 直列回路に正弦波電圧 100 V を加えたとき，次の値を求めよ．ただし，$R=5$〔Ω〕，$L=2$〔H〕，$C=5.07$〔μF〕とする．

(a)　共振周波数 f_r　　(b)　共振電流 I_r　　(c)　せん鋭度 Q

(d)　また，共振状態での R の両端の電圧 $\dot{V}_R$，L の両端の電圧 $\dot{V}_L$，C の両端の電圧 $\dot{V}_C$ および電流，電圧のベクトル図を示せ．

解　(a)　共振周波数 f_r は

$$\boldsymbol{f_r}=\frac{1}{2\pi\sqrt{LC}}=\frac{1}{2\pi\sqrt{2\times5.07\times10^{-6}}}=\mathbf{50〔Hz〕}$$

(b)　共振電流 I_r は

$$\boldsymbol{I_r}=\frac{V}{R}=\frac{100}{5}=\mathbf{20〔A〕}$$

(c)　$$\boldsymbol{Q}=\frac{\omega_r L}{R}=\frac{2\pi\times50\times2}{5}=\mathbf{125.66}$$

(d)　$$\dot{\boldsymbol{V}}_R=RI_r=5\times20=\mathbf{100〔V〕},\qquad \dot{V}_L=j\omega LI_r=j2\pi\times50\times2\times20=\boldsymbol{j}\,\mathbf{12\,557〔V〕}$$

$$\dot{\boldsymbol{V}}_C=-j\frac{1}{2\pi\times50\times5.07\times10^{-6}}\times20=\boldsymbol{-j}\,\mathbf{12\,557〔V〕}$$

図5･6にベクトル図を示す．

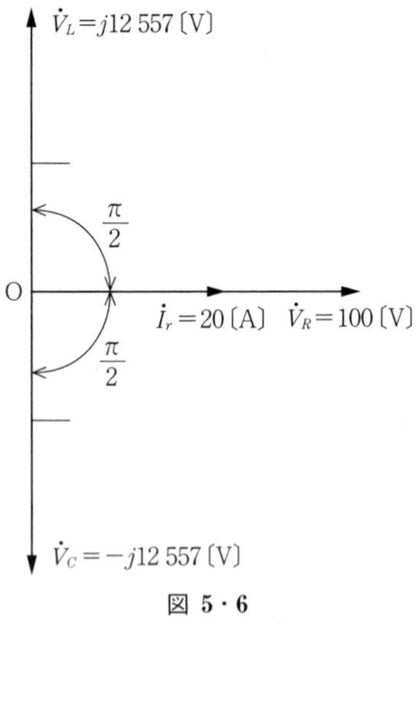

図 5・6

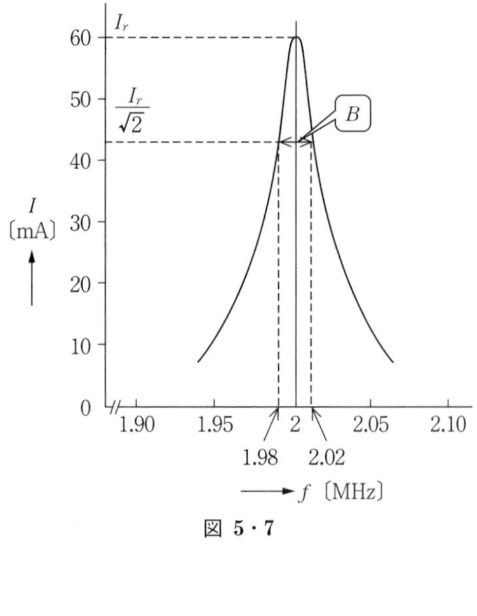

図 5・7

例題2 **図5・7**のような直列共振曲線より，共振回路の選択度 S を求めよ．また，電源電圧が 12 V のとき，回路の抵抗 R はいくらか．

解 図5・7より，共振周波数 $f_r=2$〔MHz〕，周波数帯幅 $B=2\Delta f_0=2\times 0.02=0.04$〔MHz〕となる．共振回路の選択度 S は，式（5・14）より

$$\boldsymbol{S}=\frac{2\times 10^6}{0.04\times 10^6}=\mathbf{50}$$

となる．また，回路の抵抗 R は共振時には $Z=R$ となるから

$$\boldsymbol{R}=\frac{V}{I_r}=\frac{12}{60\times 10^{-3}}=\frac{12\,000}{60}=\mathbf{200}〔\Omega〕$$

となる．

4. 並列共振回路

図5・8(a) のように，L，C の並列回路に電圧 $\dot{V}$ を加えたとき，回路の全電流を $\dot{I}$，また L，C に流れる電流を $\dot{I}_L$，$\dot{I}_C$ とすれば，$\dot{I}_C$，$\dot{I}_L$，$\dot{I}$ は次式となる．

$$\left.\begin{aligned}\dot{I}_C&=j\omega C\dot{V}\\ \dot{I}_L&=\frac{\dot{V}}{j\omega L}\\ \dot{I}&=\dot{I}_C+\dot{I}_L=\left(j\omega C-j\frac{1}{\omega L}\right)\dot{V}=j\left(\omega C-\frac{1}{\omega L}\right)\dot{V}\end{aligned}\right\}\qquad(5\cdot15)$$

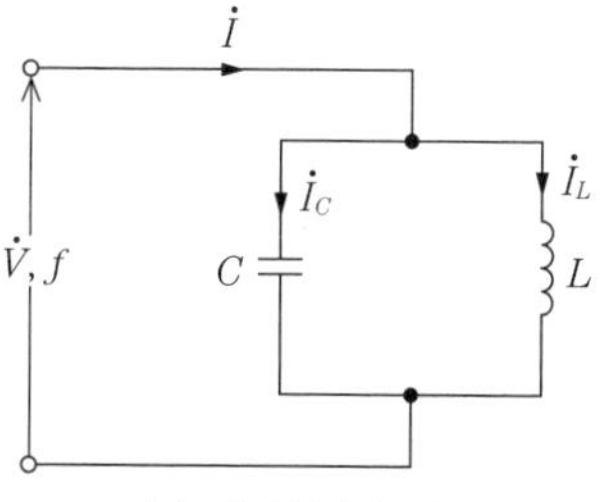

(a) 並列共振回路

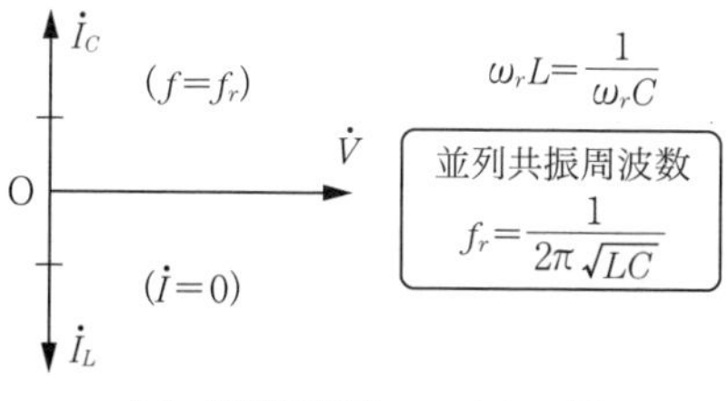

(b) 並列共振時のベクトル図

図 5・8 並列共振回路のベクトル図

このとき，同図(b) のように電源周波数 f を変化して，$\omega L=\dfrac{1}{\omega C}$ の関係になると，$\dot{I}=\dot{I}_L+\dot{I}_C=0$ となり，電源からの全電流 I は 0 となる．

$$\dot{Y}=\dot{Y}_L+\dot{Y}_C=\frac{1}{j\omega_r L}+\frac{1}{-j\dfrac{1}{\omega_r C}}=-j\frac{1}{\omega_r L}+j\omega_r C=-j\left(\frac{1}{\omega_r L}-\omega_r C\right)=0$$

となるから，回路の合成アドミタンスは0，合成インピーダンスは無限大となる．このような状態を**並列共振**（parallel resonance）といい，このときの周波数を**共振周波数**という．

共振周波数 f_r は，共振条件 $\omega_r L=\dfrac{1}{\omega_r C}$ より，$\omega_r=\dfrac{1}{\sqrt{LC}}$ から

$$\boldsymbol{f_r=\frac{1}{2\pi\sqrt{LC}}}\cdots\cdots\text{共振周波数} \tag{5・16}$$

となり，式（5・4）の直列共振周波数の式と同じになる．

並列共振時の L および C には，それぞれ $I_L=\dfrac{V}{\omega_r L}$，$I_C=\omega_r CV$ の大きな電流が流れている．ところが，電源から共振回路をみた**インピーダンス** $\left(\dot{Z}=\dfrac{1}{\dot{Y}}=\dfrac{1}{0}=\infty\right)$ **は無限大であるから，回路に流入する電流は0である．** これは $\dot{I}_L$ と $\dot{I}_C$ の大きさが等しく，方向が反対であり，L，C 回路を $I_L=I_C=\dfrac{V}{\omega_r L}=\omega_r CV$ の電流が循環していると考えることができる．

5．実際のコイルとコンデンサの並列共振回路

実際の回路では，コイルのインダクタンス L とコンデンサ C を並列に接続した場合に，コイルの抵抗 R を無視できない．したがって，**図5・9**に示す回路の共振について考えなければならない．

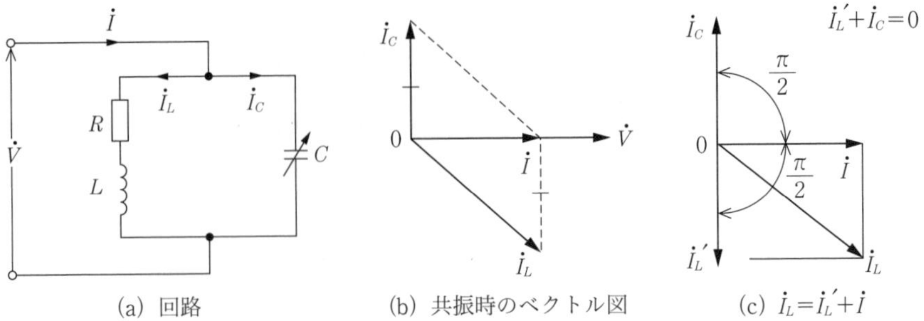

図 5・9

並列共振の条件は，電源電圧 $\dot{V}$ と回路電流 $\dot{I}$ が同相であることとする．次に，このことについて調べてみよう．同図(a) より，R-L，C および電源から流入する電流を，それぞれ $\dot{I}_L$，$\dot{I}_C$，$\dot{I}$ とすれば

$$\left.\begin{aligned} &\dot{I}_L=\frac{\dot{V}}{R+j\omega L}, \qquad \dot{I}_C=j\omega C\dot{V} \\ &\dot{I}=\dot{I}_L+\dot{I}_C=\left(\frac{1}{R+j\omega L}+j\omega C\right)\dot{V}=\dot{Y}\dot{V} \end{aligned}\right\} \tag{5・17}$$

となる．回路のアドミタンス $\dot{Y}$ は

$$\dot{Y}=\frac{1}{R+j\omega L}+j\omega C=\frac{R}{R^2+(\omega L)^2}-j\left\{\frac{\omega L}{R^2+(\omega L)^2}-\omega C\right\} \tag{5・18}$$

となる．

ここで，共振状態では，電流 $\dot{I}$ と電圧 $\dot{V}$ が同相であるから，$\dot{Y}$ の虚部が 0 でなければならない．すなわち

$$\frac{\omega L}{R^2+(\omega L)^2}-\omega C=0 \tag{5・19}$$

したがって，$\dot{Y}=R/\{R^2+(\omega L)^2\}$ となって，回路は無誘導回路になる．このとき電源からの流入電流は最小になる．また，このときのベクトル図は，同図(b) のようになる．また，同図(c) に示すように $\dot{I}_L$ の $\dot{I}_L'$ と $\dot{I}_C$ は打ち消すことになる．

次に，回路の C を変化させて共振状態を得たとすれば，C の値は

$$C=\frac{L}{R^2+\omega^2L^2} \tag{5・20}$$

となる．共振時の角周波数を ω_r，周波数を f_r とすれば

$$L=C(R^2+\omega_r{}^2L^2) \tag{5・21}$$

式 (5・21) より

$$\left.\begin{aligned} &\omega_r=\sqrt{\frac{1}{LC}-\frac{R^2}{L^2}} \\ &f_r=\frac{1}{2\pi}\sqrt{\frac{1}{LC}-\frac{R^2}{L^2}} \end{aligned}\right\} \tag{5・22}$$

式 (5・22) より

$$\omega_r{}^2=\frac{1}{LC}-\frac{R^2}{L^2}$$

$$1=\frac{1}{\omega_r{}^2LC}-\frac{R^2}{\omega_r{}^2L^2} \tag{5・23}$$

無線周波のような高周波になると，$R \ll \omega_r L$ となるので

$$R \ll \omega_r L \longrightarrow R^2 \ll \omega_r{}^2 L^2 \tag{5・24}$$

式（5·24）より

$$\frac{R^2}{\omega_r{}^2 L^2} \fallingdotseq 0 \tag{5・25}$$

となる．式（5·23），（5·25）より

$$1 \fallingdotseq \frac{1}{\omega_r{}^2 LC} \longrightarrow \omega_r{}^2 \fallingdotseq \frac{1}{LC}$$

$$\left.\begin{aligned} \boldsymbol{\omega_r} &\fallingdotseq \frac{\mathbf{1}}{\sqrt{\boldsymbol{LC}}} \\ \boldsymbol{f_r} &\fallingdotseq \frac{\mathbf{1}}{\mathbf{2}\boldsymbol{\pi}\sqrt{\boldsymbol{LC}}} \end{aligned}\right\} \tag{5・26}$$

となる．

共振時においては，式（5·18），（5·19）より

$$\dot{Y}_r = \frac{R}{R^2 + (\omega_r L)^2} \tag{5・27}$$

同じく共振時においては式（5·27）より回路のインピーダンス Z_r は

$$\dot{Z}_r = \frac{1}{\dot{Y}_r} = \frac{R^2 + (\omega_r L)^2}{R} \tag{5・28}$$

となる．

いま，$R \ll \omega_r L$，式（5·27），（5·28）より

$$\dot{Z}_r = \frac{R^2 + (\omega_r L)^2}{R} \fallingdotseq \frac{\omega_r{}^2 L^2}{R} = \frac{\left(\dfrac{1}{\sqrt{LC}}\right)^2 L^2}{R} = \frac{\dfrac{1}{LC} L^2}{R} = \frac{L}{CR} \tag{5・29}$$

となる．

共振時の電源からの電流 $\dot{I}_r = I$ は式（5·29）より

$$\dot{I}_r = \frac{\dot{V}}{\dot{Z}_r} = \frac{V}{\dfrac{L}{CR}} = \frac{V}{R_0} \tag{5・30}$$

したがって共振時には，図 5·9(a) は**図 5·10**(a) のような **R_0，L，C の並列回路と同じになる．**

回路の抵抗 R の値を R_1，R_2，R_3 ($R_1 < R_2 < R_3$) とし，周波数 f の変化に対する回路の全電流 I の関係を調べてみると，**図 5·11** のようになる．すなわち，R の値が小さくなるほど R_0 の値が大きくなり，回路の全電流 I の値は小さくな

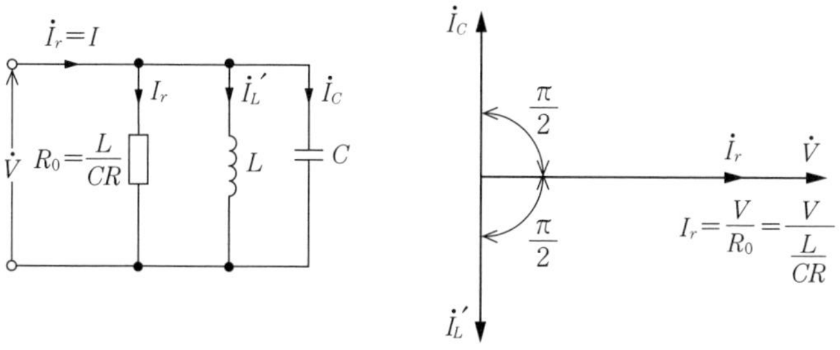

(a) 共振時の回路（$R \ll \omega L$ のとき）　(b) ベクトル図

図 5・10　共振時の回路

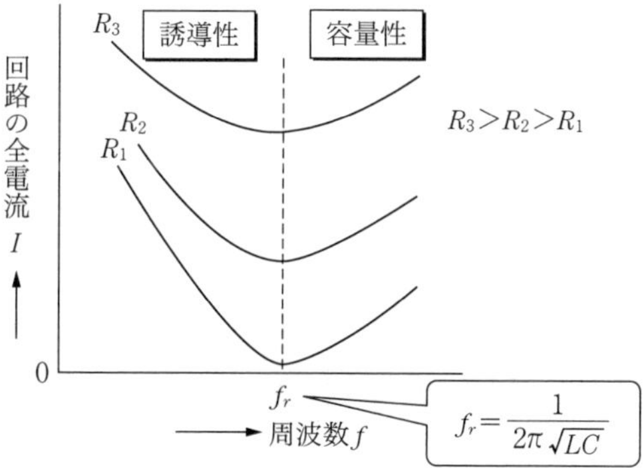

図 5・11

り，共振周波数 f_r では最小になる．

並列共振回路は，ラジオやテレビ受信機において，希望する周波数を選択する回路などに利用されている．

例題 3　**図 5・12** の回路において，$L=25$〔mH〕，$R=200$〔Ω〕，$C=50$〔pF〕のとき，この回路の共振周波数 f_r，および共振時のインピーダンス Z_r，共振電流 I_r を求めよ．

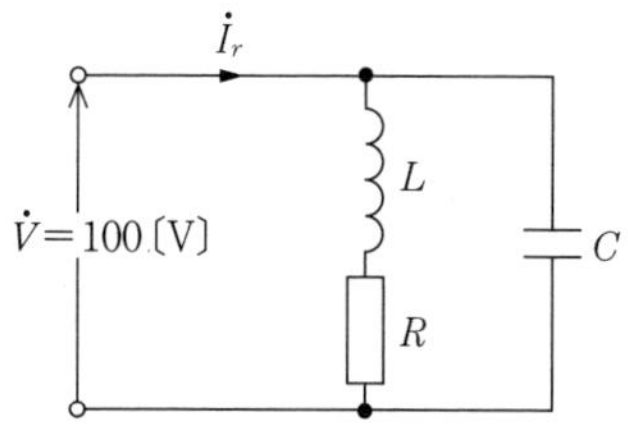

図 5・12

解　この回路の共振周波数 f_r は，式（5・22）より

$$\boldsymbol{f}_r=\frac{1}{2\pi}\sqrt{\frac{1}{LC}-\frac{R^2}{L^2}}\cdots\cdots①$$

式①に題意の値を代入すると

$$\boldsymbol{f}_r=\frac{1}{2\pi}\sqrt{\frac{1}{25\times10^{-3}\times50\times10^{-12}}-\left(\frac{200}{25\times10^{-3}}\right)^2}$$

$$\fallingdotseq\mathbf{142.35〔kHz〕}$$

また，$f_r=\dfrac{1}{2\pi\sqrt{LC}}$ を用いても，次のように，同じ結果が得られる．

$$f_r=\frac{1}{2\pi\sqrt{25\times10^{-3}\times50\times10^{-12}}}\fallingdotseq142.35〔\mathrm{kHz}〕$$

共振時のインピーダンス Z_r は，

$$\boldsymbol{Z}_r=\frac{L}{CR}=\frac{25\times10^{-3}}{50\times10^{-12}\times200}$$

$$=\mathbf{2.5〔M\Omega〕}$$

共振時の電流 I_r は，

$$\boldsymbol{I}_r=\frac{V}{Z_r}=\frac{100}{2.5\times10^6}=40\times10^{-6}〔\mathrm{A}〕$$

$$=\mathbf{40〔\mu A〕}$$

5・2　交流ブリッジ回路

1. 交流ブリッジ回路の平衡条件

ホイートストンブリッジの各辺の抵抗を**図5•13**のように，インピーダンス $\dot{Z}_1$，$\dot{Z}_2$，$\dot{Z}_3$ および $\dot{Z}_4$ で置き換える．a–b 間に交流電源，c–d 間には検出器 T を接続した回路を**交流ブリッジ**（AC bridge）という．

図5•13の回路において，検出器 T に流れる電流 $\dot{I}_0=0$ となったときブリッジは平衡したといい，c–d 間の電位差 $\dot{V}_{cd}=0$ となる．このときインピーダンス $\dot{Z}_1$，$\dot{Z}_3$ に流れる電流を $\dot{I}_1$，また，$\dot{Z}_2$，$\dot{Z}_4$ に流れる電流を $\dot{I}_2$ とすれば，次式が成立することになる．

$$\left.\begin{aligned}\dot{Z}_1\dot{I}_1&=\dot{Z}_2\dot{I}_2\\ \dot{Z}_3\dot{I}_1&=\dot{Z}_4\dot{I}_2\end{aligned}\right\}\qquad(5\cdot31)$$

したがって，

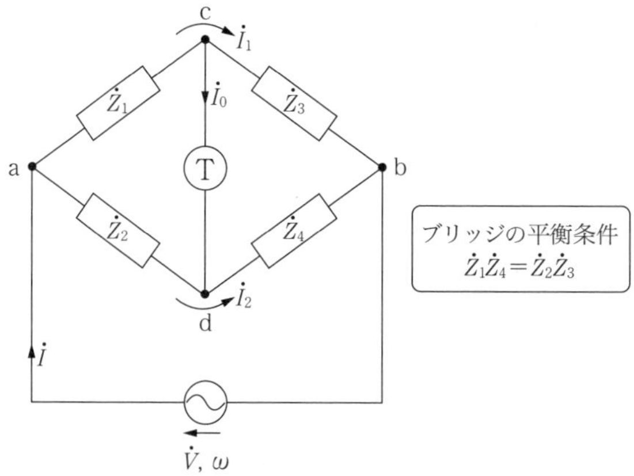

図 5・13　交流ブリッジの原理

$$\frac{\dot{Z}_1}{\dot{Z}_3}=\frac{\dot{Z}_2}{\dot{Z}_4}\longrightarrow \boldsymbol{\dot{Z}_1\dot{Z}_4=\dot{Z}_2\dot{Z}_3} \quad \text{（平衡条件）} \qquad (5 \cdot 32)$$

が得られる．式（5･32）が平衡状態になるための条件である．すなわち，ブリッジの対辺のインピーダンスの積が等しいとき，ブリッジは平衡する．

なお，式（5･32）は，両辺の実部および虚部が，それぞれともに等しくなければならない．また，$\dot{I}_0$ の流れる枝路や，$\dot{I}$ の流れる枝路にインピーダンスが存在したとしても，式（5･32）は $\dot{I}_0=0$ であるときは必ず成立するので，平衡条件は式（5･32）である．

例題 4　**図 5･14** に示す交流ブリッジにおいて，$R_1=100$〔Ω〕，$R_2=10$〔Ω〕，$L_4=8$〔mH〕，$R_4=0.1$〔Ω〕のときブリッジが平衡したという．自己インダクタンス L_3 と抵抗 R_3 の値を求めよ．

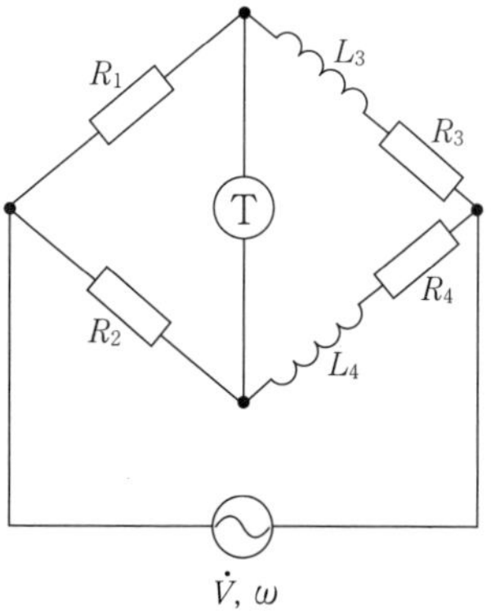

図 5・14

解　図5･14の各辺と図5･13の各辺より

$$\left.\begin{aligned}\dot{Z}_1&=R_1\\ \dot{Z}_2&=R_2\\ \dot{Z}_3&=R_3+j\omega L_3\\ \dot{Z}_4&=R_4+j\omega L_4\end{aligned}\right\}\cdots\cdots①$$

となる．式（5･30）の平衡条件より

$$R_1(R_4+j\omega L_4)=R_2(R_3+j\omega L_3)$$

$$R_1R_4+j\omega L_4R_1=R_2R_3+j\omega L_3R_2\cdots\cdots②$$

となる．式②の両辺の実部および虚部をそれぞれ等しいとおくと

$$\left.\begin{aligned}R_1R_4&=R_2R_3\\ R_1L_4&=R_2L_3\end{aligned}\right\}\cdots\cdots③$$

式③より

$$\left.\begin{aligned}R_3&=\frac{R_1R_4}{R_2}\\ L_3&=\frac{R_1L_4}{R_2}\end{aligned}\right\}\cdots\cdots④$$

式④に題意の各値を代入すると

$$\boldsymbol{R}_3=\frac{R_1R_4}{R_2}=\frac{100\times0.1}{10}=\mathbf{1〔\Omega〕},\qquad \boldsymbol{L}_3=\frac{R_1L_4}{R_2}=\frac{100\times8\times10^{-3}}{10}=\mathbf{80〔mH〕}$$

となる．

2．ウィーンブリッジ（C_x の測定）

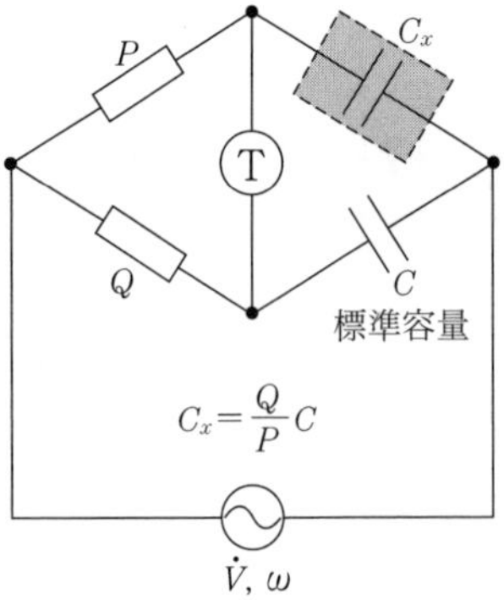

図 5・15　ウィーンブリッジ

図5･15 において，P，Q は既知の標準抵抗，C は標準コンデンサ，C_x は未知の測定しようとするコンデンサである．図5･15のウィーンブリッジを図5･13の交流ブリッジと比較すれば

$$\dot{Z}_1=P,\qquad \dot{Z}_2=Q$$

$$\dot{Z}_3=-j\frac{1}{\omega C},\qquad \dot{Z}_4=-j\frac{1}{\omega C_x}$$

の関係になっている．平衡しているとき

$$P\left(-j\frac{1}{\omega C}\right)=Q\left(-j\frac{1}{\omega C_x}\right)$$

上式より

$$\frac{P}{Q}=\frac{C}{C_x}\longrightarrow \boldsymbol{C_x=\frac{Q}{P}C}\qquad(5\cdot33)$$

となる．

3．マクスウェルブリッジ（*r* と *L* の測定用）

図 5・16 において，平衡しているとき（T の振れが 0），次式が成り立つ．

$$(r+j\omega L)\left(\frac{1}{\dfrac{1}{R_3}+j\omega C}\right)=R_1R_2$$

$$R_1R_2\left(\frac{1}{R_3}+j\omega C\right)=r+j\omega L$$

$$\frac{R_1R_2}{R_3}+j\omega CR_1R_2=r+j\omega L$$

上式の左辺と右辺の実数部，虚数部がそれぞれ等しいとおくと

$$\left.\begin{aligned} \boldsymbol{r}&=\frac{\boldsymbol{R_1R_2}}{\boldsymbol{R_3}} \\ \boldsymbol{L}&=\boldsymbol{CR_1R_2} \end{aligned}\right\} \qquad (5\cdot34)$$

となる．

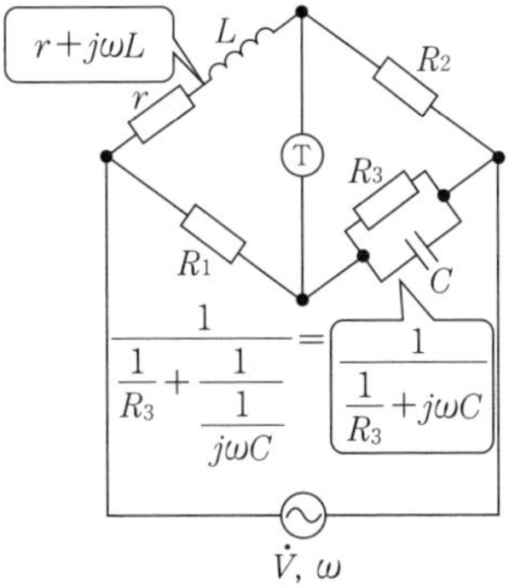

図 5・16　マクスウェルブリッジ

4．シェーリングブリッジ（*C* と誘電体損失 *r* の測定用）

図 5・17 において，平衡しているとき（T の振れが 0），次式が成り立つ．

$$\left(r+\frac{1}{j\omega C}\right)\left(\frac{1}{\dfrac{1}{R_2}+j\omega C_2}\right)=R_1\left(\frac{1}{j\omega C_1}\right)$$

$$\left(r+\frac{1}{j\omega C}\right)j\omega C_1=R_1\left(\frac{1}{R_2}+j\omega C_2\right)$$

$$\frac{C_1}{C}+j\omega rC_1=\frac{R_1}{R_2}+j\omega R_1C_2$$

上式の左辺と右辺の実数部，虚数部がそれぞれ等しいとおくと

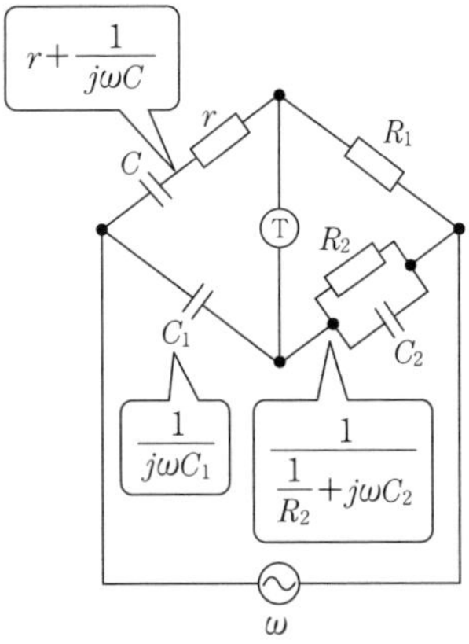

図 5・17　シェーリングブリッジ

$$\left.\begin{aligned} \boldsymbol{r} &= \frac{\boldsymbol{C}_2}{\boldsymbol{C}_1}\boldsymbol{R}_1 \\ \boldsymbol{C} &= \frac{\boldsymbol{R}_2}{\boldsymbol{R}_1}\boldsymbol{C}_1 \end{aligned}\right\} \tag{5・35}$$

例題 5　**図5・18**において，電流計Ⓐに流れる電流が0であった．抵抗 R_0 と自己インダクタンス L_0 の値を求めよ．ただし，電源の周波数は1 000 Hzとする．

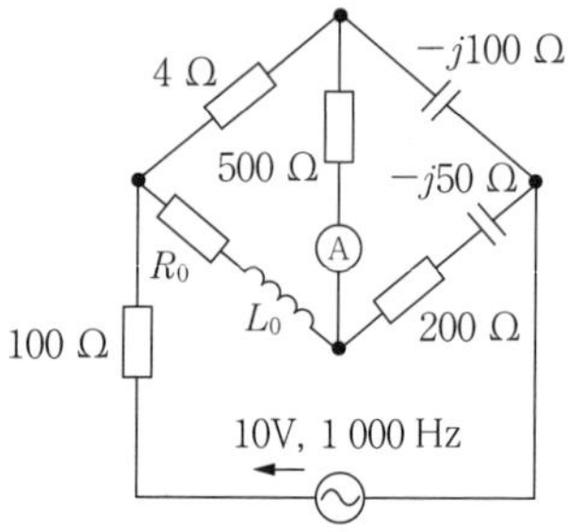

図 5・18

解　$2\pi fL_0 = X_0$ とし，図の対辺のインピーダンスの積が等しいとおくと

$4(200-j50) = -j100(R_0+jX_0)$

$800-j200 = 100X_0-j100R_0$……①

式①の両辺の実部および虚部を，それぞれ等しいとおくと，次式を得る．

$800=100X_0,\quad 200=100R_0$……②

式②より

$$\left.\begin{aligned} X_0 &= 8〔\Omega〕 \\ \boldsymbol{R}_0 &= \boldsymbol{2}〔\Omega〕 \end{aligned}\right\}……③$$

したがって，L_0 は

$$\boldsymbol{L}_0 = \frac{X_0}{2\pi f} = \frac{8}{2\pi\times 1\,000} = \mathbf{1.27}〔\mathbf{mH}〕$$

となる．

演　習　問　題

〔1〕 **図5･19** に示す回路を 7 MHz に共振させるためには，C の値をいくらにすればよいか．

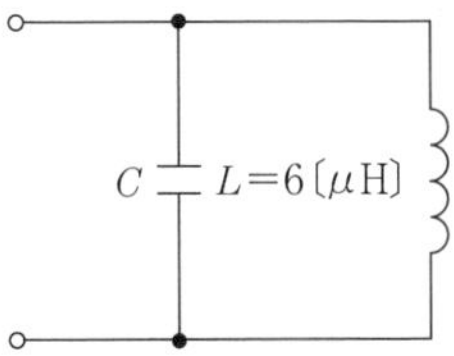

図 5・19

〔2〕 **図5･20** に示す回路の共振周波数が 200 kHz である場合のインダクタンス L の値を求めよ．ただし，回路の Q を 80 とする．

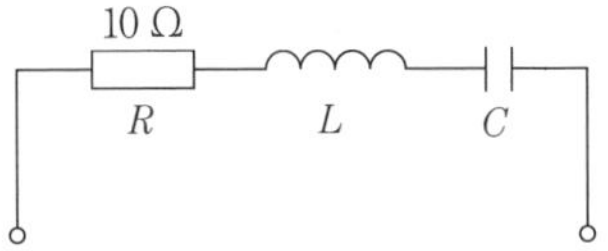

図 5・20

〔3〕 **図5･21** のように，R，L，C を接続して電圧を加えると，電流計Ⓐ₁とⒶ₂の指示が等しく 1 A になった．電源電圧および電源周波数を求めよ．ただし，R=100〔Ω〕，L=1〔H〕，C=7.04〔μF〕とする．

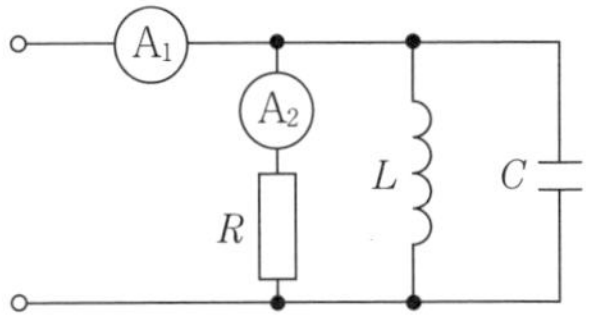

図 5・21

〔4〕 **図5･22** の回路において，コンデンサの端子電圧は 100 V であった．x の値〔Ω〕はいくらか．ただし，リアクタンス分は容量性とする．

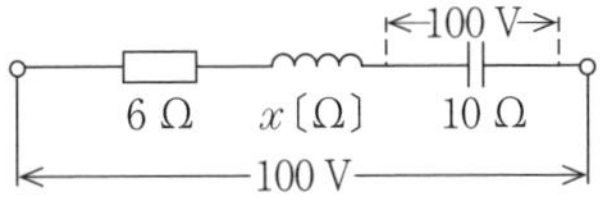

図 5・22

〔5〕 **図5･23** のような交流回路において，電源 E から流れる電流 I〔A〕の大きさはいくらか．

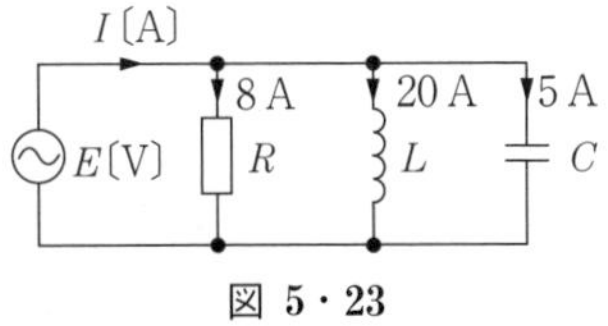

図 5・23

〔6〕 **図5･24** の回路において，電流 $\dot{I}$ が電源電圧 $\dot{V}$〔V〕と同相になるとき，コンデンサの静電容量 C〔F〕を表す式を求めよ．ただし，電源の角周波数は ω〔rad/s〕とする．

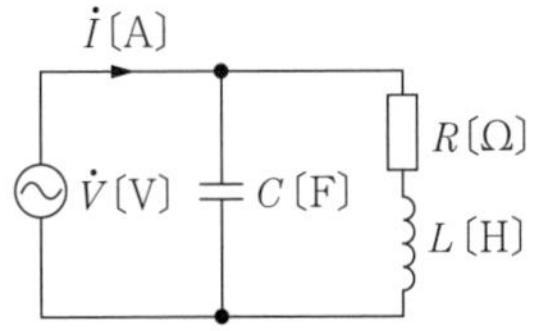

図 5・24

〔7〕 静電容量 50 μF のコンデンサとインダクタンス 0.08 H のコイルのそれぞれのリアクタンスが等しくなるのは，周波数〔Hz〕がいくらのときか．

〔8〕 **図5・25** のような交流回路において，電源の周波数を変化させたところ，共振時のインダクタンス L の端子電圧 V_L は 314 V であった．共振周波数〔kHz〕の値はいくらか．

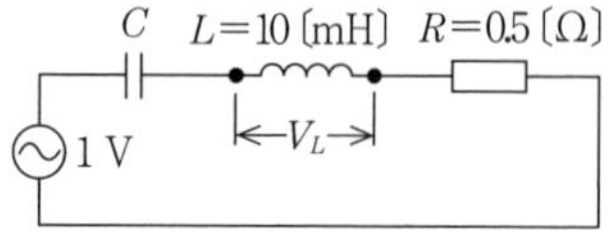

図 5・25

〔9〕 **図5・26** の交流ブリッジが平衡した場合，R_2 および L の値はそれぞれいくらか．

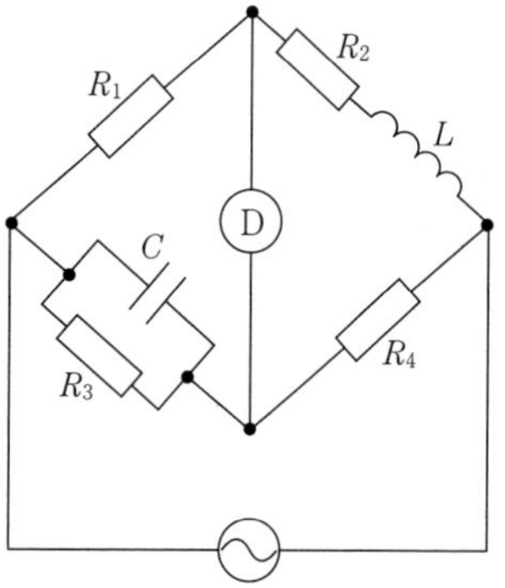

図 5・26

〔10〕 **図5・27** は，破線で囲んだ未知のコイルのインダクタンス L_x〔H〕と抵抗 R_x〔Ω〕を測定するために使用する交流ブリッジ（マクスウェルブリッジ）の等価回路である．このブリッジが平衡した場合のインダクタンス L_x〔H〕と抵抗 R_x〔Ω〕の値はいくらか．ただし，交流ブリッジが平衡したときの抵抗器の値は R_p〔Ω〕，R_q〔Ω〕，標準コイルのインダクタンスと抵抗の値はそれぞれ L_s〔H〕，R_s〔Ω〕とする．

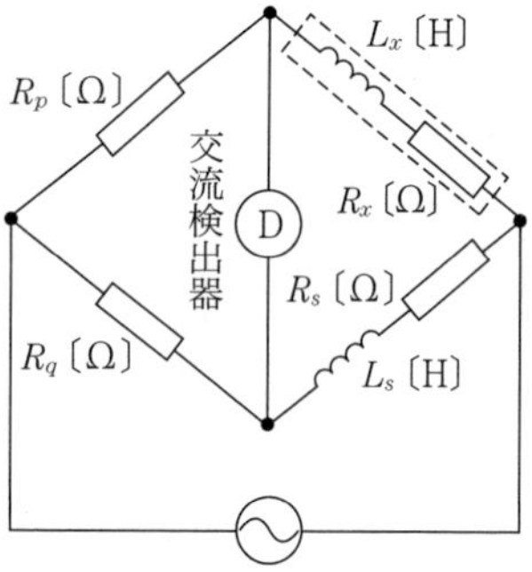

図 5・27

第 6 章

交流回路に関する諸定理

二つ以上の電源を含む回路や，回路網とよばれる複雑な交流回路はキルヒホッフの法則を用いれば解くことができる．

本章では，直流回路のときと同様に，交流回路についてもキルヒホッフの法則が適用できることを学ぶ．続いてキルヒホッフの法則を用いて求めるよりも簡単に求められる重ね合わせの理およびテブナンの定理の交流回路における適用法について学ぶ．

6・1 キルヒホッフの法則

第 1 章の直流回路で述べたキルヒホッフの法則が，交流回路においても成り立つ．

1. キルヒホッフの第 1 法則（電流に関する法則）

回路網中の任意の接続点では，その点に流入する電流の総和と流出する電流の総和は等しい．

図 6•1 において，接続点 A に流入する電流は $\dot{I}_1+\dot{I}_2$ であり，流出する電流は $\dot{I}_3$ である．キルヒホッフの第 1 法則より，

$$\dot{I}_1+\dot{I}_2=\dot{I}_3 \qquad (6\cdot1)$$

が成り立つ．

2. キルヒホッフの第 2 法則（電圧に関する法則）

回路網中の任意の閉回路を一定方向に 1 周したとき，回路の各部の起電力の総

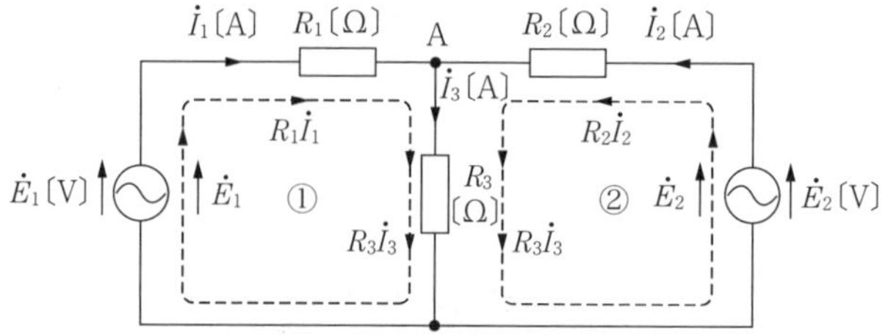

図 6・1　キルヒホッフの法則

和と電圧降下の総和とは互いに等しい．ただし，**閉回路をたどる方向と一致した起電力および電流による電圧降下を正とし，逆のものを負として扱う．**

図6･1の，閉回路①についてキルヒホッフの第2法則を適用すると

$$\textbf{起電力の総和} \longrightarrow \dot{\boldsymbol{E}}_1 = \boldsymbol{R}_1\dot{\boldsymbol{I}}_1 + \boldsymbol{R}_3\dot{\boldsymbol{I}}_3 \longleftarrow \textbf{電圧降下の総和} \qquad (6・2)$$

同じように，閉回路②についてキルヒホッフの第2法則を適用すると

$$\textbf{起電力の総和} \longrightarrow \dot{\boldsymbol{E}}_2 = \boldsymbol{R}_2\dot{\boldsymbol{I}}_2 + \boldsymbol{R}_3\dot{\boldsymbol{I}}_3 \longleftarrow \textbf{電圧降下の総和} \qquad (6・3)$$

3. キルヒホッフの法則の適用例

図6･2の回路の接続点Aにキルヒホッフの第1法則，閉回路①，②にキルヒホッフの第2法則を適用すると次の連立方程式が成り立つ．

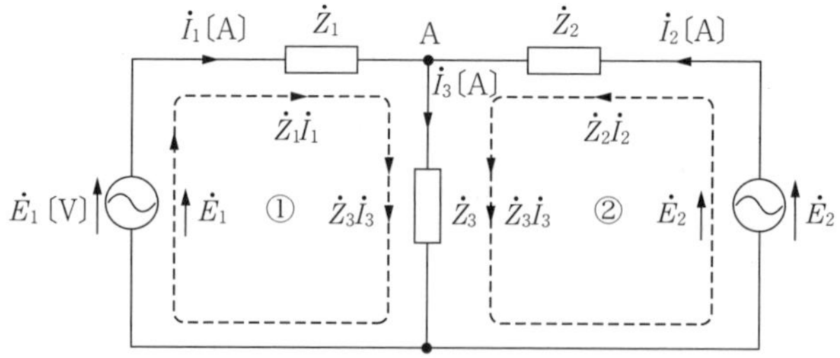

図 6・2　キルヒホッフの法則の適用例

$$\dot{\boldsymbol{I}}_1 + \dot{\boldsymbol{I}}_2 = \dot{\boldsymbol{I}}_3 \qquad (6・4)$$

$$\left.\begin{aligned} \dot{\boldsymbol{Z}}_1\dot{\boldsymbol{I}}_1 + \dot{\boldsymbol{Z}}_3\dot{\boldsymbol{I}}_3 &= \dot{\boldsymbol{E}}_1 \\ \dot{\boldsymbol{Z}}_2\dot{\boldsymbol{I}}_2 + \dot{\boldsymbol{Z}}_3\dot{\boldsymbol{I}}_3 &= \dot{\boldsymbol{E}}_2 \end{aligned}\right\} \qquad (6・5)$$

式（6･4）を式（6･5）に代入すると

$$\left.\begin{aligned} \dot{Z}_1\dot{I}_1 + \dot{Z}_3(\dot{I}_1 + \dot{I}_2) &= (\dot{Z}_1 + \dot{Z}_3)\,\dot{I}_1 + \dot{Z}_3\dot{I}_2 = \dot{E}_1 \\ \dot{Z}_2\dot{I}_2 + \dot{Z}_3(\dot{I}_1 + \dot{I}_2) &= \dot{Z}_3\dot{I}_1 + (\dot{Z}_2 + \dot{Z}_3)\,\dot{I}_2 = \dot{E}_2 \end{aligned}\right\} \qquad (6・6)$$

式（6･6）より

$$\dot{I}_1=\frac{\begin{vmatrix}\dot{E}_1, & \dot{Z}_3\\ \dot{E}_2, & \dot{Z}_2+\dot{Z}_3\end{vmatrix}}{\begin{vmatrix}\dot{Z}_1+\dot{Z}_3, & \dot{Z}_3\\ \dot{Z}_3\ , & \dot{Z}_2+\dot{Z}_3\end{vmatrix}}=\frac{(\dot{Z}_2+\dot{Z}_3)\dot{E}_1-\dot{Z}_3\dot{E}_2}{\dot{Z}_1\dot{Z}_2+\dot{Z}_2\dot{Z}_3+\dot{Z}_3\dot{Z}_1} \tag{6・7}$$

同様にして $\dot{I}_2$ を求めると

$$\dot{I}_2=\frac{(\dot{Z}_1+\dot{Z}_3)\dot{E}_2-\dot{Z}_3\dot{E}_1}{\dot{Z}_1\dot{Z}_2+\dot{Z}_2\dot{Z}_3+\dot{Z}_3\dot{Z}_1} \tag{6・8}$$

$\dot{I}_1$，$\dot{I}_2$ より $\dot{I}_3$ は

$$\dot{I}_3=\frac{\dot{Z}_2\dot{E}_1+\dot{Z}_1\dot{E}_2}{\dot{Z}_1\dot{Z}_2+\dot{Z}_2\dot{Z}_3+\dot{Z}_3\dot{Z}_1} \tag{6・9}$$

となる．

例題 1　図6･2のように，電源が二つある回路において，$\dot{E}_1=110$〔V〕と $\dot{E}_2=130$〔V〕の位相が同じで，$\dot{Z}_1=R_1=1$〔Ω〕，$\dot{Z}_2=R_2=2$〔Ω〕，$\dot{Z}_3=-j\dfrac{1}{\omega C}=-j2$〔Ω〕としたときの $\dot{I}_1$，$\dot{I}_2$，$\dot{I}_3$ を求めよ．

解　式（6･5），（6･6），（6･7）に題意の値を代入し求める．

$$\dot{I}_1=\frac{(\dot{Z}_2+\dot{Z}_3)\dot{E}_1-\dot{Z}_3\dot{E}_2}{\dot{Z}_1\dot{Z}_2+\dot{Z}_2\dot{Z}_3+\dot{Z}_3\dot{Z}_1}=\frac{(2-j2)\times110-(-j2)\times130}{1\times2+2\times(-j2)+(-j2)\times1}$$

$$=\frac{220+j40}{2-j6}=\frac{(220+j40)(2+j6)}{(2-j6)(2+j6)}=\frac{200+j\,1\,400}{40}$$

$$=\mathbf{5+j35=35.4\angle 81.9^\circ}\text{〔A〕}$$

$$\dot{I}_2=\frac{(\dot{Z}_1+\dot{Z}_3)\dot{E}_2-\dot{Z}_3\dot{E}_1}{\dot{Z}_1\dot{Z}_2+\dot{Z}_2\dot{Z}_3+\dot{Z}_3\dot{Z}_1}=\frac{(1-j2)\times130-(-j2)\times110}{2-j6}=\frac{130-j40}{2-j6}$$

$$=\frac{(130-j40)(2+j6)}{(2-j6)(2+j6)}=\frac{500+j700}{40}=\mathbf{12.5+j17.5}$$

$$=\mathbf{21.5\angle 54.5^\circ}\text{〔A〕}$$

$$\dot{I}_3=\frac{\dot{Z}_2\dot{E}_1+\dot{Z}_1\dot{E}_2}{\dot{Z}_1\dot{Z}_2+\dot{Z}_2\dot{Z}_3+\dot{Z}_3\dot{Z}_1}=\frac{2\times110+1\times130}{2-j6}=\frac{350}{2-j6}$$

$$=\frac{350(2+j6)}{(2-j6)(2+j6)}=\frac{700+j\,2\,100}{40}=\mathbf{17.5+j52.5}$$

$$=\mathbf{55.3\angle 71.6^\circ}\text{〔A〕}$$

なお，$\dot{I}_3$ は次のように，$\dot{I}_1+\dot{I}_2$ より求めることができる．

$$\dot{I}_3=\dot{I}_1+\dot{I}_2=5+j35+12.5+j17.5=17.5+j52.5$$

$$=55.3\angle 71.6^\circ\text{〔A〕}$$

6・2 重ね合わせの理

キルヒホッフの法則によってどのような回路でも解くことはできる．しかし，回路網に二つ以上の起電力を含む場合は，次のような重ね合わせの理（principel of superposition）によって簡単に解くことができる．

すなわち，重ね合わせの理とは**回路網中の任意の枝路に流れる電流は，回路網中の各起電力が単独にあるときにその枝路に流れる電流の和に等しいこと**をいう．

$$\left.\begin{array}{l}\dot{I}_1 = \dot{I}'_1 - \dot{I}''_1 \\ \dot{I}_2 = -\dot{I}'_2 + \dot{I}''_2 \\ \dot{I} = \dot{I}' + \dot{I}''\end{array}\right\} \cdots\cdots 重ね合わせの理$$

(a)　　　　　(b)　　　　　(c)

電圧源のインピーダンスは0であるので短絡してよい

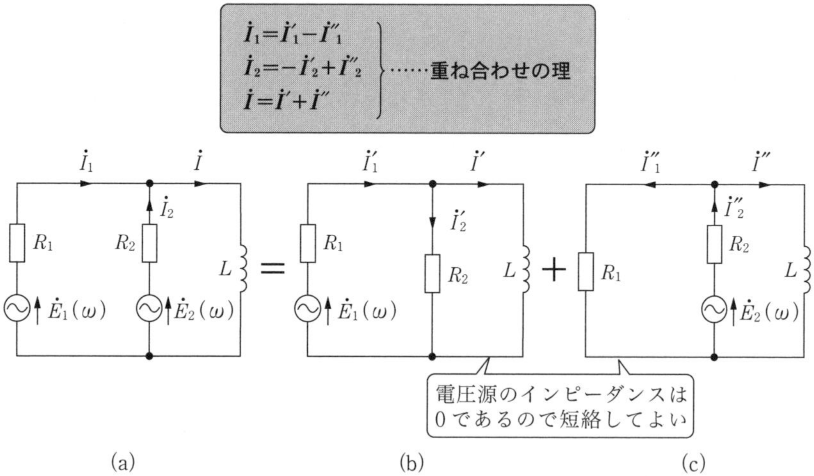

図 6・3　重ね合わせの理

図 6・3 において，重ね合わせの理を説明する．

同図(a)の各枝路電流 $\dot{I}_1$，$\dot{I}_2$ および $\dot{I}$ を求めるには，まず，同図(b)のように起電力 $\dot{E}_2$ を取り去って短絡し，$\dot{E}_1$ のみが単独にあると考えたときの各枝路電流 $\dot{I}'_1$，$\dot{I}'_2$ および $\dot{I}'$ を求める．次に同図(c)のように起電力 $\dot{E}_1$ を取り去って短絡し $\dot{E}_2$ のみが単独にあるときの各枝路電流 $\dot{I}''_1$，$\dot{I}''_2$，$\dot{I}''$ を求める．同図(a)の $\dot{I}_1$，$\dot{I}_2$，$\dot{I}$ は次式によって求められる．

$$\left.\begin{array}{l}\dot{I}_1 = \dot{I}'_1 - \dot{I}''_1 \\ \dot{I}_2 = -\dot{I}'_2 + \dot{I}''_2 \\ \dot{I} = \dot{I}' + \dot{I}''\end{array}\right\} \quad (6\cdot10)$$

重ね合わせの理を用いて，図6・3(a) のコイル L に流れる電流を求める．同図(b) において，起電力 $\dot{E}_1$ からみた合成インピーダンス $\dot{Z}_1'$ は

$$\dot{Z}_1'=R_1+\frac{j\omega LR_2}{R_2+j\omega L}$$

となるから，電流 $\dot{I}_1'$ は

$$\dot{I}_1'=\frac{\dot{E}_1}{\dot{Z}_1'}=\frac{\dot{E}_1}{R_1+\dfrac{j\omega LR_2}{R_2+j\omega L}} \qquad (6\cdot11)$$

また

$$\dot{I}_1'\frac{j\omega LR_2}{R_2+j\omega L}=I'j\omega L \qquad (6\cdot12)$$

が成り立つ．式 (6・11)，(6・12) より

$$\dot{I}'=\dot{I}_1'\cdot\frac{R_2}{R_2+j\omega L}=\frac{\dot{E}_1}{R_1+\dfrac{j\omega LR_2}{R_2+j\omega L}}\cdot\frac{R_2}{R_2+j\omega L}$$

$$=\frac{R_2\dot{E}_1}{R_1(R_2+j\omega L)+j\omega LR_2}=\frac{R_2\dot{E}_1}{R_1R_2+j\omega L(R_1+R_2)} \qquad (6\cdot13)$$

次に，同図(c) の L に流れる電流 $\dot{I}''$ を求める．起電力 $\dot{E}_2$ からみた合成インピーダンス $\dot{Z}_2'$ は

$$\dot{Z}_2'=R_2+\frac{j\omega LR_1}{R_1+j\omega L}$$

となるから，電流 $\dot{I}_2''$ は

$$\dot{I}_2''=\frac{\dot{E}_2}{\dot{Z}_2'}=\frac{\dot{E}_2}{R_2+\dfrac{j\omega LR_1}{R_1+j\omega L}} \qquad (6\cdot14)$$

また

$$\dot{I}_2''\times\frac{j\omega LR_1}{R_1+j\omega L}=\dot{I}''j\omega L \qquad (6\cdot15)$$

が成り立つ．式 (6・14)，(6・15) より

$$\dot{I}''=\dot{I}_2''\cdot\frac{R_1}{R_1+j\omega L}=\frac{\dot{E}_2}{R_2+\dfrac{j\omega LR_1}{R_1+j\omega L}}\cdot\frac{R_1}{R_1+j\omega L}$$

$$=\frac{R_1\dot{E}_2}{R_2(R_1+j\omega L)+j\omega LR_1}=\frac{R_1\dot{E}_2}{R_1R_2+j\omega L(R_1+R_2)} \qquad (6\cdot16)$$

したがって式 (6・13)，(6・16) より

$$\dot{I}=\dot{I}'+\dot{I}''$$

$$=\frac{R_2\dot{E}_1}{R_1R_2+j\omega L(R_1+R_2)}+\frac{R_1\dot{E}_2}{R_1R_2+j\omega L(R_1+R_2)}$$

$$=\frac{R_2\dot{E}_1+R_1\dot{E}_2}{R_1R_2+j\omega L(R_1+R_2)} \qquad (6\cdot17)$$

となる．$\dot{I}_1$，$\dot{I}_2$ についても同様にして求めることができる．なお，この重ね合わせの理は非正弦波交流の扱い方など，周波数の異なる電源を含む回路にも適用される．また，式（6･17）は，キルヒホッフの法則を用いて解いても同じ結果が得られる．

例題 2 **図 6･4** において，$\dot{E}_1=100$〔V〕，$\dot{E}_2=100$〔V〕，$\dot{Z}_1=10$〔Ω〕，$\dot{Z}_2=40$〔Ω〕，$\dot{Z}_3=12$〔Ω〕としたときの，重ね合わせの理を用いて，各インピーダンスに流れる電流を求めよ．

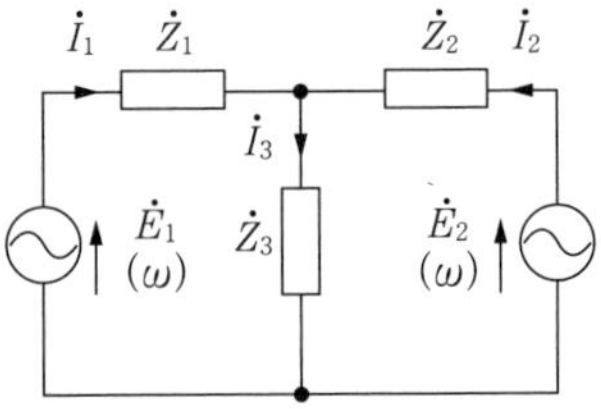

図 6・4

解

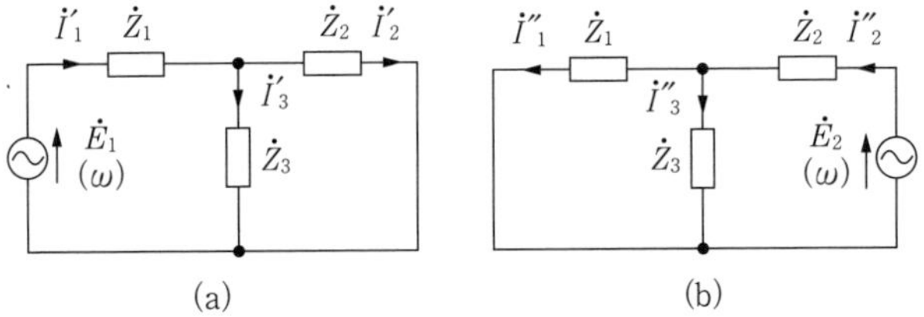

図 6・5

図 6･5(a) の回路より

$$\dot{I}_1'=\frac{\dot{E}_1}{\dot{Z}_1+\dfrac{\dot{Z}_2\dot{Z}_3}{\dot{Z}_2+\dot{Z}_3}}\cdots\cdots①$$

式①に題意の値を代入すると

$$\dot{I}_1'=\frac{100}{10+\dfrac{40\times12}{40+12}}=\frac{100}{10+\dfrac{480}{52}}=5.2〔\mathrm{A}〕\cdots\cdots②$$

同図(a) の回路より

$$\dot{I}_2'=\dot{I}_1'\times\frac{\dot{Z}_3}{\dot{Z}_2+\dot{Z}_3}\cdots\cdots③$$

式③に式②および題意の値を代入すると

$$\dot{I}_2'=5.2\times\frac{12}{52}=1.2〔\mathrm{A}〕$$

$$\dot{I}_3' = \dot{I}_1' - \dot{I}_2' = 5.2 - 1.2 = 4\text{〔A〕}$$

同図(b) の回路より

$$\dot{I}_2'' = \frac{\dot{E}_2}{\dot{Z}_2 + \dfrac{\dot{Z}_1\dot{Z}_3}{\dot{Z}_1 + \dot{Z}_3}} \cdots\cdots ④$$

式④に題意の値を代入すると

$$\dot{I}_2'' = \frac{100}{40 + \dfrac{10\times12}{10+12}} = \frac{100}{40 + \dfrac{120}{22}} = 2.2\text{〔A〕} \cdots\cdots ⑤$$

同図(b) の回路より

$$\dot{I}_1'' = \dot{I}_2'' \times \frac{\dot{Z}_3}{\dot{Z}_1 + \dot{Z}_3} \cdots\cdots ⑥$$

式⑥に式⑤および題意の値を代入すると

$$\dot{I}_1'' = 2.2 \times \frac{12}{10+12} = 1.2\text{〔A〕}$$

$$\dot{I}_3'' = \dot{I}_2'' - \dot{I}_1'' = 2.2 - 1.2 = 1\text{〔A〕}$$

図 6・4，図 6・5(a)，(b) の各電流の向きに注意して $\dot{I}_1$，$\dot{I}_2$ および $\dot{I}_3$ を求めると

$$\dot{I}_1 = \dot{I}_1' - \dot{I}_1'' = 5.2 - 1.2 = \mathbf{4\text{〔A〕}}$$

$$\dot{I}_2 = \dot{I}_2'' - \dot{I}_2' = 2.2 - 1.2 = \mathbf{1\text{〔A〕}}$$

$$\dot{I}_3 = \dot{I}_3' + \dot{I}_3'' = 4 + 1 = \mathbf{5\text{〔A〕}}$$

となる．

6・3　テブナンの定理

直流回路のときと同じように交流回路においてもテブナンの定理（Thevenin's Theorem）が適用できる．

図 6・6(a) のように，任意の回路網 N より二つの端子 a，b がでている場合，端子 a-b から回路網 N をみたインピーダンスを $\dot{Z}_i$（この場合，回路網の定電圧源は取り除いて短絡し，定電流源は取り除いて開放する）とし，a-b 間に現われる電圧を $\dot{E}_0$ とすると，回路網 N は同図(b) のように表せる．すなわち，**内部インピーダンス $\dot{Z}_i$，起電力 $\dot{E}_0$ の電源と等価である．** 同図(c) において，この回路にインピーダンス $\dot{Z}$ を接続したとき $\dot{Z}$ に流れる電流 $\dot{I}$ は

$$\dot{I} = \frac{\dot{E}_0}{\dot{Z}_i + \dot{Z}} \quad \textbf{（テブナンの定理）} \qquad (6\cdot18)$$

となる．式（6・18）が交流回路におけるテブナンの定理である．

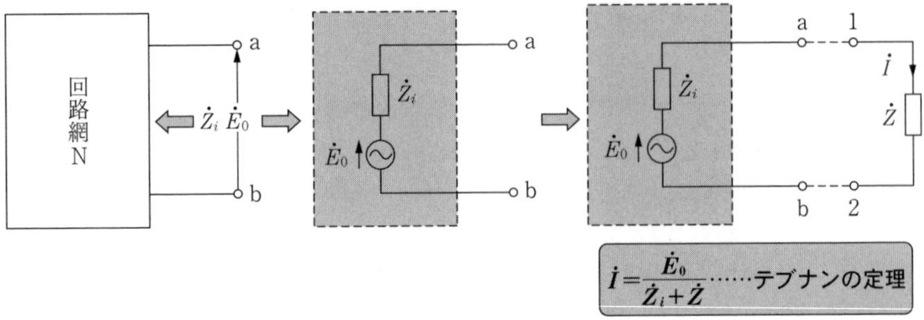

(a)　　　　　　　(b)　　　　　　　(c)

図 6・6　テブナンの定理

$$\dot{I} = \frac{\dot{E}_0}{\dot{Z}_i + \dot{Z}}　\cdots\cdots テブナンの定理$$

例題 3　図 6・7 に示す回路のインピーダンス $\dot{Z}$ に流れる電流をテブナンの定理を用いて求めよ．

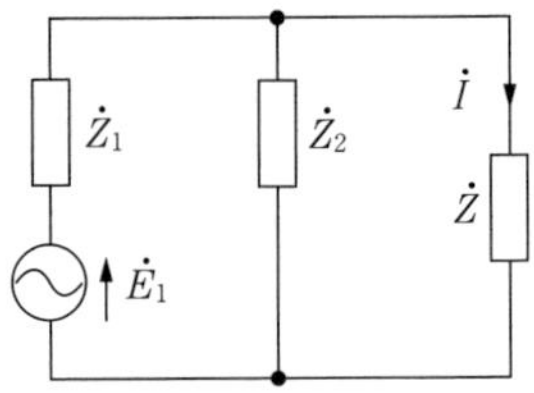

図 6・7

解　図 6・7 の回路を，図 6・8 のように端子 a-b で切り離す．このとき端子 a-b 間に現われる電圧を $\dot{V}$ とすると

$$\dot{V} = \frac{\dot{Z}_2}{\dot{Z}_1 + \dot{Z}_2} \times \dot{E}_1 \cdots\cdots ①$$

となる．次に，起電力 $\dot{E}_1$ を取り除いて短絡し，端子 a-b よりみたインピーダンスを $\dot{Z}_i$ とすれば

$$\dot{Z}_i = \frac{\dot{Z}_1 \dot{Z}_2}{\dot{Z}_1 + \dot{Z}_2} \cdots\cdots ②$$

図 6・8

となる．したがって，テブナンの定理により電流 $\dot{I}$ は

$$\dot{I} = \frac{\dot{V}}{\dot{Z}_i + \dot{Z}} \cdots\cdots ③$$

式③に式①，②を代入すると

$$\dot{I} = \frac{\dfrac{\dot{Z}_2 \dot{E}_1}{\dot{Z}_1 + \dot{Z}_2}}{\dfrac{\dot{Z}_1 \dot{Z}_2}{\dot{Z}_1 + \dot{Z}_2} + \dot{Z}} = \frac{\dot{Z}_2 \dot{E}_1}{\dot{Z}_1 \dot{Z}_2 + \dot{Z}(\dot{Z}_1 + \dot{Z}_2)}$$

となる．

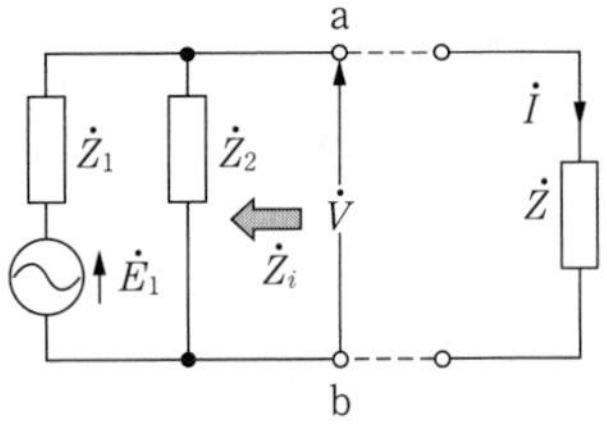

例題 4　**図 6・9** に示す回路で，コイル L に流れる電流 $\dot{I}$ を，テブナンの定理を用いて求めよ．

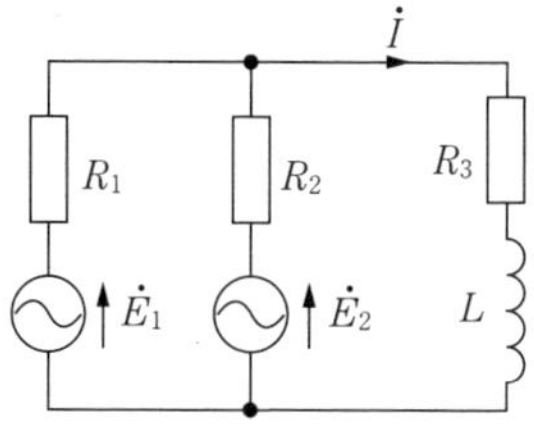

図 6・9

解　図6・9を**図6・10**のように，端子a-bで切り離す．このとき端子a-b間の電圧を $\dot{V}$，起電力 $\dot{E}_1$，$\dot{E}_2$ を取り除いて短絡し，a-b間より回路側をみたインピーダンスを $\dot{Z}_i$ とすれば，$\dot{V}$ および $\dot{Z}_i$ は，式①となる（**図6・11**）．

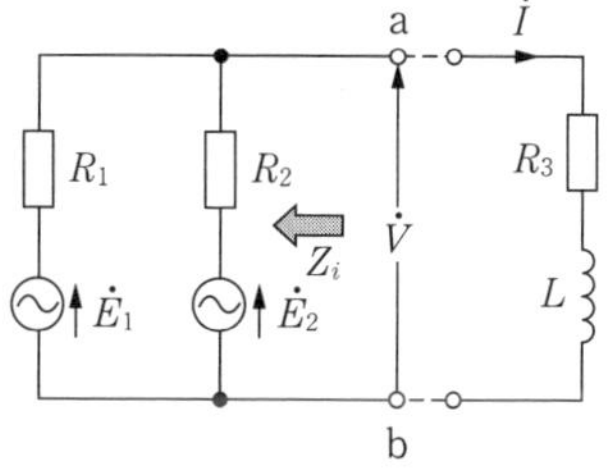

図 6・10

$$\dot{V}=\frac{\dot{E}_1-\dot{E}_2}{R_1+R_2}\cdot R_2+\dot{E}_2=\frac{R_2\dot{E}_1+R_1\dot{E}_2}{R_1+R_2}\cdots\cdots①$$

$$\dot{Z}_i=\frac{R_1R_2}{R_1+R_2}\cdots\cdots②$$

したがって，テブナンの定理より電流 $\dot{I}$ は

$$\dot{I}=\frac{\dot{V}}{\dot{Z}_i+R_3+j\omega L}\cdots\cdots③$$

式③に式①，②を代入すると

$$\dot{I}=\frac{\dot{V}}{\dot{Z}_i+R_3+j\omega L}=\frac{\dfrac{R_2\dot{E}_1+R_1\dot{E}_2}{R_1+R_2}}{\dfrac{R_1R_2}{R_1+R_2}+R_3+j\omega L}=\frac{R_2\dot{E}_1+R_1\dot{E}_2}{R_1R_2+(R_3+j\omega L)(R_1+R_2)}$$

$$=\boldsymbol{\frac{R_2\dot{E}_1+R_1\dot{E}_2}{R_1R_2+R_2R_3+R_3R_1+j\omega L(R_1+R_2)}}$$

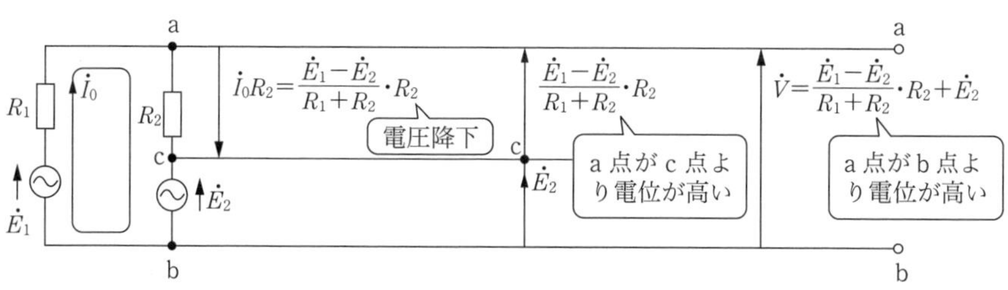

図 6・11

演　習　問　題

〔1〕 **図6・12**に示す回路において，抵抗 R_1 に流れる電流 $\dot{I}_1$ を重ね合わせの理を用いて求めよ．

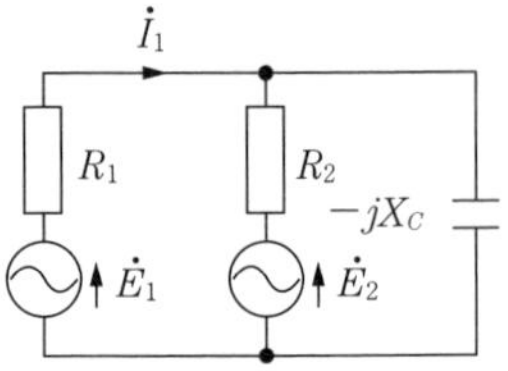

図 6・12

〔2〕 **図6・13**に示す回路において，点aを流れる電流 $\dot{I}$ を重ね合わせの理を用いて求めよ．

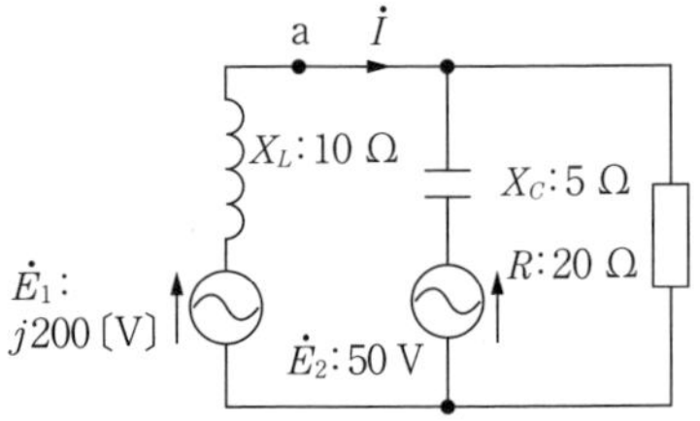

図 6・13

〔3〕 **図6・14**に示す回路の電流 $\dot{I}_1$，$\dot{I}_2$ および $\dot{I}_3$ を重ね合わせの理を用いて求めよ．ただし，X_1＝16〔Ω〕，R＝20〔Ω〕，X_c＝10〔Ω〕，$\dot{E}_1$＝100〔V〕，$\dot{E}_2$＝50〔V〕とする．

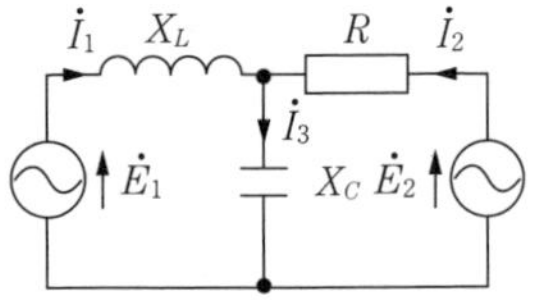

図 6・14

〔4〕 **図6・15**に示す回路の電流 $\dot{I}_3$ を重ね合わせの理を用いて求めよ．ただし，R＝5〔Ω〕，$\dot{Z}$＝5＋j10〔Ω〕，$\dot{E}$＝100〔V〕とする．

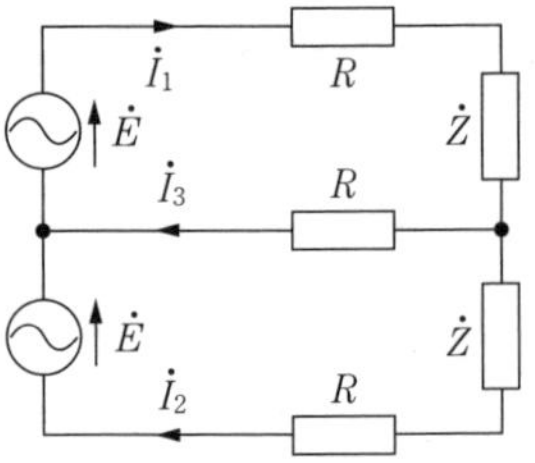

図 6・15

〔5〕 **図 6・16** に示す回路の $R=30$〔Ω〕の抵抗に流れる電流 $\dot{I}$ をテブナンの定理を用いて求めよ．

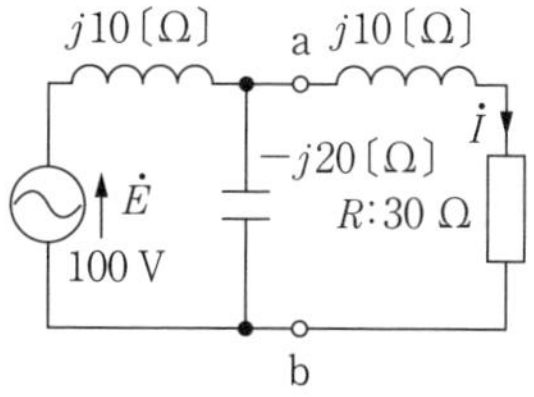

図 6・16

〔6〕 **図 6・17** に示す回路の抵抗 $R=8$〔Ω〕に流れる電流 $\dot{I}$ をテブナンの定理を用いて求めよ．

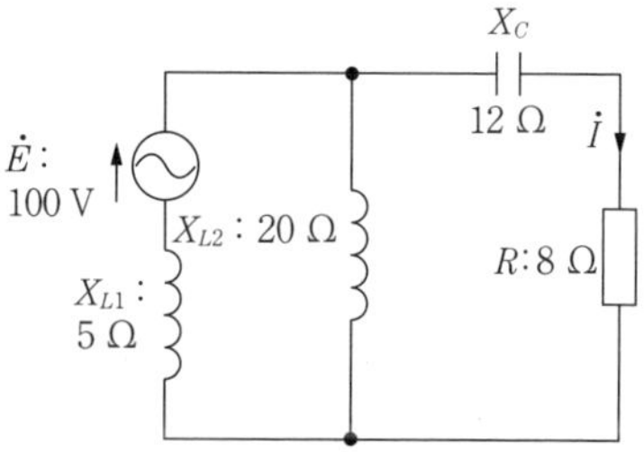

図 6・17

〔7〕 次の文章の $\boxed{}$ の中に当てはまる式または数値を求めよ．

図 6・18 のような回路において，端子 a-b 間に 100 V の単相交流電圧を加え，スイッチ S を開いた状態のとき，コンデンサに流れる電流 $\dot{I}_1$ は $\boxed{(1)}$〔A〕となり，電源から供給される電流 $\dot{I}$ は $\boxed{(2)}$〔A〕となる．また，端子 c-d 間の電圧 V_{cd} は $\boxed{(3)}$〔V〕となる．

いま，スイッチ S を閉じたとき，電流 $\dot{I}_1$ は $\boxed{(4)}$〔A〕となり，電流 $\dot{I}$ は $\boxed{(5)}$〔A〕となる．

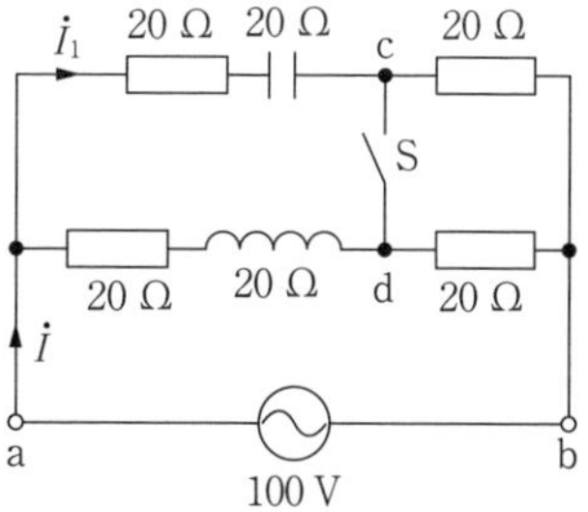

図 6・18

第 7 章

相互インダクタンス回路

第 4 章で学んだようにコイルに電流が流れると，アンペアの右ねじの法則に基づく方向に磁束ができる．

本章では，レンツの法則に基づく自己インダクタンスによる自己誘導起電力の向き，相互インダクタンスによる相互誘導起電力の向きをとらえ，各閉回路にキルヒホッフの第 2 法則を適用して回路方程式を導く手法を学ぶ．

7・1 自己誘導と自己インダクタンス

第 4 章で自己誘導と自己インダクタンスについては基本的なことを学んだ．本章では**図 7・1** にてより詳しく説明する．

図 7・1 のように，コイルに電流が流れると，その電流による起磁力による磁束がコイル自身の中を貫くようになる．したがって，電流が変化するとコイルを貫く磁束も変化する．このため，電磁誘導によってコイル自身に誘導起電力が生ずる．このように，コイルに流れる電流によってコイル自身に誘導起電力が生ずる現象を**自己誘導**（self-induction）という．

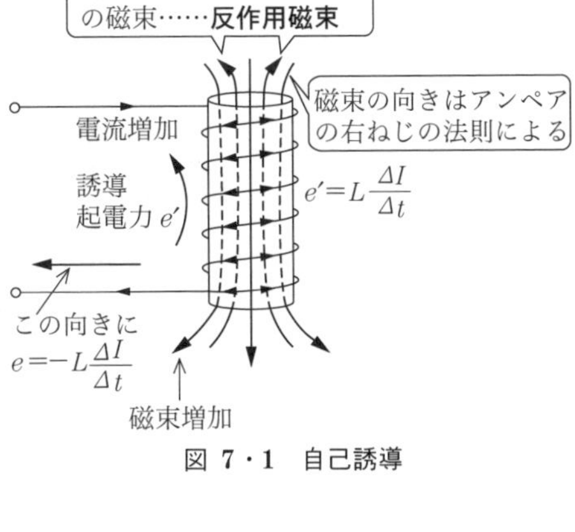

図 7・1　自己誘導

誘導起電力の方向は，誘導起電力によって流れる電流のつくる磁束がもとの磁束の増減を妨げる向きに生ずる．これを**レンツの法則**（Lenz's law）という．

コイルに生ずる誘導起電力 e は，電流の変化する割合に比例し

$$\boldsymbol{e=-L\frac{\Delta I}{\Delta t}} \quad (L\text{ は比例定数}) \tag{7・1}$$

L の値はコイルの自己誘導の働きの程度を表すことになり，これを**自己インダクタンス**（self-inductance）という．

7・2 相互誘導と相互インダクタンス

図 7・2 のように，二つのコイルを互いに接近させておく．一方の一次コイルに流れる電流による磁束の一部（または全部）が，他方の二次コイルと鎖交する．したがって，一次コイルの電流を変化させると，二次コイルと鎖交する磁束も変化し，電磁誘導による誘導起電力が発生する．逆に，二次コイルに電流を流して，これを変化させても，一次コイルに誘導起電力が発生する．このように，一方のコイルの電流が変化すると，他方のコイルに誘導起電力が発生する現象を**相互誘導**（mutual induction）という．二次コイルと鎖交する磁束の変化は一次コイル中の磁束の変化に比例し，この磁束の変化は一次コイルの電流の大きさの変化に比例する．したがって，一次コイルの電流が Δt 秒間に ΔI_1〔A〕変化したとき，二次コイルと鎖交する磁束の変化 $\Delta\Phi$〔Wb〕は ΔI_1 に比例する．ゆえに，二次コイルに生ずる誘導起電力 e_2〔V〕は，電流の変化する割合 $\Delta I_1/\Delta t$ に比例する．比例定数を M とすれば

$$\boldsymbol{e_2=-M\frac{\Delta I_1}{\Delta t}} \quad (M\text{ の値は相互誘導の働きの程度を表す}) \tag{7・2}$$

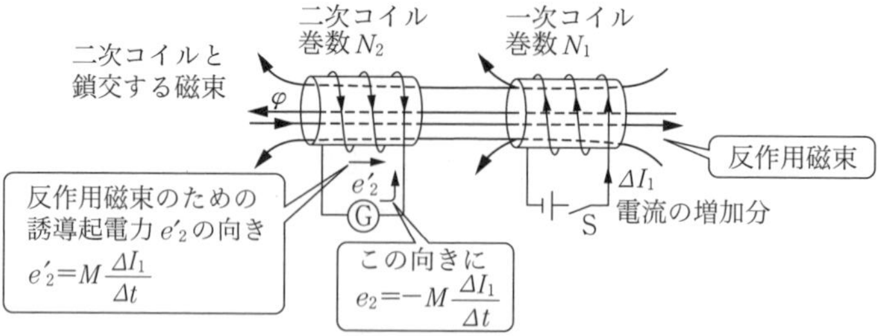

図 7・2 相互誘導

この M を**相互インダクタンス**（mutual inductance）という．M，L の単位は**ヘンリー〔H〕**である．

例題 1　あるコイルの電流が 0.01 秒間に 20 A 変化したとき，コイルに 20 V の起電力が生じたとすれば，このコイルの自己インダクタンスはいくらか．

解　式（7・1）より，$e=-L\times\Delta I/\Delta t$ であるので，整理をすると

$$L=\frac{e}{\dfrac{\Delta I}{\Delta t}}=\frac{20}{\dfrac{20}{0.01}}=0.01〔\mathrm{H}〕=\mathbf{10〔mH〕}$$

7・3　相互誘導回路

図 7・3 に示すように，L_1〔H〕，L_2〔H〕の二つのコイル P と S との間に相互インダクタンス M〔H〕が存在する．ただし，抵抗は無視し，角周波数を ω とする．

コイル P に流れる電流 i_1 による磁束のうちの φ_{m1} がコイル S を貫くとすれ

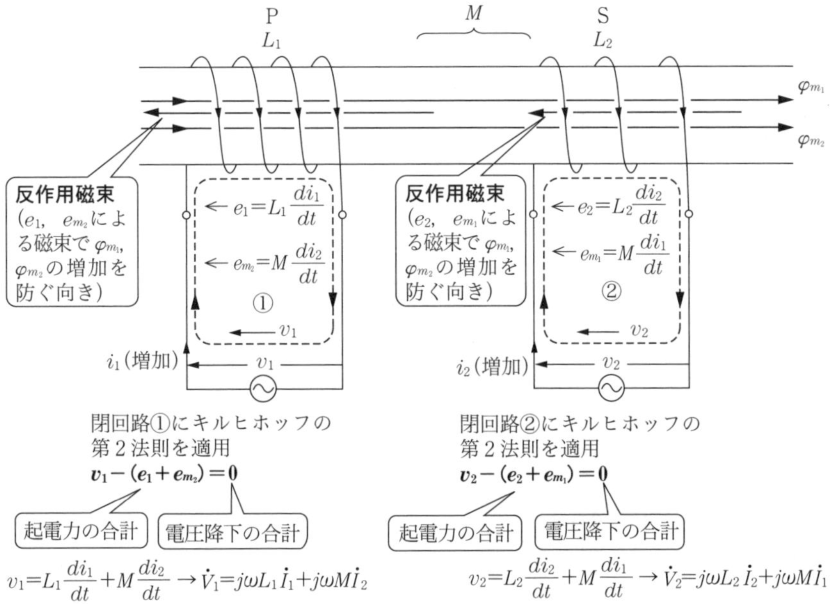

図 7・3　相互誘導回路

ば，コイルPには自己誘導による起電力 e_1 が生じると同時に，コイルSには相互誘導による起電力 e_{m1} が生じる．また，コイルSに流れる電流 i_2 による磁束のうちの φ_{m2} がコイルPを貫くとすれば，コイルSに自己誘導による起電力 e_2，コイルPに相互誘導による起電力 e_{m2} が生じる．

閉回路①，②に，それぞれキルヒホッフの第2法則を適用すると

$$\left.\begin{aligned} v_1 &= L_1\frac{di_1}{dt}+M\frac{di_2}{dt} \\ v_2 &= L_2\frac{di_2}{dt}+M\frac{di_1}{dt} \end{aligned}\right\} \qquad (7\cdot3)$$

また，第4章で学んだ記号法で表すと

$$\left.\begin{aligned} \dot{V}_1 &= j\omega L_1\dot{I}_1+j\omega M\dot{I}_2 \\ \dot{V}_2 &= j\omega L_2\dot{I}_2+j\omega M\dot{I}_1 \end{aligned}\right\} \qquad (7\cdot4)$$

相互インダクタンス M は，両コイルP，Sを共通に貫く磁束 φ_{m1} と φ_{m2} が加わる**和動結合のときは $+M$**，φ_{m1} と φ_{m2} が差になる**差動結合のときは $-M$** として取り扱う必要がある．

相互インダクタンス M の正負を図記号で表す場合は，**図7･4** のように両コイルに・印をつけて，**・印側よりコイルに流入する電流の方向を共に正の方向とした場合，和動結合（$+M$）**となることを示す．

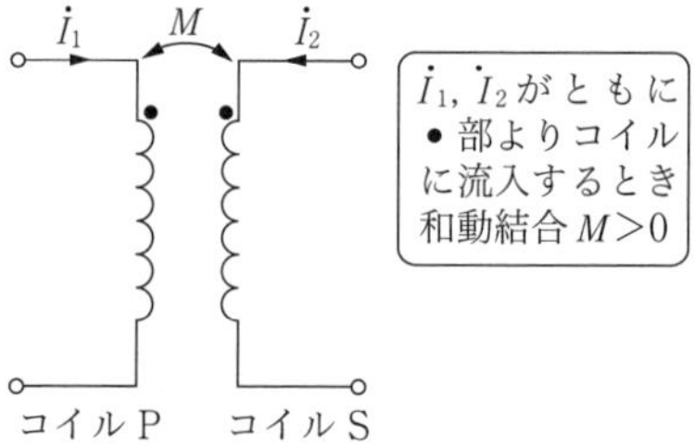

図7・4

7・4 相互誘導回路の等価回路

図7･5(a) に示す相互インダクタンス M を含む回路において，a-c 間の電圧 $\dot{V}_{ac}$ と b-c 間の電圧 $\dot{V}_{bc}$ を求めると

$$\left.\begin{aligned} \dot{V}_{ac} &= j\omega L_1\dot{I}_1+j\omega M\dot{I}_2 \\ \dot{V}_{bc} &= j\omega L_2\dot{I}_2+j\omega M\dot{I}_1 \end{aligned}\right\} \qquad (7\cdot5)$$

同図(b) に示すインダクタンス（$-M$）と（$+M$）を含む回路で，$\dot{V}_{ac}$ と $\dot{V}_{bc}$ を求めると

$$\left.\begin{aligned}\dot{V}_{ac} &= j\omega(+M)(\dot{I}_1+\dot{I}_2)+j\omega(-M)\dot{I}_1+j\omega L_1\dot{I}_1\\ &= j\omega L_1\dot{I}_1+j\omega M\dot{I}_2\\ \dot{V}_{bc} &= j\omega(+M)(\dot{I}_1+\dot{I}_2)+j\omega(-M)\dot{I}_2+j\omega L_2\dot{I}_2\\ &= j\omega L_2\dot{I}_2+j\omega M\dot{I}_1\end{aligned}\right\} \quad (7\cdot6)$$

式（7･5）と式（7･6）は，$\dot{V}_{ac}$，$\dot{V}_{bc}$ と $\dot{I}_1$，$\dot{I}_2$ の関係において全く同じ式である．したがって図 7･5(a) と図(b) は等価である．図(a) の回路を図(b) の等価回路に改めることを **V-Y変換する**という．

この等価回路は，端子 a と端子 b よりともに電流が流入すると仮定したとき，和動結合となる場合に成立する．

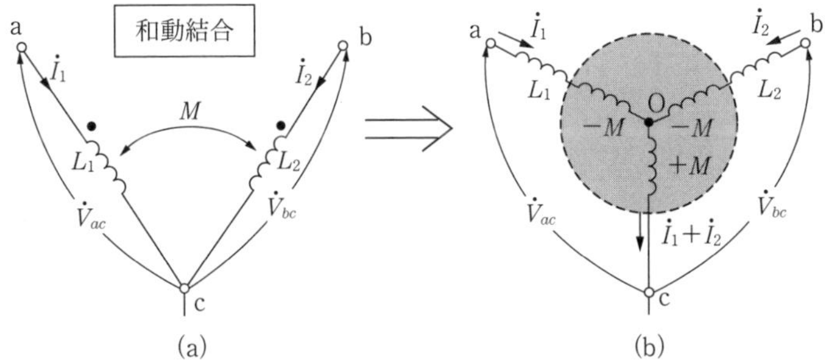

図 7・5　V-Y変換

7・5　M のある直列インダクタンスの合成

図 7･6(a) のように，L_1 のコイル P と L_2 のコイル S を直列に接続し端子 a-b 間に電圧 $\dot{V}$ を加える．

和動結合であるとすると，M は正となる．電流 $\dot{I}$ が流れ，コイル P，コイル S に電圧 $\dot{V}_1$，$\dot{V}_2$ を生ずる．

$\dot{V}_1$，$\dot{V}_2$ は

$$\left.\begin{aligned}\dot{V}_1 &= j\omega L_1\dot{I}+j\omega M\dot{I}\\ \dot{V}_2 &= j\omega L_2\dot{I}+j\omega M\dot{I}\end{aligned}\right\} \quad (7\cdot7)$$

となり，$\dot{V}$ は

$$\dot{V}=\dot{V}_1+\dot{V}_2=j\omega(L_1+L_2+2M)\dot{I} \quad (7\cdot8)$$

となる．図(b) を図(a) の等価回路とすれば

$$\dot{V}=j\omega L\dot{I} \qquad (7\cdot9)$$

となる．式（7･8），（7･9）より，合成インダクタンス L は

$$\boldsymbol{L=L_1+L_2+2M} \qquad (7\cdot10)$$

となることがわかる．また，コイルSの巻き方を変更して**差動結合**とした場合は，式（7･10）の相互インダクタンスを $-M$ とすればよい．

合成インダクタンス L は

$$\boldsymbol{L=L_1+L_2-2M} \qquad (7\cdot11)$$

となる．

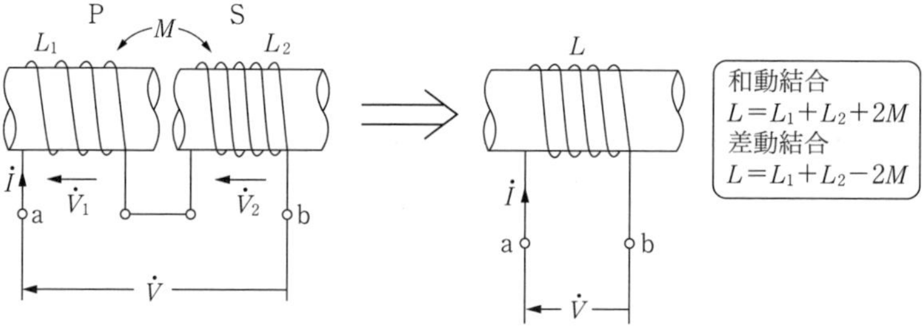

(a)　　(b) 図(a)の等価回路

図 7・6　M のある直列インダクタンスの合成

例題2　自己インダクタンス $L_1=1$〔mH〕のコイルPと $L_2=2$〔mH〕のコイルSを結合して，**図7･7**(a) のように接続したときの合成インダクタンス L_a が 2 mH であった．また，同図(b) のように接続したときの合成インダクタンスが $L_b=4$〔mH〕であったとすれば，相互インダクタンス M はいくらか．

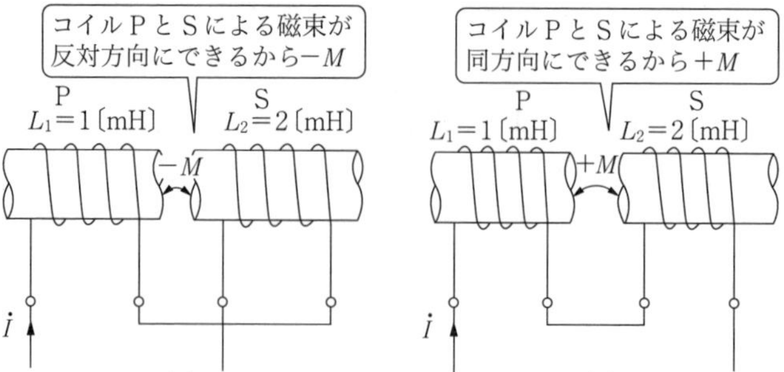

(a)　　(b)

図 7・7

解　図7･7(a) はコイルPとSによる磁束が反対方向にできるから$-M$（差動結合），図(b) はコイルPとSによる磁束が同方向にできるから$+M$（和動結合）である．したがって，合成インダクタンスL_a，L_bは

$L_a = L_1 + L_2 - 2M$……①

$L_b = L_1 + L_2 + 2M$……②

$L_b - L_a = 4M \longrightarrow M = \dfrac{L_b - L_a}{4}$……③

式③に題意の値を代入すると，

$\boldsymbol{M} = \dfrac{L_b - L_a}{4} = \dfrac{4-2}{4} \times 10^{-3} = 0.5 \times 10^{-3}〔\mathrm{H}〕= \mathbf{0.5〔mH〕}$

例題 3　**図7･8** の回路において，閉回路①，②についての回路方程式を示せ．

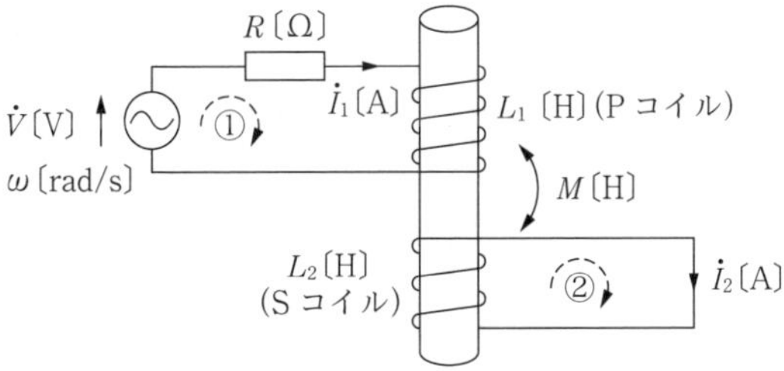

図 7・8

解　**図7･9** に閉回路①，②について，それぞれ自己誘導，相互誘導による起電力の方向を示す．

図7･9の閉回路①において

起電力の合計$= \dot{V} - \dot{E}_{L1} + \dot{E}_{M2} = \dot{V} - j\omega L_1 \dot{I}_1 + j\omega M \dot{I}_2$〔V〕

電圧降下の合計$= R\dot{I}_1$〔V〕

キルヒホッフの第2法則を適用すると，次のようになる．

$\dot{V} - j\omega L_1 \dot{I}_1 + j\omega M \dot{I}_2 = R\dot{I}_1 \longrightarrow \boldsymbol{\dot{V} = R\dot{I}_1 + j\omega L_1 \dot{I}_1 - j\omega M \dot{I}_2}$……①

同図の閉回路②において

起電力の合計$= \dot{E}_{M1} - \dot{E}_{L2} = j\omega M \dot{I}_1 - j\omega L_2 \dot{I}_2$〔V〕

電圧降下の合計$=0$

キルヒホッフの第2法則を適用すると次のようになる

$j\omega M \dot{I}_1 - j\omega L_2 \dot{I}_2 = 0 \longrightarrow \boldsymbol{j\omega M \dot{I}_1 = j\omega L_2 \dot{I}_2}$……②

式①，②が回路方程式である．

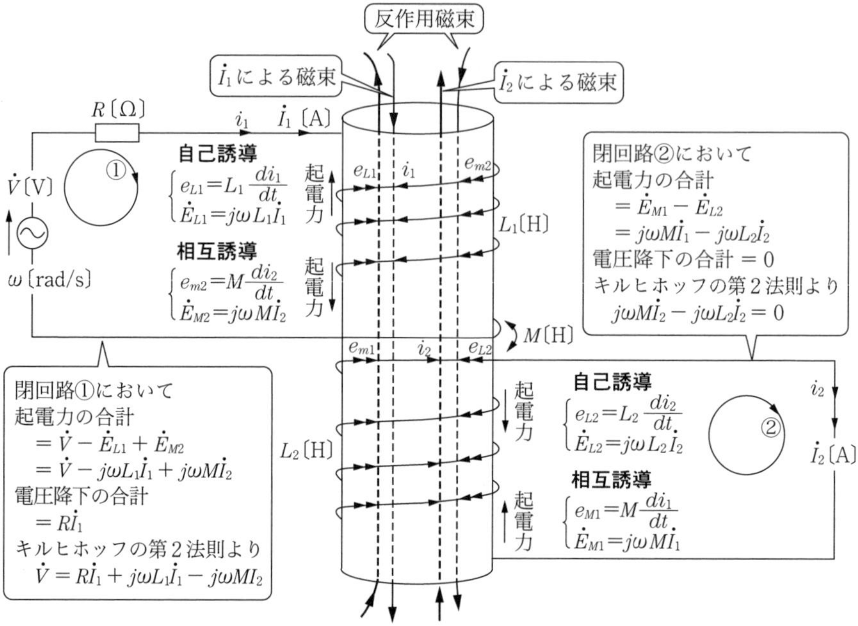

反作用磁束

$\dot{I}_1$ による磁束　　$\dot{I}_2$ による磁束

$R\,[\Omega]$　　i_1　$\dot{I}_1\,[\mathrm{A}]$

自己誘導
$$\begin{cases} e_{L1}=L_1\dfrac{di_1}{dt} \\ \dot{E}_{L1}=j\omega L_1\dot{I}_1 \end{cases}$$
起電力

相互誘導
$$\begin{cases} e_{m2}=M\dfrac{di_2}{dt} \\ \dot{E}_{M2}=j\omega M\dot{I}_2 \end{cases}$$
起電力

$\dot{V}\,[\mathrm{V}]$　　① 　　$\omega\,[\mathrm{rad/s}]$

$L_1\,[\mathrm{H}]$　　$M\,[\mathrm{H}]$　　$L_2\,[\mathrm{H}]$

閉回路①において
起電力の合計
　$=\dot{V}-\dot{E}_{L1}+\dot{E}_{M2}$
　$=\dot{V}-j\omega L_1\dot{I}_1+j\omega M\dot{I}_2$
電圧降下の合計
　$=R\dot{I}_1$
キルヒホッフの第2法則より
　$\dot{V}=R\dot{I}_1+j\omega L_1\dot{I}_1-j\omega M\dot{I}_2$

閉回路②において
起電力の合計
　$=\dot{E}_{M1}-\dot{E}_{L2}$
　$=j\omega M\dot{I}_1-j\omega L_2\dot{I}_2$
電圧降下の合計 $=0$
キルヒホッフの第2法則より
　$j\omega M\dot{I}_1-j\omega L_2\dot{I}_2=0$

自己誘導
$$\begin{cases} e_{L2}=L_2\dfrac{di_2}{dt} \\ \dot{E}_{L2}=j\omega L_2\dot{I}_2 \end{cases}$$
起電力　② 　i_2　$\dot{I}_2\,[\mathrm{A}]$

相互誘導
$$\begin{cases} e_{M1}=M\dfrac{di_1}{dt} \\ \dot{E}_{M1}=j\omega M\dot{I}_1 \end{cases}$$
起電力

$L_1\,[\mathrm{H}]$ の $\dot{I}_1\,[\mathrm{A}]$ による磁束の方向と $L_2\,[\mathrm{H}]$ と $\dot{I}_2\,[\mathrm{A}]$ による磁束の方向は逆となるので，自己誘導による起電力 $\dot{E}_{L1}$ と $\dot{E}_{L2}$ の方向も逆となる．また反作用磁束の方向もお互いに逆となるので，相互誘導による $\dot{E}_{M2}$ と $\dot{E}_{M1}$ の方向も逆となる．

図 7・9　回路方程式の説明

演習問題

〔1〕 二つのコイルを直列に接続した後に，合成インダクタンスが 2.5 mH コイルの位置を変えずに一方のコイルの接続を逆にしたら 1.3 mH になった．このコイル間の相互インダクタンスを求めよ．

〔2〕 **図 7·10** の回路において，端子 a-b 間の電圧 $\dot{V}_{ab}$ を求めよ．

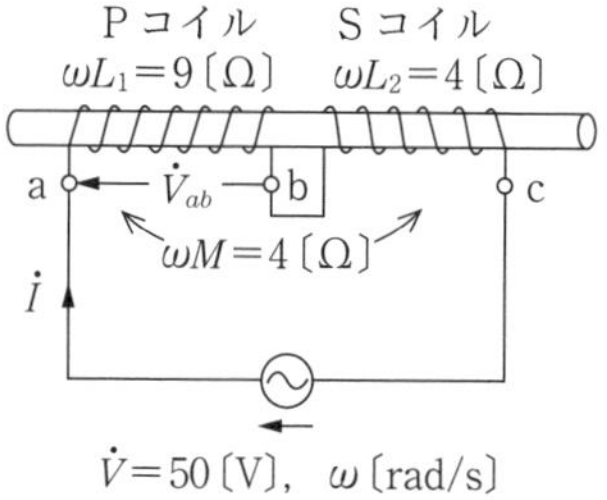

図 7・10

〔3〕 **図 7·11** のように自己インダクタンス L_1 および L_2，相互インダクタンス M，静電容量 C を接続する回路がある．これに定電圧 $\dot{E}$ と定電流源 $\dot{I}$ を与えたとき，次の値を求めよ．ただし，$\dot{E}$，$\dot{I}$ ともに周波数 f の正弦波交流とする．

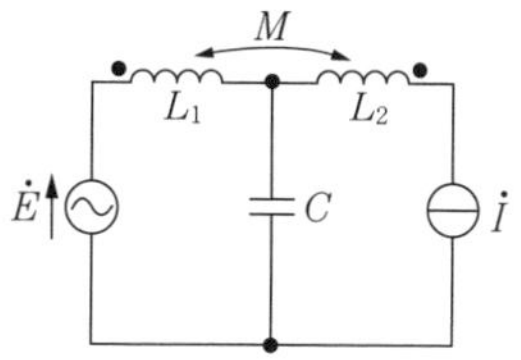

図 7・11

(1) 静電容量 C に流れる電流 $\dot{I}_C$

(2) $\dot{I}_C$ が 0 となるための条件

第 8 章

対称三相交流回路

発電所で発電しているのは対称三相起電力であり，これを 3 本の送電線を使って工場やビルなどの大きな電力を必要とするところに送っている．

三相交流が用いられる理由は大きな電力を経済的に送れることや，電動機などの動力源として使用できるからである．

本章では，三相交流起電力の発生のメカニズムや基本的性質および三相回路の計算方法を学ぶ．

8・1 三相起電力のベクトルと記号式

1. 三相起電力の発生

第 3 章で学んだように，平等磁界中を 1 本の導体が回転すると，一つの正弦波交流を発生する．このような交流を**単相交流**（single phase AC）という．これに対し，三相交流の場合は**図 8・1**(a）のように，互いに $2\pi/3$〔rad〕（120°）の間

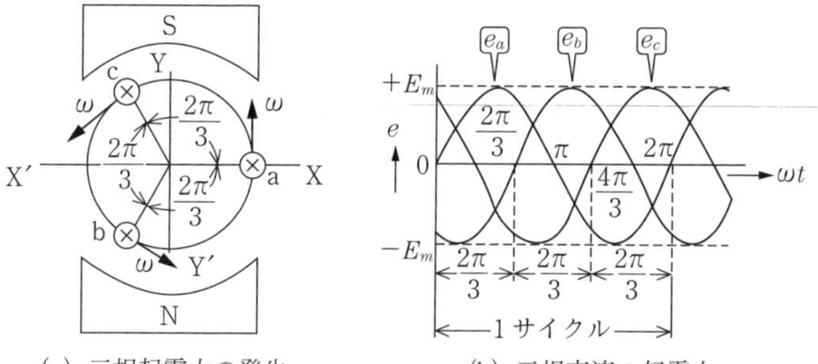

(a）三相起電力の発生　　(b）三相交流の起電力

図 8・1　三相交流の起電力

隔に配置した3本の導体a，b，cを，磁極N，Sの間で反時計回りの方向にω〔rad/s〕の角速度で回転させると，それぞれの導体には，図(b)のように大きさが等しく，互いに$2\pi/3$〔rad〕の位相差のある三つの起電力e_a，e_b，e_cが発生する．

いま，図(a)の導体aに注目すると，$+X$軸を通るときの起電力は0であり，S極の中心，すなわち，$+Y$軸を通るときは最大の起電力E_mが誘導される．その方向は⊗の方向であり，この導体に発生する起電力e_aは，次式となる．

$$\boldsymbol{e_a = E_m \sin \omega t} \tag{8・1}$$

次に，導体bは導体aが$+X$軸上にあるとき，$-2\pi/3$〔rad〕（$-120°$）の位置にあるため，さらに$2\pi/3$〔rad〕回転しないと$+X$軸にこない．

すなわち，起電力e_bの位相は，導体aの起電力e_aの位相より$2\pi/3$〔rad〕遅れている．したがって，e_aを基準にしてe_bを式で表すと式（8･2）のようになる．

$$\boldsymbol{e_b = E_m \sin\left(\omega t - \frac{2\pi}{3}\right)} \tag{8・2}$$

さらに，導体cは，導体bより$2\pi/3$〔rad〕，導体aからは，$4\pi/3$〔rad〕（240°）遅れた位置にあるから，起電力e_cはe_bと同様に，e_aを基準にすれば，式（8･3）のようになる．

$$\boldsymbol{e_c = E_m \sin\left(\omega t - \frac{4\pi}{3}\right)} \tag{8・3}$$

これらe_a，e_b，e_cをa相，b相，c相の起電力という．

以上により，三相交流起電力の瞬時値の式は，次式で表される．

$$\left.\begin{aligned} \boldsymbol{e_a} &= \boldsymbol{E_m \sin \omega t} \quad \textbf{（基準）} \\ \boldsymbol{e_b} &= \boldsymbol{E_m \sin\left(\omega t - \frac{2\pi}{3}\right)} \\ \boldsymbol{e_c} &= \boldsymbol{E_m \sin\left(\omega t - \frac{4\pi}{3}\right)} \end{aligned}\right\} \tag{8・4}$$

図8･1(b)に式（8･4）のe_a，e_b，e_cの波形を示す．

このように，大きさが等しく，互いに$2\pi/3$〔rad〕ずつ位相差のある三相交流起電力を**対称三相起電力**（symmetrical three-phase emf）といい，また，電流を**対称三相電流**（symmetrical three-phase current）という．なお，三つの相の各負荷のインピーダンスが等しいとき，これを**平衡三相負荷**（balanced three -phase load）という．

2．三相起電力のベクトル表示

式（8・4）の三相起電力 e_a，e_b，e_c は瞬時値で表されているが，$\omega t=0$ を起点として回転ベクトルで示すと**図 8・2**(a）のようになる．そのときの波形を図(b）に示す．

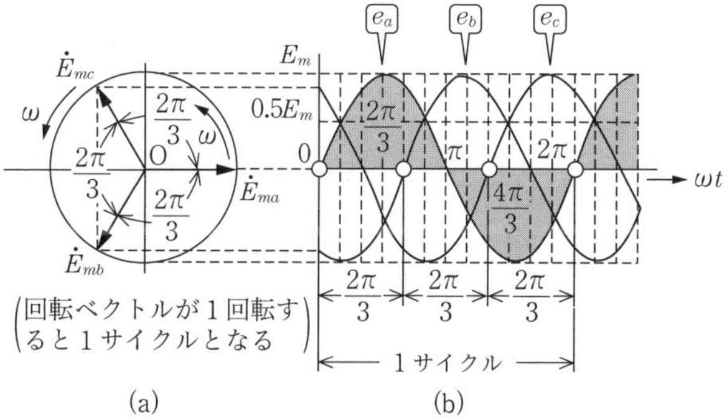

図 8・2　回転ベクトルと波形

各相の実効値 $\dot{E}_a$，$\dot{E}_b$，$\dot{E}_c$ は

$$\dot{E}_a=\frac{\dot{E}_{ma}}{\sqrt{2}},\qquad \dot{E}_b=\frac{\dot{E}_{mb}}{\sqrt{2}},\qquad \dot{E}_c=\frac{\dot{E}_{mc}}{\sqrt{2}} \tag{8・5}$$

で表されるので，$\dot{E}_a$ を基準にして三相起電力を静止ベクトル図で示すと，**図 8・3**(a)，(b）のようになる．

式（8・4）の e_a，e_b，e_c の和を三角関数の加法定理の公式，$\sin(\alpha-\beta)=\sin\alpha\cos\beta-\cos\alpha\sin\beta$ を用いると次式となる．

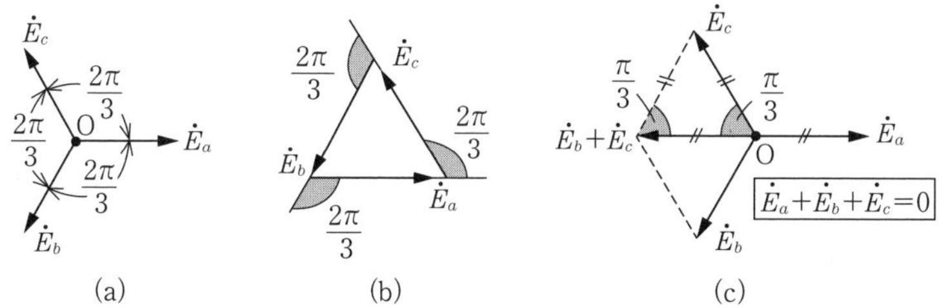

図 8・3　静止ベクトル

$$e_a+e_b+e_c=E_m\left\{\sin\omega t+\sin\left(\omega t-\frac{2\pi}{3}\right)+\sin\left(\omega t-\frac{4\pi}{3}\right)\right\}$$
$$=E_m\left\{\sin\omega t+\left(\sin\omega t\cos\frac{2\pi}{3}-\sin\frac{2\pi}{3}\cos\omega t\right.\right.$$
$$\left.\left.+\sin\omega t\cos\frac{4\pi}{3}-\sin\frac{4\pi}{3}\cos\omega t\right)\right\}$$
$$=E_m\left\{\sin\omega t+\left(-\frac{1}{2}\sin\omega t-\frac{\sqrt{3}}{2}\cos\omega t-\frac{1}{2}\sin\omega t\right.\right.$$
$$\left.\left.+\frac{\sqrt{3}}{2}\cos\omega t\right)\right\}=E_m(\sin\omega t-\sin\omega t)=0 \qquad (8\cdot6)$$
$$\left(\because\quad \cos\frac{2\pi}{3}=-\frac{1}{2},\quad \sin\frac{2\pi}{3}=\frac{\sqrt{3}}{2},\quad \cos\frac{4\pi}{3}=-\frac{1}{2},\quad \sin\frac{4\pi}{3}=-\frac{\sqrt{3}}{2}\right)$$

式（8･6）から，三相交流起電力の各瞬時値の和は，時間とは無関係に 0 になることがわかる．また，実効値で表されている静止ベクトルの和も，図 8･3(c) のように 0 になる．これは，三相交流の重要な性質である．

三相起電力は，図 8･3 で示したベクトル図のように，$\dot{E}_a$ を基準として，$\dot{E}_b$ の位相は $\dot{E}_a$ より $2\pi/3$〔rad〕遅れ，$\dot{E}_c$ の位相は $\dot{E}_b$ よりさらに $2\pi/3$〔rad〕遅れた位相になっている．このように，三相起電力の位相の順序を**相順**（phase sequence）または**相回転**（phase rotation）といい，a 相 → b 相 → c 相の順に遅れている場合の相順は abc であるという．

3. 三相起電力の記号式

図 8･4 は，e_a，e_b，e_c の三相起電力の実効値 $\dot{E}_a$，$\dot{E}_b$，$\dot{E}_c$ をベクトル図で表したものである．

いま，$|\dot{E}_a|=|\dot{E}_b|=|\dot{E}_c|=E$ として，$\dot{E}_a$，$\dot{E}_b$，$\dot{E}_c$ を記号式で表すと

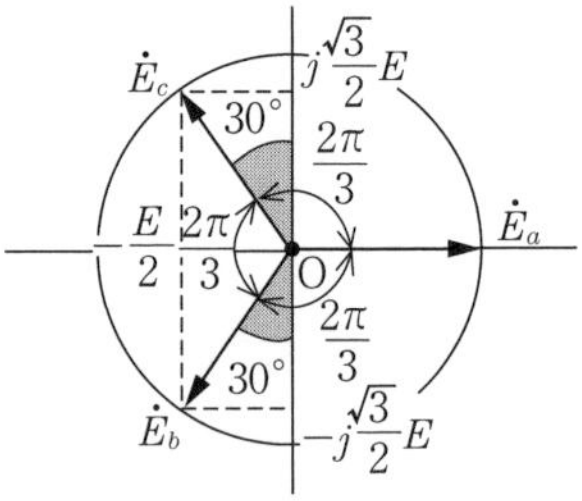

図 8・4 三相起電力のベクトル

三相起電力の直交座標表示（rectangular form）

$$\left.\begin{aligned}
\dot{\boldsymbol{E}}_a&=\boldsymbol{E}\quad(\text{基準})\\
\dot{\boldsymbol{E}}_b&=\boldsymbol{E}\left(\cos\frac{2\pi}{3}-j\sin\frac{2\pi}{3}\right)=\boldsymbol{E}\left(-\frac{1}{2}-j\frac{\sqrt{3}}{2}\right)\\
\dot{\boldsymbol{E}}_c&=\boldsymbol{E}\left(\cos\frac{4\pi}{3}-j\sin\frac{4\pi}{3}\right)=\boldsymbol{E}\left(-\frac{1}{2}+j\frac{\sqrt{3}}{2}\right)
\end{aligned}\right\}\qquad(8\cdot7)$$

で表すことができる．また，式（8･7）を極座標表示で表すと

三相起電力の極座標表示（polar form）

$$\left.\begin{aligned} \dot{\boldsymbol{E}}_a &= \boldsymbol{E} \quad （基準） \\ \dot{\boldsymbol{E}}_b &= \boldsymbol{E}e^{-j\frac{2\pi}{3}} = \boldsymbol{E}\angle -\frac{2\pi}{3} \\ \dot{\boldsymbol{E}}_c &= \boldsymbol{E}e^{-j\frac{4\pi}{3}} = \boldsymbol{E}\angle -\frac{4\pi}{3} \end{aligned}\right\} \qquad (8・8)$$

三相交流回路では，式（8･7），（8･8）をさらに，簡単にするために，$e^{j(2\pi)/3}$ の代わりに $\boldsymbol{a}$ **（ベクトルオペレータ）**を用いる．

いま，**オイラーの公式**（Euler's formula）の $e^{j\theta}=\cos\theta+j\sin\theta$ を用い

$$\boldsymbol{a}=e^{j\frac{2\pi}{3}}=\cos\frac{2\pi}{3}+j\sin\frac{2\pi}{3}=-\frac{1}{2}+j\frac{\sqrt{3}}{2}$$

とすると　(8・9)

$$\boldsymbol{a}^2=\left(-\frac{1}{2}+j\frac{\sqrt{3}}{2}\right)\left(-\frac{1}{2}+j\frac{\sqrt{3}}{2}\right)=-\frac{1}{2}-j\frac{\sqrt{3}}{2}$$

となるので，次式で表すことができる．

$$\dot{\boldsymbol{E}}_a=\boldsymbol{E}\angle 0=\boldsymbol{E},\quad \dot{\boldsymbol{E}}_b=\boldsymbol{E}\angle -\frac{2\pi}{3}=\boldsymbol{a}^2\boldsymbol{E},\quad \dot{\boldsymbol{E}}_c=\boldsymbol{E}\angle\frac{2\pi}{3}=\boldsymbol{a}\boldsymbol{E} \qquad (8・10)$$

このように，$a=\cos 2\pi/3+j\sin 2\pi/3$ を表すので，a を掛けることによって，ベクトルの位相を $2\pi/3$〔rad〕$=120°$ 進ませることになる．このために，a を $2\pi/3$〔rad〕の位相を進める**ベクトルオペレータ**という．

また，次の関係がある．

$$\boldsymbol{a}^3=1,\qquad a^2=\frac{a^2}{1}=\frac{a^2}{a^3}=a^{-1},\qquad \boldsymbol{1+a+a^2=0}$$

したがって，三つの起電力 $\dot{E}_a$，$\dot{E}_b$，$\dot{E}_c$ の和は 0 になる．すなわち

$$\dot{\boldsymbol{E}}_a+\dot{\boldsymbol{E}}_b+\dot{\boldsymbol{E}}_c=E+a^2E+aE=(\boldsymbol{1+a+a^2})\boldsymbol{E=0}$$

例題 1　実効値 200 V の対称三相起電力を，次の方法によって表せ．ただし，相順を abc とする．

（a）　瞬時値を表す式

（b）　（1）直交座標法，と（2）極座標法

解　（a）　$e_a=200\sqrt{2}\sin\omega t$〔V〕，　$e_b=200\sqrt{2}\sin\left(\omega t-\frac{2\pi}{3}\right)$〔V〕，

$$e_c = 200\sqrt{2}\sin\left(\omega t - \frac{4\pi}{3}\right)〔\mathrm{V}〕$$

(b)　(1)　直交座標法

$$\dot{E}_a = \mathbf{200}〔\mathbf{V}〕$$

$$\dot{E}_b = a^2 E = \left(-\frac{1}{2} - j\frac{\sqrt{3}}{2}\right)200 = \mathbf{-100 - j100\sqrt{3}}〔\mathbf{V}〕$$

$$\dot{E}_c = aE = \left(-\frac{1}{2} + j\frac{\sqrt{3}}{2}\right)200 = \mathbf{-100 + j100\sqrt{3}}〔\mathbf{V}〕$$

(2)　極座標法

$$\dot{E}_a = \mathbf{200}〔\mathbf{V}〕,\quad \dot{E}_b = \mathbf{200\angle -\frac{2\pi}{3}}〔\mathbf{rad}〕〔\mathbf{V}〕,\quad \dot{E}_c = \mathbf{200\angle \frac{2\pi}{3}}〔\mathbf{rad}〕〔\mathbf{V}〕$$

8・2　三相結線と電圧・電流の関係

1. Y結線（星形結線）

図 8•5(a) のように，対称三相起電力の電源の各相に，$\dot{Z} = Z\angle\theta$ のインピーダンス負荷を接続すると，各相に流れる電流 $\dot{I}_a$，$\dot{I}_b$，$\dot{I}_c$ は，それぞれ単相交流のときと同様に

$$\left.\begin{aligned} \dot{\boldsymbol{I}}_a &= \frac{\dot{E}_a}{\dot{Z}} = \frac{\dot{E}_a}{Z\angle\theta} = \frac{\dot{\boldsymbol{E}}_a}{\boldsymbol{Z}}\angle\boldsymbol{-\theta} \\ \dot{\boldsymbol{I}}_b &= \frac{\dot{E}_b}{\dot{Z}} = \frac{\dot{E}_b}{Z\angle\theta} = \frac{\dot{\boldsymbol{E}}_b}{\boldsymbol{Z}}\angle\boldsymbol{-\theta} \\ \dot{\boldsymbol{I}}_c &= \frac{\dot{E}_c}{\dot{Z}} = \frac{\dot{E}_c}{Z\angle\theta} = \frac{\dot{\boldsymbol{E}}_c}{\boldsymbol{Z}}\angle\boldsymbol{-\theta} \end{aligned}\right\} \qquad (8\cdot11)$$

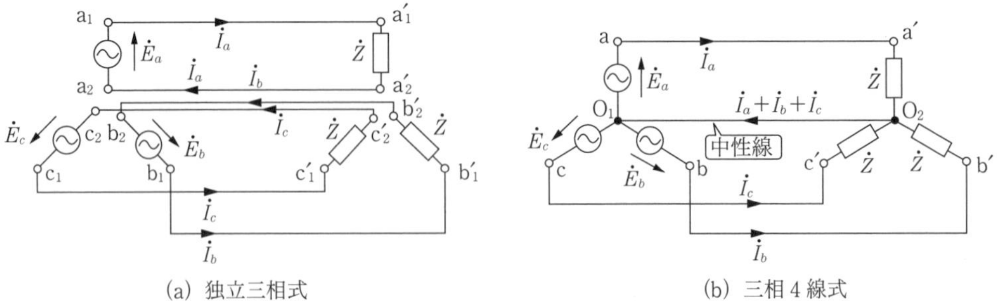

図 8・5　三相 4 線式

となり，各相の起電力 $\dot{E}_a$，$\dot{E}_b$，$\dot{E}_c$ より，それぞれ θ ずつ遅れた対称三相交流電流が流れる．図 8･5(a) のように，6 本の線路によって電源と負荷が接続され，三相の各相が独立した回路の方式を**独立三相式**という．

しかし，この方式は，実際には不経済であるために用いられない．

図 8･5(a) において，a_2-a_2'，b_2-b_2'，c_2-c_2' の 3 本の線は電流の帰線であるので，$a_2b_2c_2$ を結んで O_1 端子，$a_2'b_2'c_2'$ を結んで O_2 端子として，図(b) のように O_1 と O_2 を 1 本の線で結ぶと，この線には，$\dot{I}_a$，$\dot{I}_b+\dot{I}_c$ の合成電流が流れるようになる．このように，4 本の線を用いて三相電力を送る方式を**三相 4 線式** (three-phase four wire system) といい，O_1-O_2 線を中性線 (neutral conductor) という．

いま，$\dot{I}_a+\dot{I}_b+\dot{I}_c$ の各電流は，大きさが等しく互いに $2\pi/3$〔rad〕の位相差のある対称三相交流電流であるので，中性線に流れる合成電流は

$$\dot{\boldsymbol{I}}_a+\dot{\boldsymbol{I}}_b+\dot{\boldsymbol{I}}_c=\boldsymbol{0} \qquad (8・12)$$

となるので，中性線を省略してもよい．このようにしてできた**図 8･6** のような結線法を Y **結線** (Y connection) または**星形結線** (star connection) という．

発生した三相交流の起電力を各相ごとに負荷に接続すると，合計 6 本の電線が必要であるが，このように結線することによって 3 本の電線でつなぐことができ経済的でもある．

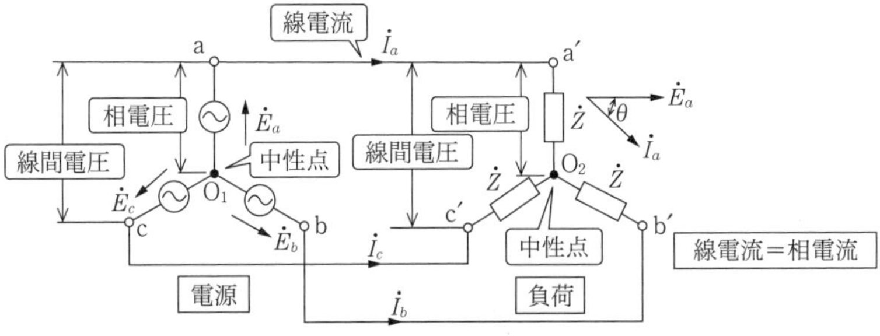

図 8・6　Y結線（星形結線）三相 3 線式

なお，図 8･6 のように 3 本の線で電力を送る方式を**三相 3 線式** (three-phase three wire system) といい，最も多く用いられている方式である．図 8･6 に示すように，電源の各相の電圧や負荷の各インピーダンスの電圧を**相電圧** (phase voltage) といい，電源の a，b，c 各端子間，または負荷の a′，b′，c′ 各端子間

の電圧を**線間電圧**（line voltage）という．また，各相に流れる電流を**相電流**（phase current），電源と負荷を結んでいる各線に流れる電流を**線電流**（line current）という．さらに，三つの巻線または負荷を一緒に結んだ点 O_1，O_2 を**中性点**（neutral point）という．

〔a〕 相電圧と線間電圧の関係

図8･7(a) のように，電源の各相の起電力を $\dot{E}_a$，$\dot{E}_b$，$\dot{E}_c$，各端子間の線間電圧を $\dot{V}_{ab}$，$\dot{V}_{bc}$，$\dot{V}_{ca}$ とする．

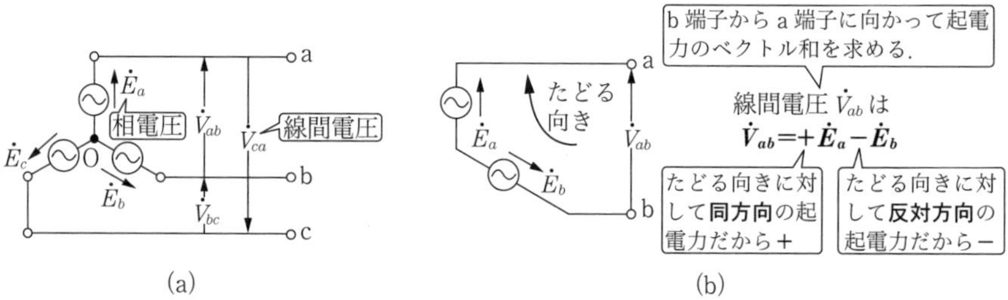

図 8・7　Y結線の線間電圧と相電圧

まず，端子 a-b 間の線間電圧 $\dot{V}_{ab}$ は，図(b) のように，a-b 間には，端子 b から端子 a に向かって，$+\dot{E}_a-\dot{E}_b$ の二つの起電力が含まれている．すなわち，端子 b から端子 a に向かって（$+\dot{E}_a-\dot{E}_b$）という合成起電力が生じている．

したがって，Y結線の線間電圧と相電圧の間には

$$\left.\begin{aligned}\dot{V}_{ab}&=\dot{E}_a-\dot{E}_b\\ \dot{V}_{bc}&=\dot{E}_b-\dot{E}_c\\ \dot{V}_{ca}&=\dot{E}_c-\dot{E}_a\end{aligned}\right\} \qquad (8\cdot13)$$

が成り立つ．これをベクトル図で示すと，**図8･8** のようになる．

図8･8 のベクトル図からわかるように，電源の相電圧 $\dot{E}_a$，$\dot{E}_b$，$\dot{E}_c$ が対称三相電圧であれば，線間電圧 $\dot{V}_{ab}$，$\dot{V}_{bc}$，$\dot{V}_{ca}$ も対称三相電圧となり，その位相は $\dot{E}_a$，$\dot{E}_b$，$\dot{E}_c$ よりそれぞれ $\pi/6$〔rad〕（30°）進んだベクトルとなる．

また，線間電圧と相電圧の大きさの関係は，図8･8(a) のベクトル図から求まる．すなわち，a 相では，$V_{ab}=2l$ とすると

$$l=E_a\cos\frac{\pi}{6}$$

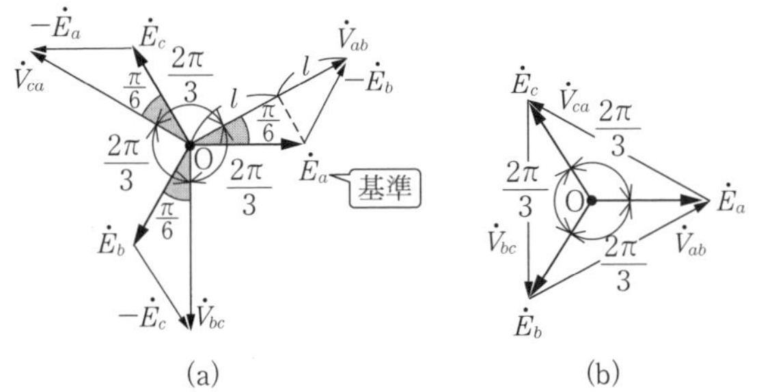

図 8・8　線間電圧と相電圧のベクトル

$$V_{ab}=2l=2\times E_a\cos\frac{\pi}{6}=2\times E_a\times\frac{\sqrt{3}}{2}=\sqrt{3}\,E_a$$

となる．

したがって，$|\dot{E}_a|=|\dot{E}_b|=|\dot{E}_c|=E$，　$|\dot{V}_{ab}|=|\dot{V}_{bc}|=|\dot{V}_{ca}|=V$ とすれば

> **Y結線の線間電圧と相電圧の大きさの関係は**
>
> $\boldsymbol{V=\sqrt{3}\times E}$
>
> **線間電圧＝$\sqrt{3}$×（相電圧）**　　(8・14)
>
> $\boldsymbol{\dot{V}=\sqrt{3}\,E\angle\frac{\pi}{6}}$　（極座標表示で表した場合）

〔**b**〕　**相電流と線電流の関係**

図 8•9 のような平衡三相回路において，電源に流れる相電流は，そのまま線電流となる．すなわち

> **相電流＝線電流**

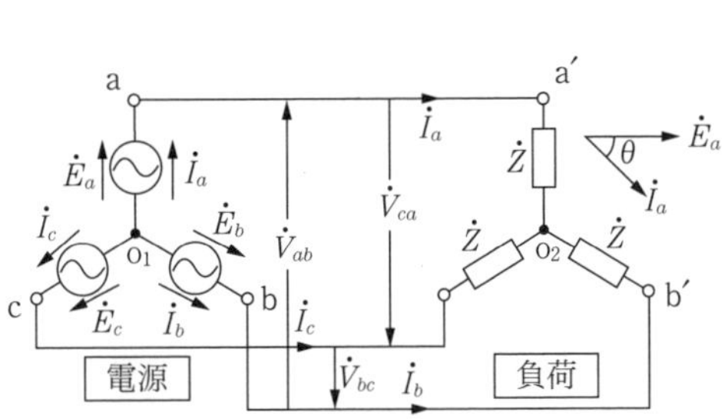

図 8・9　Y結線の相電流と線電流

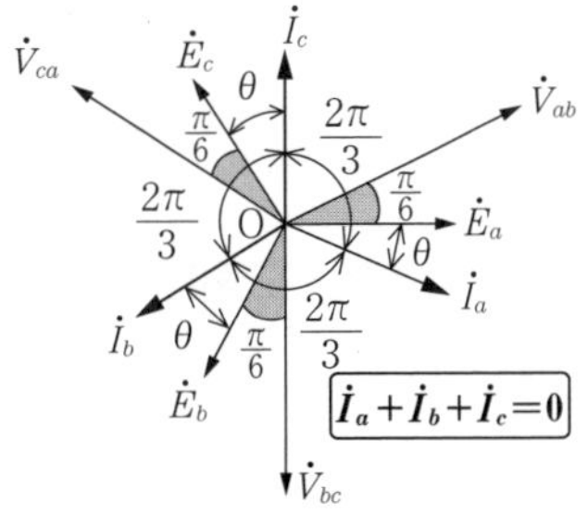

図 8・10　Y結線の相ベクトル

になる．各相電流 $\dot{I}_a$，$\dot{I}_b$，$\dot{I}_c$ は，それぞれの相電圧より力率角 θ だけ遅れて流れ，そのベクトル図は，**図 8･10** のようになる．

例題 2　図 8･9 において，$\dot{E}_a=100$〔V〕，$\dot{Z}=8+j6$〔Ω〕とすれば線電流および線間電圧の大きさはそれぞれいくらか．

解　線電流 I〔A〕は

$$I=\frac{E}{Z}=\frac{100}{\sqrt{8^2+6^2}}=\frac{100}{10}=10\text{〔A〕}$$

線間電圧 V〔V〕は

$$V=\sqrt{3}E=\sqrt{3}\times100=173.2\text{〔V〕}$$

例題 3　**図 8･11** のような平衡三相回路において，線電流 I〔A〕はいくらか．

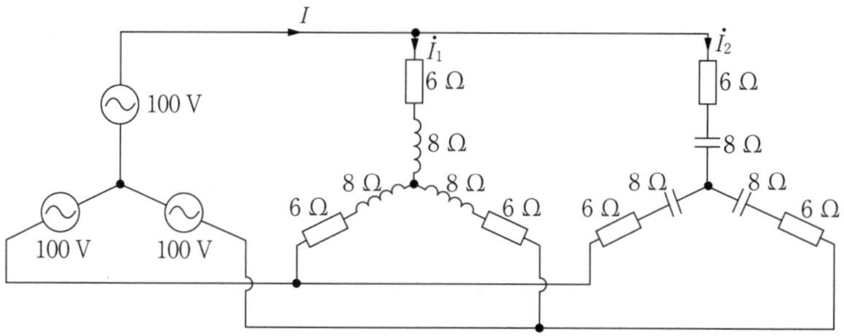

図 8・11

解　Y結線負荷の一相について考えると，線電流 $\dot{I}$ は両負荷回路の電流 $\dot{I}_1$ と $\dot{I}_2$ のベクトル和として求めることができる．

$$\dot{\boldsymbol{I}}=\dot{I}_1+\dot{I}_2=\frac{100}{6+j8}+\frac{100}{6-j8}$$

$$=100\times\frac{(6-j8)}{(6+j8)(6-j8)}+100\times\frac{(6+j8)}{(6-j8)(6+j8)}$$

$$=100\times\frac{12}{6^2+8^2}=\mathbf{12\text{〔A〕}}$$

2．△結線（三角結線）

図 8･12 のように，6 本の線を用いて三相の各相が独立した回路になるようにして，その各相に $\dot{Z}=Z\angle\theta$ の負荷インピーダンスを接続すれば，各負荷に流れる電流 $\dot{I}_a'$，$\dot{I}_b'$，$\dot{I}_c'$ は，それぞれの電源の各相に流れる電流に等しい．この電流

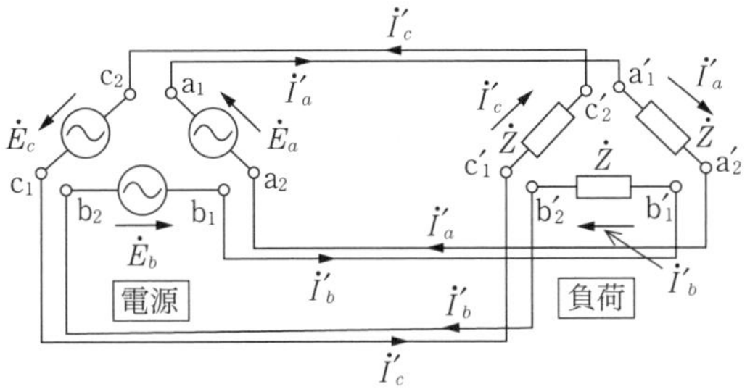

図 8・12　△結線

は，電源の相電圧 $\dot{E}_a$，$\dot{E}_b$，$\dot{E}_c$ より位相が θ だけ遅れるから式（8･15）となる．

$$\left.\begin{aligned}\dot{\boldsymbol{I}}_a{}'=\frac{\dot{\boldsymbol{E}}_a}{\dot{\boldsymbol{Z}}}=\frac{\dot{\boldsymbol{E}}_a}{\boldsymbol{Z}\angle\boldsymbol{\theta}}=\frac{\dot{\boldsymbol{E}}_a}{\boldsymbol{Z}}\angle-\boldsymbol{\theta}\\ \dot{\boldsymbol{I}}_b{}'=\frac{\dot{\boldsymbol{E}}_b}{\dot{\boldsymbol{Z}}}=\frac{\dot{\boldsymbol{E}}_b}{\boldsymbol{Z}\angle\boldsymbol{\theta}}=\frac{\dot{\boldsymbol{E}}_b}{\boldsymbol{Z}}\angle-\boldsymbol{\theta}\\ \dot{\boldsymbol{I}}_c{}'=\frac{\dot{\boldsymbol{E}}_c}{\dot{\boldsymbol{Z}}}=\frac{\dot{\boldsymbol{E}}_c}{\boldsymbol{Z}\angle\boldsymbol{\theta}}=\frac{\dot{\boldsymbol{E}}_c}{\boldsymbol{Z}}\angle-\boldsymbol{\theta}\end{aligned}\right\}\qquad(8\cdot15)$$

いま，a_1 と c_2，b_1 と a_2，c_1 と b_2 および a_1' と c_2'，b_1' と a_2'，c_1' と b_2' をそれぞれ接続し，**図 8･13** のように，電源および負荷インピーダンスを閉回路にして両者間を 3 本の線で接続しても，電源内を流れる電流および各負荷のインピーダンスを流れる電流は変わらない．したがって，三相 3 線式にして用いることができる．また，各線に流れる電流，すなわち，線電流 $\dot{I}_a$，$\dot{I}_b$，$\dot{I}_c$ は，正の方向を図のように電源 → 負荷の方向に定めれば，相電流 $\dot{I}_a'$，$\dot{I}_b'$，$\dot{I}_c'$ との間に，次式が成り立つ．

$$\dot{\boldsymbol{I}}_a=\dot{\boldsymbol{I}}_a{}'-\dot{\boldsymbol{I}}_c{}',\quad \dot{\boldsymbol{I}}_b=\dot{\boldsymbol{I}}_b{}'-\dot{\boldsymbol{I}}_a{}',\quad \dot{\boldsymbol{I}}_c=\dot{\boldsymbol{I}}_c{}'-\dot{\boldsymbol{I}}_b{}'\qquad(8\cdot16)$$

このように，電源の負荷が△形に接続する結線法を**△結線**（△ connection）

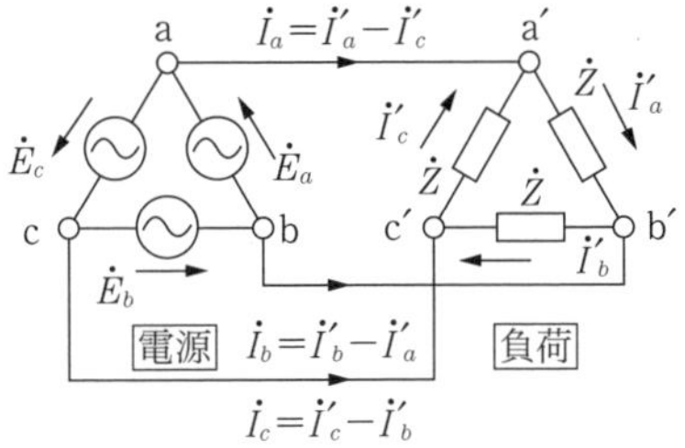

図 8・13　△結線の平衡三相回路

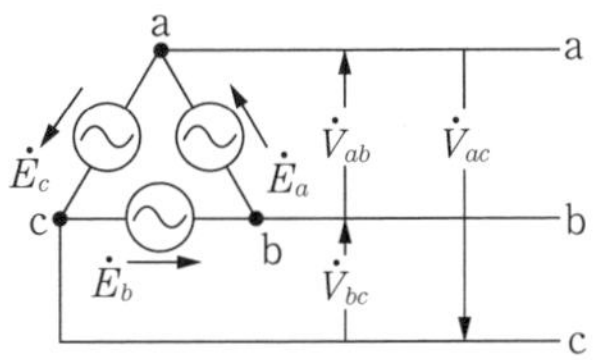

図 8・14　△結線の相電圧と線間電圧

または**三角結線**という.

〔a〕 相電圧と線間電圧の関係

電源の相電圧と線間電圧の正の方向を**図8•14**のように定めると

> **△結線の相電圧と線間電圧の間には**
>
> $\dot{\boldsymbol{V}}_{ab}=\dot{\boldsymbol{E}}_a,\quad \dot{\boldsymbol{V}}_{bc}=\dot{\boldsymbol{E}}_b,\quad \dot{\boldsymbol{V}}_{ca}=\dot{\boldsymbol{E}}_c$ (8・17)

の関係がある. すなわち, 相電圧はそのまま線間電圧となるから

> **相電圧＝線間電圧**

となり, この関係をベクトル図で描くと, **図8•15**のようになる.

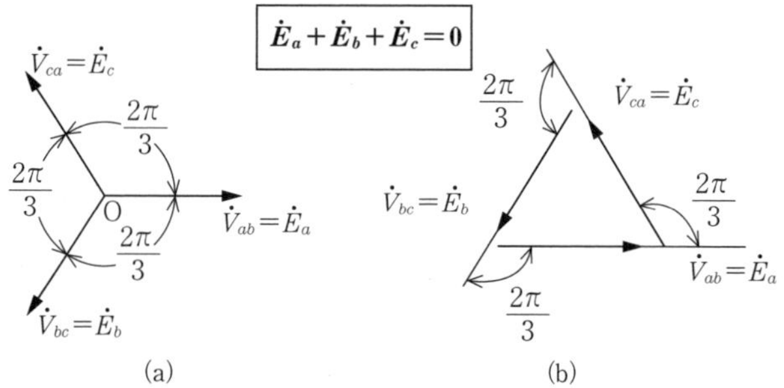

図 8・15 相電圧と線間電圧のベクトル

〔b〕 相電流と線電流の関係

図8•16のように, 電源と負荷が△結線された平衡三相回路の相電流 $\dot{I}_a'$, $\dot{I}_b'$, $\dot{I}_c'$ と線電流 $\dot{I}_a$, $\dot{I}_b$, $\dot{I}_c$ の関係を調べる.

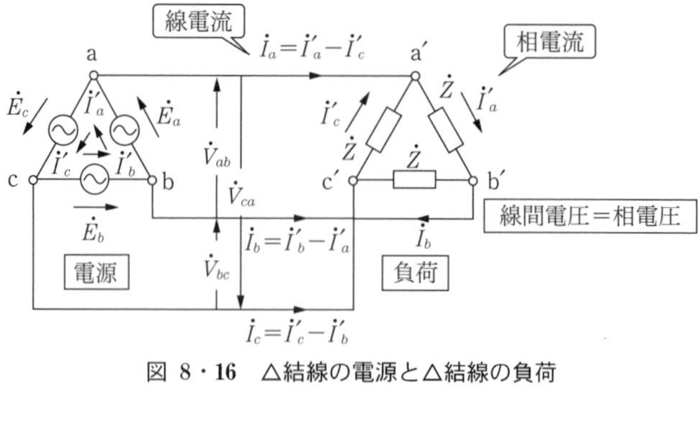

図 8・16 △結線の電源と△結線の負荷

いま，電流の正の方向を図の矢印で示したように定めて，接続点 a にキルヒホッフの第 1 法則を適用すると，次式が成り立つ．また，点 b，点 c についても同様に考えると

$$\dot{I}_a+\dot{I}_c{}'-\dot{I}_a{}'=0$$

$$\left.\begin{array}{l}\dot{\boldsymbol{I}}_a=\dot{\boldsymbol{I}}_a{}'-\dot{\boldsymbol{I}}_c{}'\\ \dot{\boldsymbol{I}}_b=\dot{\boldsymbol{I}}_b{}'-\dot{\boldsymbol{I}}_a{}', \quad \dot{\boldsymbol{I}}_c=\dot{\boldsymbol{I}}_c{}'-\dot{\boldsymbol{I}}_b{}'\end{array}\right\} \qquad (8\cdot18)$$

式（8･18）は，負荷の各点 a′，b′，c′ についても成り立つ．したがって，a 相の電流 $\dot{I}_a{}'$ を基準にしてベクトル図を描けば，**図 8･17**(a)，(b）のようになる．これらのベクトル図から，線電流 $\dot{I}_a$，$\dot{I}_b$，$\dot{I}_c$ は，大きさが同じで互いに 2π/3〔rad〕（120°）の位相差のある対称三相電流となることがわかる．

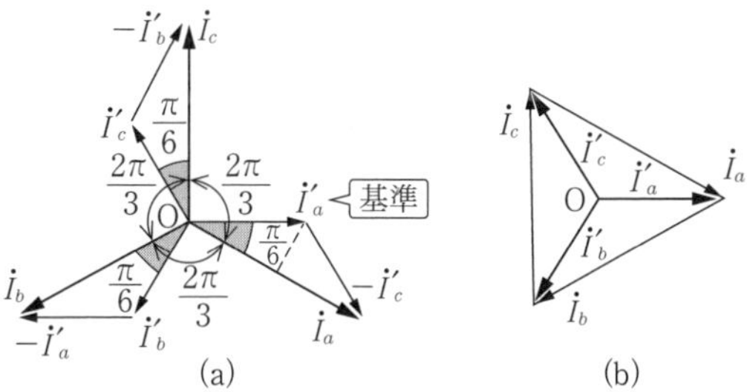

図 8・17　△結線の相電流と線電流のベクトル

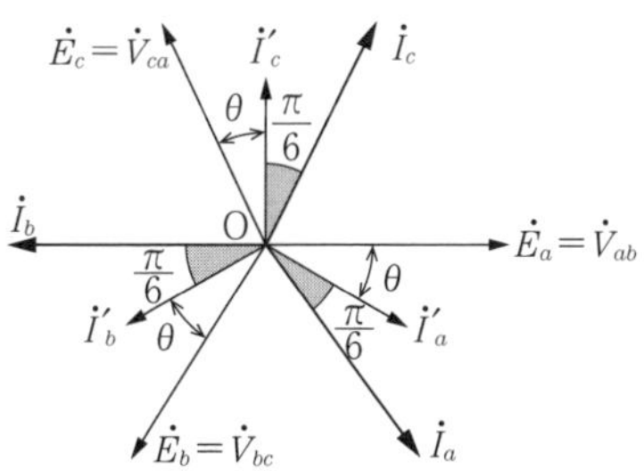

図 8・18　△結線の電圧，電流のベクトル

相電流と線電流の大きさの関係は，図 8･17(a）のベクトル図から求まる．すなわち，a 相では

$$I_a=2I_a{}'\cos\frac{\pi}{6}=\sqrt{3}\,I_a{}'$$

したがって，線電流 $|\dot{I}_a|=|\dot{I}_b|=|\dot{I}_c|=I$，相電流 $|\dot{I}_a{}'|=|\dot{I}_b{}'|=|\dot{I}_c{}'|=I'$ とすれば

△結線の線電流と相電流の大きさの関係は

$$\left.\begin{array}{l}\boldsymbol{I}=\sqrt{3}\,\boldsymbol{I}'\\ \textbf{線電流}=\sqrt{3}\times\textbf{相電流}\end{array}\right\} \qquad (8\cdot19)$$

となる．なお，線電流の位相は，相電流よりそれぞれ π/6〔rad〕遅れている．

また，負荷インピーダンス $\dot{Z}$ の力率角は θ であるので，各相電流 $\dot{I}_a{}'$，$\dot{I}_b{}'$，

$\dot{I}_c'$ は各相電圧（＝線間電圧）$\dot{V}_{ab}$，$\dot{V}_{bc}$，$\dot{V}_{ca}$ より θ だけ遅れる（**図8･18**）．

例題 4　図8･18において，$\dot{E}_a=210$〔V〕，$\dot{Z}=8+j6$〔Ω〕とすれば，相電流および線間電圧はいくらか．

解　相電流 $\boldsymbol{I_a'}=\dfrac{E_a}{Z}=\dfrac{210}{\sqrt{8^2+6^2}}=\dfrac{210}{10}=\mathbf{21}$〔**A**〕

線電流 $\boldsymbol{I_a}=\sqrt{3}\,I_a'=\sqrt{3}\times 21\fallingdotseq\mathbf{36.3}$〔**A**〕

線間電圧 $\boldsymbol{V_{ab}}=E_a=\mathbf{210}$〔**V**〕

例題 5　**図8･19**のような平衡三相回路において，線電流 I〔A〕の大きさはいくらか．

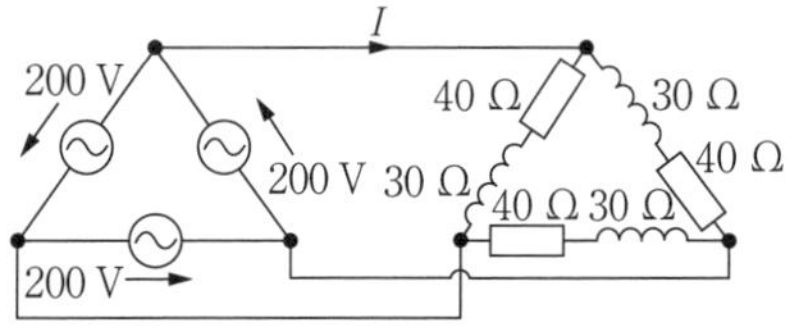

図 8・19

解　相電流 $\boldsymbol{I_a'}=\dfrac{E_a}{Z}=\dfrac{200}{\sqrt{40^2+30^2}}=\dfrac{200}{50}=\mathbf{4}$〔**A**〕

線電流 $\boldsymbol{I_a}=\sqrt{3}\,I_a'=\sqrt{3}\times 4\fallingdotseq\mathbf{6.9}$〔**A**〕

8・3　三相電力と負荷・電源のY-△変換

1.　三相電力

三相電力は，各相電力の和で表される．各相電圧を V'〔V〕，各相電流を I'〔A〕，相電圧と相電流の位相差を θ〔rad〕とすれば，電力 $V'I'\cos\theta$〔W〕の単相回路が三つあることと等価である．したがって，三相電力 P は，

$$P=3V'I'\cos\theta\,〔\mathrm{W}〕\qquad(8・20)$$

〔a〕　Y結線負荷の三相電力

図8･20のようなY結線負荷においては，線間電圧を V〔V〕，線電流を I〔A〕とし，相電圧を V'〔V〕，相電流を I'〔A〕とすれば

$$V=\sqrt{3}\,V',\qquad I=I'\qquad(8・21)$$

式（8･21）を式（8･20）に代入すると，三相電力 P は次式となる．

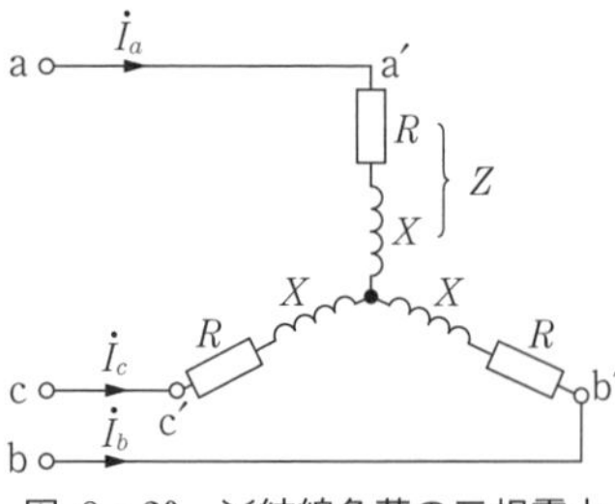

図 8・20　Y結線負荷の三相電力

$$P=3\times\frac{1}{\sqrt{3}}VI\cos\theta=\sqrt{3}\,VI\cos\theta\,〔\mathrm{W}〕\qquad(8\cdot22)$$

$V=\sqrt{3}\,IZ$，$\cos\theta=R/Z$ を用いると

$$\boldsymbol{P=\sqrt{3}\times\sqrt{3}\,IZ\times\frac{R}{Z}=3I^2R}\,〔\mathbf{W}〕\qquad(8\cdot23)$$

〔b〕　△結線負荷の三相電力

図8•21 のような△結線負荷において

$$V=V',\qquad I=\sqrt{3}\,I'\qquad(8\cdot24)$$

式（8•24）を式（8•20）に代入すると，三相電力 P は式（8•25）となる．

$$P=3V\frac{1}{\sqrt{3}}I\cos\theta$$
$$=\sqrt{3}\,VI\cos\theta\,〔\mathrm{W}〕\qquad(8\cdot25)$$

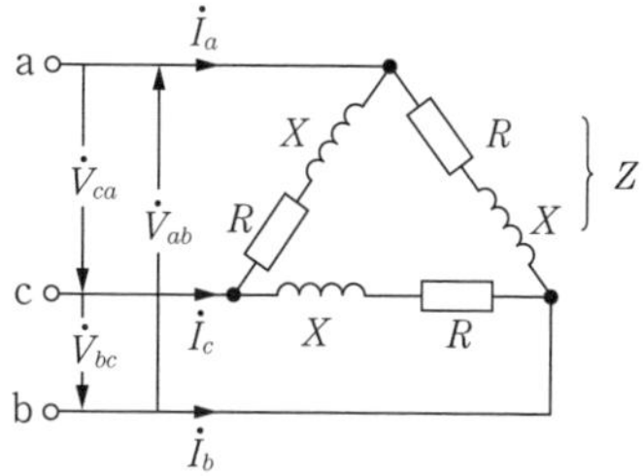

図 8・**21**　△結線負荷の三相電力

式（8•22）と式（8•25）の結果から，三相電力は，負荷の結線法には関係なく

$$\textbf{三相電力}\ \boldsymbol{P=3V\frac{1}{\sqrt{3}}I\cos\theta=\sqrt{3}\,VI\cos\theta}\,〔\mathbf{W}〕\qquad(8\cdot26)$$

ただし，V は線間電圧〔V〕，I は線電流〔A〕とし，θ は，負荷の力率角，すなわち，相電圧と相電流の位相差である．

また，三相の皮相電力 S，無効電力 Q は次式となる．

$$\begin{aligned}&\textbf{三相の皮相電力}\ \boldsymbol{S=\sqrt{3}\,VI}\,〔\mathbf{VA}〕\\&\textbf{三相の無効電力}\ \boldsymbol{Q=\sqrt{3}\,VI\sin\theta}\,〔\mathbf{var}〕\end{aligned}\qquad(8\cdot27)$$

例題 6　**図8•22** のような 60 kW の三相平衡負荷がある．

X〔Ω〕はいくらか．

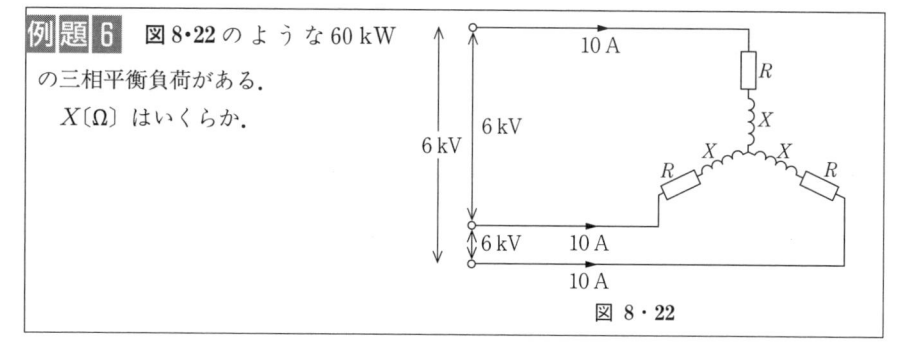

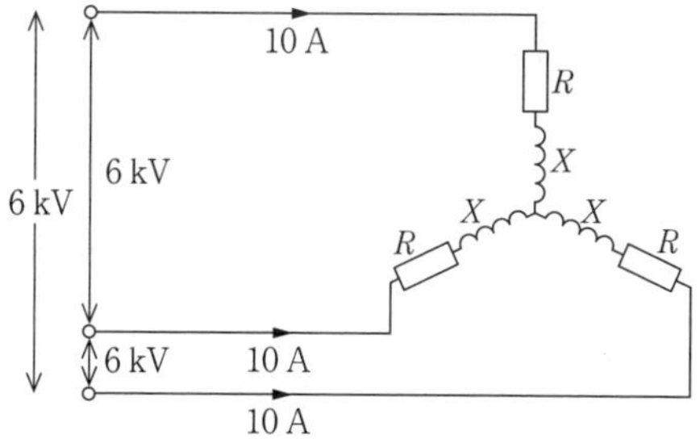

図 8・**22**

解　相電圧 $\dot{E}_a$ の大きさ E_a は線間電圧の $1/\sqrt{3}$ であるので，$E_a=6\,000/\sqrt{3}$〔V〕となる．$\dot{E}_a$ を基準ベクトルとして，単相回路を考えると，**図 8・23** のようになる．

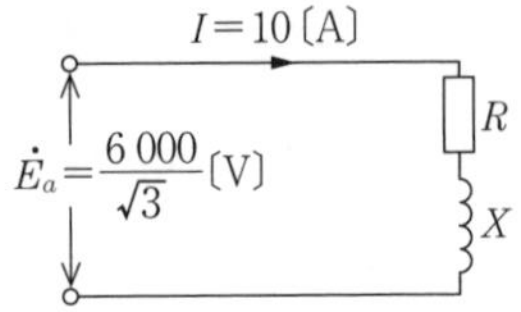

図 8・23

回路の合成インピーダンス $\dot{Z}$ の大きさ Z は

$$Z=\sqrt{R^2+X^2}〔\Omega〕\cdots\cdots①$$

また

$$Z=\frac{\frac{6\,000}{\sqrt{3}}}{10}=\frac{600}{\sqrt{3}}〔\Omega〕\cdots\cdots②$$

一相の消費電力 P は

$$P=I^2\times R=10^2\times R=\frac{60\,000}{3}=20\,000〔W〕\cdots\cdots③$$

式③より

$$R=\frac{20\,000}{10^2}=200〔\Omega〕\cdots\cdots④$$

式①，②より

$$\sqrt{R^2+X^2}=\frac{600}{\sqrt{3}}\cdots\cdots⑤$$

式⑤に式④を代入すると

$$\sqrt{200^2+X^2}=\frac{600}{\sqrt{3}}$$

$$\boldsymbol{X}=\sqrt{\left(\frac{600}{\sqrt{3}}\right)^2-200^2}=\sqrt{120\,000-40\,000}\fallingdotseq\mathbf{283〔\Omega〕}$$

例題 7　**図 8・24** のような平衡三相回路において，負荷の全消費電力〔kW〕の値はいくらか．

ただし，図中の $\angle\frac{\pi}{6}$ は $\cos\left(\frac{\pi}{6}\right)+j\sin\left(\frac{\pi}{6}\right)$ を表す．

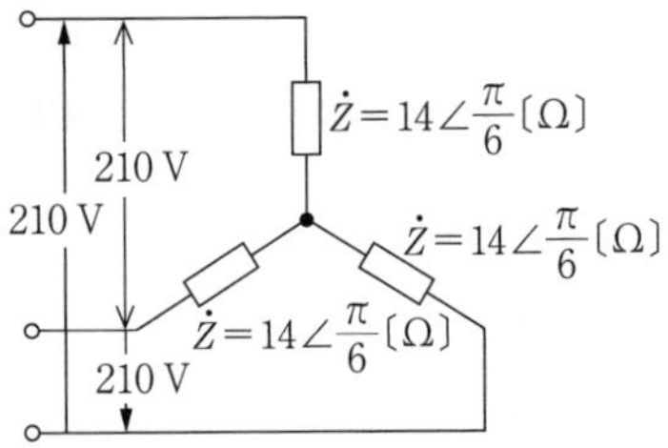

図 8・24

解　線間電圧$=V$〔V〕，線電流$=I$〔A〕，力率$=\cos\theta$ とすると，平衡三相負荷の三相電力 P は

$$P=\sqrt{3}\,VI\cos\theta〔W〕\cdots\cdots①$$

で表される．本問の場合は

$$V=210〔\mathrm{V}〕,\quad I=\frac{210}{\sqrt{3}}\times\frac{1}{Z}=\frac{210}{\sqrt{3}}\times\frac{1}{14},\quad \cos\theta=\cos\left(\frac{\pi}{6}\right)=0.866$$

であるので，これらを式①に代入すると

$$\boldsymbol{P}=\sqrt{3}\times210\times210/\sqrt{3}\times1/14\times0.866$$
$$\fallingdotseq 2\,728〔\mathrm{W}〕\fallingdotseq \mathbf{2.73〔kW〕}$$

例題 8　**図 8･25** の三相平衡回路において，消費される電力〔kW〕はいくらか．

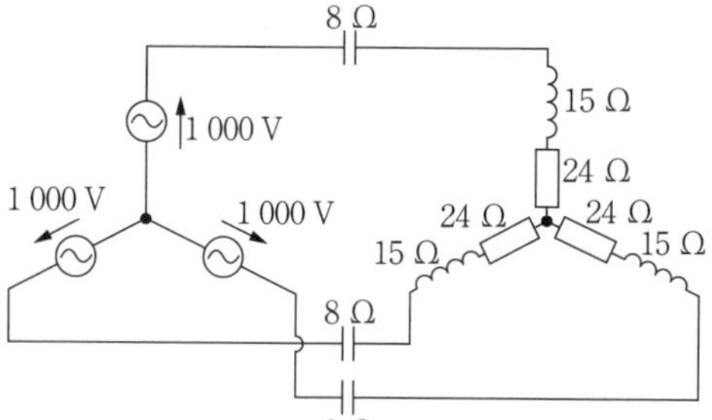

図 8・25

解　与えられた図のY形一相だけの単相回路を描くと，**図 8･26** のようになる．

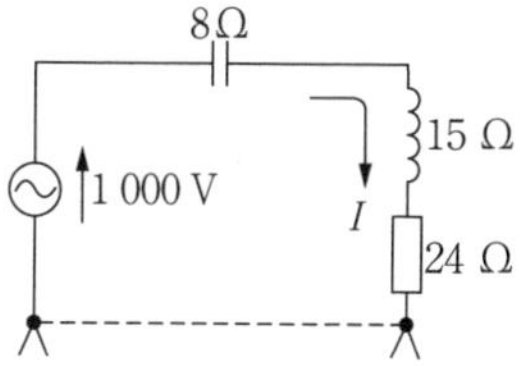

図 8・26

一相分のインピーダンス $\dot{Z}$ は，図より

$$\dot{Z}=24+j(15-8)=24+j7〔\Omega〕$$

したがって，$\dot{Z}$ の大きさ Z は

$$Z=\sqrt{24^2+7^2}=25〔\Omega〕$$

となる．線電流 I の大きさは

$$I=\frac{1\,000}{Z}=\frac{1\,000}{25}=40〔\mathrm{A}〕$$

となり，消費される三相電力 P は一相分の電力を 3 倍すればよいので

$$\boldsymbol{P}=3\times I^2\times R=3\times40^2\times24=115\,200〔\mathrm{W}〕=\mathbf{115.2〔kW〕}$$

となる．

2. 負荷のY-△等価変換

図 8･27(a) のY結線の三相負荷と，図(b) の△結線の三相負荷が等価であるためには，それぞれ相対応する三端子（例えば a-c 間と a′-c′ 間）のインピーダンスが等しくなければならない．

いま，a-b 間からみたインピーダンスを $\dot{Z}_{ab}$，a′-b′ 間からみたインピーダンスを $\dot{Z}_{a'b'}$ とすれば，$\dot{Z}_{ab}$，$\dot{Z}_{a'b'}$ はそれぞれ

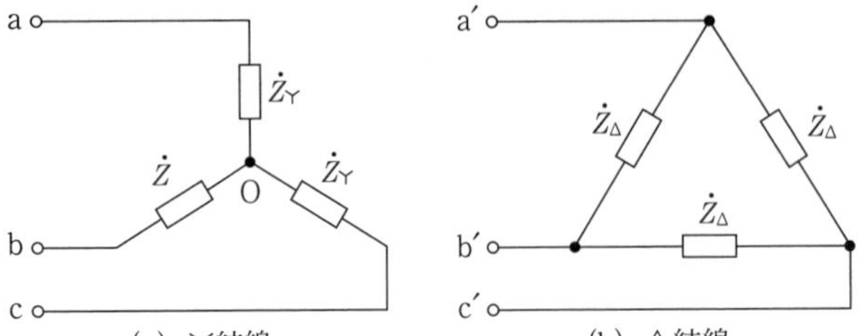

(a) Y結線　　(b) △結線

図 8・27　Y－△等価変換

$$\left.\begin{aligned}\dot{Z}_{ab}&=\dot{Z}_{Y}+\dot{Z}_{Y}=2\dot{Z}_{Y}\\ \dot{Z}_{a'b'}&=\frac{\dot{Z}_{\triangle}(\dot{Z}_{\triangle}+\dot{Z}_{\triangle})}{\dot{Z}_{\triangle}+(\dot{Z}_{\triangle}+\dot{Z}_{\triangle})}=\frac{2\dot{Z}_{\triangle}{}^{2}}{3\dot{Z}_{\triangle}}=\frac{2\dot{Z}_{\triangle}}{3}\end{aligned}\right\} \qquad (8\cdot 28)$$

となるので，$\dot{Z}_{ab}$ と $\dot{Z}a'b'$ が等しくなるためには，この両者を等しいとおいて

$$2\dot{Z}_{Y}=\frac{2\dot{Z}_{\triangle}}{3}$$

$$\therefore\quad \boldsymbol{\dot{Z}_{Y}=\frac{\dot{Z}_{\triangle}}{3}}\quad \text{または}\quad \boldsymbol{\dot{Z}_{\triangle}=3\,\dot{Z}_{Y}} \qquad (8\cdot 29)$$

この結果から，負荷を△結線から等価のY結線に等価変換するには，各相のインピーダンスを1/3倍し，逆にY結線を等価の△結線に変換するには，各相のインピーダンスを3倍にすればよいことになる．**図8・28**は，この関係を図に示したものである．

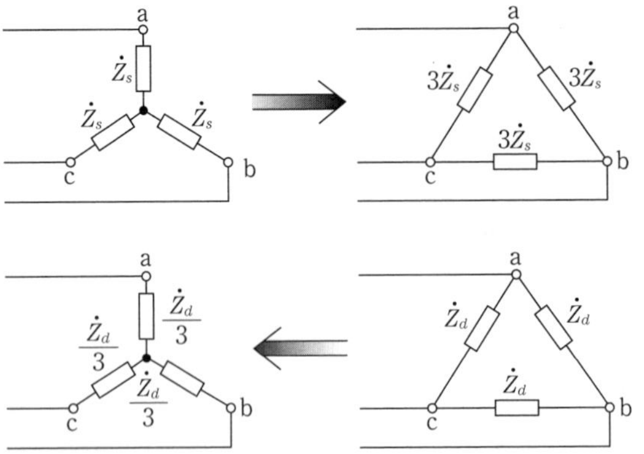

図 8・28　負荷のY－△，△－Y等価変換

例題 9　**図 8・29** のような平衡三相回路がある．線電流 I〔A〕はいくらか．

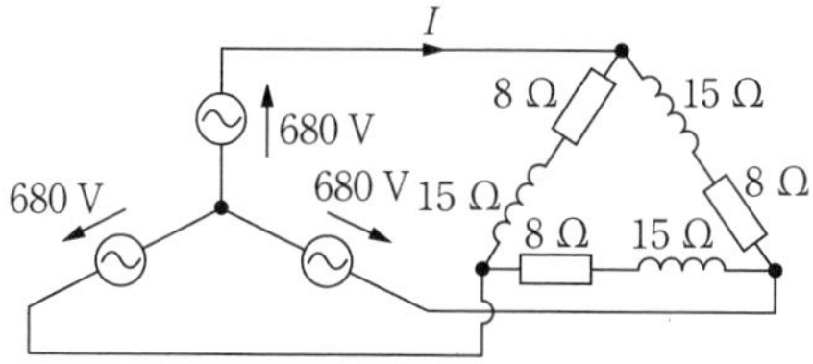

図 8・29

解　負荷の△結線をY結線に等価変換すると，**図 8・30** のようになり，一相だけの単相回路を描くと，**図 8・31** のようになる．

図 8・31 より，線電流 I は

$$\boldsymbol{I}=\frac{680}{\sqrt{\left(\frac{8}{3}\right)^2+\left(\frac{15}{3}\right)^2}}=\frac{680}{\sqrt{\frac{64}{9}+\frac{225}{9}}}=\frac{680}{\sqrt{\frac{289}{9}}}=\frac{680}{\frac{17}{3}}=\mathbf{120〔A〕}$$

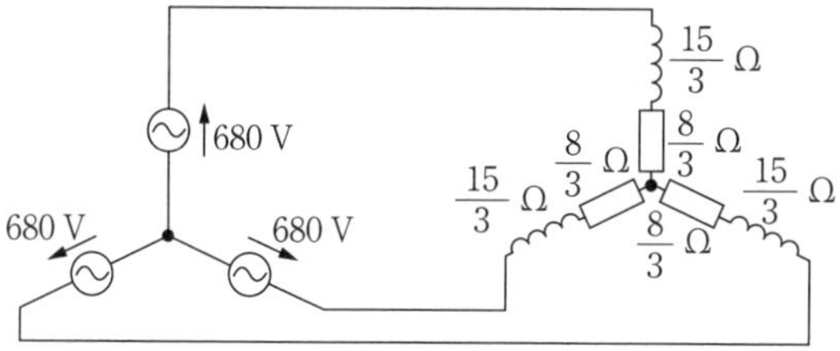

図 8・30

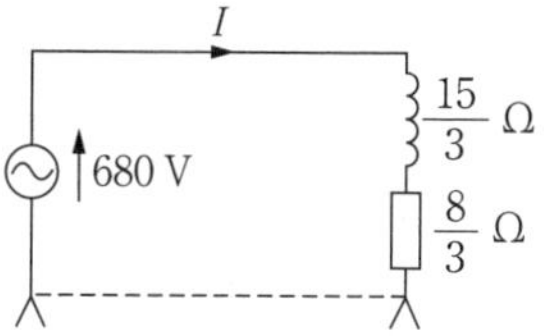

図 8・31

3. 電源のY-△等価変換

Y結線の電源を，これと等価の△結線の電源に等価変換するには，△結線の各相電圧をY結線の各線間電圧に等しい電圧にすればよい．すなわち，**図 8・32** のように，△結線の相電圧 $\dot{E}_a'$，$\dot{E}_b'$，$\dot{E}_c'$ はそれぞれ次のようにすればよい．

$$\left.\begin{aligned}\dot{\boldsymbol{E}}_a'&=\dot{\boldsymbol{V}}_{ab}=\sqrt{3}\,\dot{\boldsymbol{E}}_a\angle\left(\frac{\pi}{6}\right)\\ \dot{\boldsymbol{E}}_b'&=\dot{\boldsymbol{V}}_{bc}=\sqrt{3}\,\dot{\boldsymbol{E}}_b\angle\left(\frac{\pi}{6}\right)\\ \dot{\boldsymbol{E}}_c'&=\dot{\boldsymbol{V}}_{ca}=\sqrt{3}\,\dot{\boldsymbol{E}}_c\angle\left(\frac{\pi}{6}\right)\end{aligned}\right\}\qquad(8\cdot30)$$

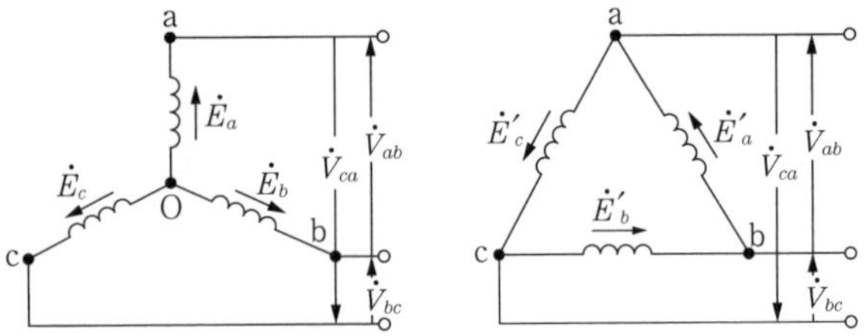

図 8・32　電源の Y－△等価変換

例題10　**図8・33**のような平衡三相回路において，線電流 I〔A〕の値はいくらか．

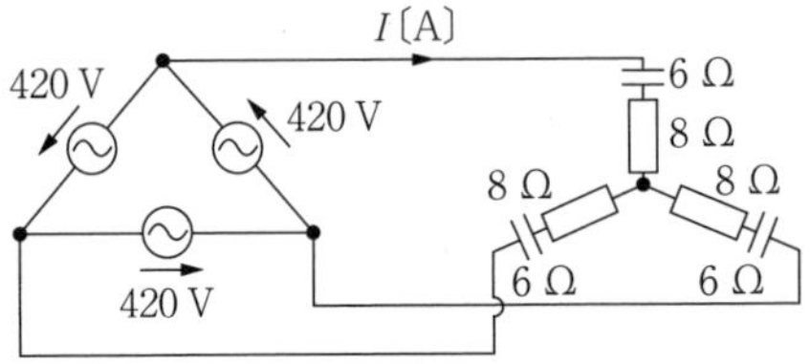

図 8・33

解　△結線の電源をY結線に等価変換するとよい．電源のY結線の相電圧 E は

$$E=\frac{420}{\sqrt{3}}\text{〔V〕}$$

となる．

図8・34に一相分の単相等価回路を示す．

負荷の一相当たりのインピーダンス $\dot{Z}$ は

$$\dot{Z}=8-j6\text{〔Ω〕}$$

$\dot{Z}$ の大きさ Z は

$$Z=\sqrt{8^2+6^2}=10\text{〔Ω〕}$$

したがって，線電流 I は

$$I=\frac{E}{Z}=\frac{\frac{420}{\sqrt{3}}}{10}=\mathbf{24.2}\text{〔A〕}$$

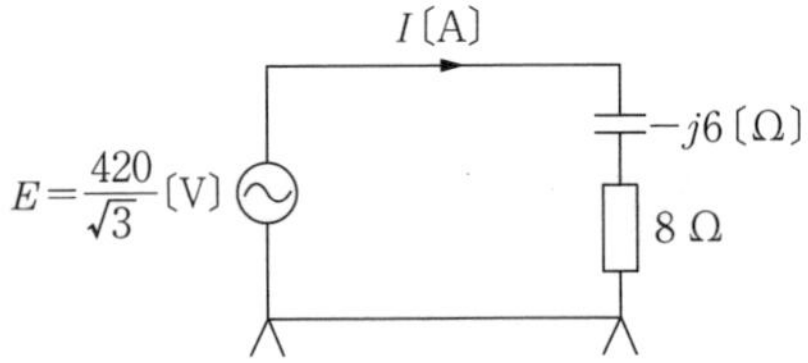

図 8・34

4．二電力計法

三相3線式の電力は，単相電力計2個を**図8・35**(a) のように接続して測定することができる．この方法を**二電力計法**（two-wattmeter method）とよぶ．

また，図(b) は平衡三相回路の電圧，電流のベクトル図である．図中の $\dot{V}_a$，$\dot{V}_b$，$\dot{V}_c$ は負荷に加わる相電圧，$\dot{I}_a$，$\dot{I}_b$，$\dot{I}_c$ は負荷電流，θ はその位相角である．

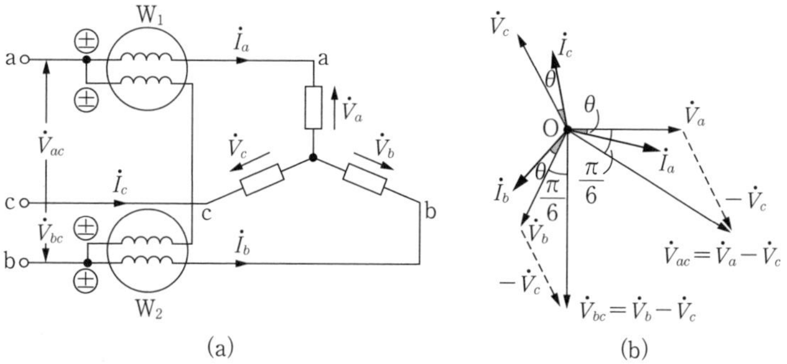

図 8・35　二電力計法

電力計 W_1 の電圧コイルに加わる電圧 $\dot{V}_{ac}$ は，$\dot{V}_a-\dot{V}_c$ であるので，図8・35(b) のベクトル図のようになり，電流コイルに流れる電流 $\dot{I}_a$ との間には $(\pi/6-\theta)$〔rad〕の位相差がある．また，電力計 W_2 の電圧コイルに加わる電圧 $\dot{V}_{bc}$ は $\dot{V}_b-\dot{V}_c$ でベクトル図のようになり，電流コイルに流れる電流 $\dot{I}_b$ との間には $(\pi/6+\theta)$〔rad〕の位相差がある．したがって，W_1 および W_2 の指示をそれぞれ P_1 および P_2〔W〕とすれば

$$P_1=V_{ac}I_a\cos\left(\frac{\pi}{6}-\theta\right) \tag{8・31}$$

$$P_2=V_{bc}I_b\cos\left(\frac{\pi}{6}+\theta\right) \tag{8・32}$$

となる．対称三相交流であるから，$V_{ab}=V_{bc}=V_{ca}=V$，$I_a=I_b=I_c=I$ が成り立つので

$$P_1=VI\cos\left(\frac{\pi}{6}-\theta\right)$$

$$P_2=VI\cos\left(\frac{\pi}{6}+\theta\right)$$

となる．したがって，P_1 と P_2 の和を考えれば

$$\boldsymbol{P}=P_1+P_2=VI\left\{\cos\left(\frac{\pi}{6}-\theta\right)+\cos\left(\frac{\pi}{6}+\theta\right)\right\}$$

$$=VI\left\{\cos\frac{\pi}{6}\cos\theta+\sin\frac{\pi}{6}\sin\theta+\cos\frac{\pi}{6}\cos\theta-\sin\frac{\pi}{6}\sin\theta\right\}$$

$$=2VI\cos\frac{\pi}{6}\cos\theta=2VI\frac{\sqrt{3}}{2}\cos\theta=\boldsymbol{\sqrt{3}\,VI\cos\theta} \tag{8・33}$$

となり，**W_1，W_2 の指示の和は三相電力に等しくなる．**

例題11　図8·36のように，三相平衡回路に2個の単相電力計 W_1 および W_2 を接続したところ，W_1 および W_2 の指示はそれぞれ 4.60 kW および 5.64 kW であった．この場合の三相無効電力〔kvar〕の値はいくらか．

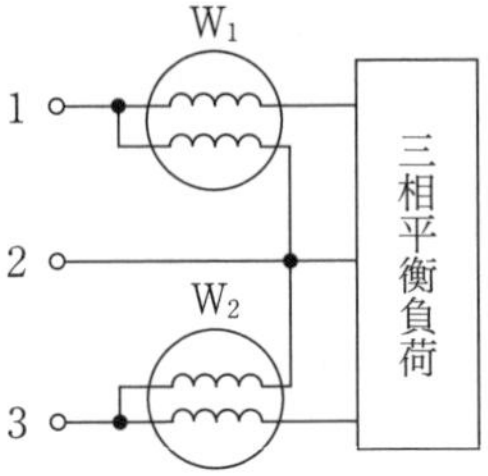

図 8・36

解　図8·37のベクトル図より電力計 W_1 の電圧コイルに加わる電圧 $\dot{V}_{12}$ は $\dot{V}_1-\dot{V}_2$ であり，電流コイルに流れる電流 $\dot{I}_1$ との間には $(\pi/6+\theta)$〔rad〕の位相差がある．また電力計 W_2 の電圧コイルに加わる電圧 $\dot{V}_{32}$ は $\dot{V}_3-\dot{V}_2$ で電流コイルに流れる電流 $\dot{I}_3$ との間には $(\pi/6+\theta)$〔rad〕の位相差がある．

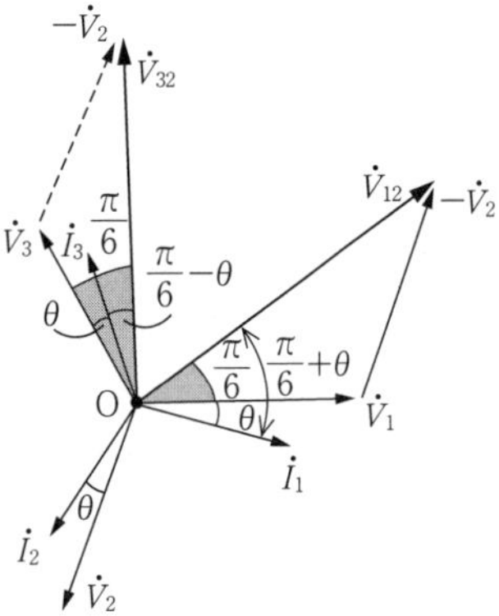
図 8・37

いま，$V_{12}=V_{32}=V$，$I_1=I_2=I_3=I$ とすると，両電力計の指示 W_1 および W_2 はそれぞれ

$$W_1=VI\cos\left(\frac{\pi}{6}+\theta\right)\cdots\cdots①$$

$$W_2=VI\cos\left(\frac{\pi}{6}-\theta\right)\cdots\cdots②$$

となる．いま，W_2-W_1 は

$$W_2-W_1=VI\left\{\cos\left(\frac{\pi}{6}-\theta\right)-\cos\left(\frac{\pi}{6}+\theta\right)\right\}$$

$$=VI\left\{\cos\frac{\pi}{6}\cos\theta+\sin\frac{\pi}{6}\sin\theta-\cos\frac{\pi}{6}\cos\theta+\sin\frac{\pi}{6}\sin\theta\right\}$$

$$=VI\times2\sin\frac{\pi}{6}\sin\theta=VI\sin\theta\cdots\cdots③$$

である．一方，三相無効電力 Q は

$$Q=\sqrt{3}\,VI\sin\theta\cdots\cdots④$$

で表される．式③より

$$VI\sin\theta=W_2-W_1\cdots\cdots⑤$$

式⑤を式④に代入すると

$$\boldsymbol{Q}=\sqrt{3}\,(W_2-W_1)=\sqrt{3}\,(5.64-4.60)\fallingdotseq\mathbf{1.80}\text{〔kvar〕}$$

となる．

演　習　問　題

〔1〕 **図 8･38** のような平衡三相交流回路がある．線間電圧 200 V，線電流 50 A，三相電力 $P=10$〔kW〕であるとき，この負荷のリアクタンス X〔Ω〕の値はいくらか．

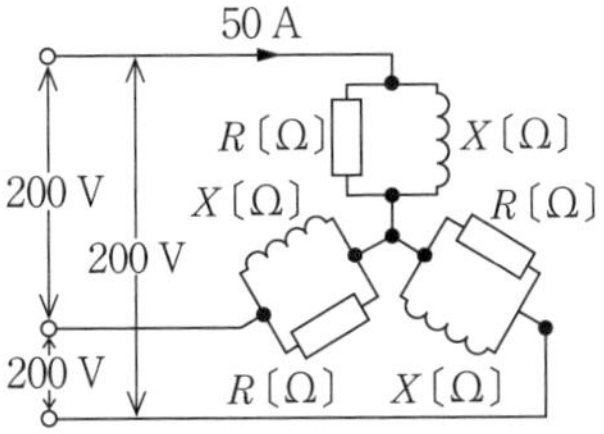

図 8・38

〔2〕 $\dot{Z}=6+j8$〔Ω〕のインピーダンス 3 個を，**図 8･39** のように△形に接続し，端子 a-b，b-c，c-a 間に 200 V の対称三相電圧を加えた．

相電流，線電流および三相電力，三相無効電力，三相皮相電力を求めよ．

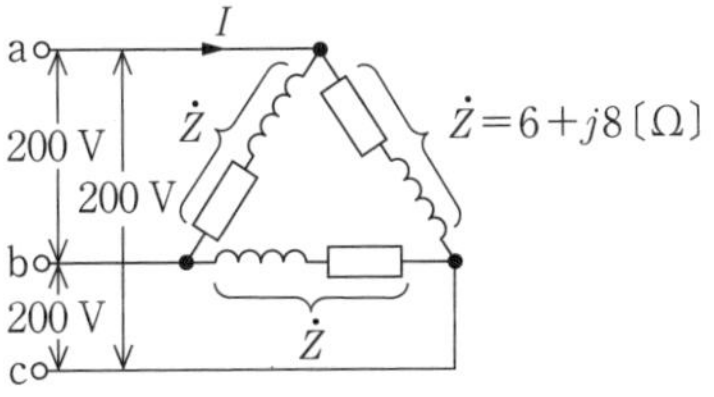

図 8・39

〔3〕 **図 8･40** のような平衡三相回路がある．相電流（△電流）I〔A〕はいくらか．

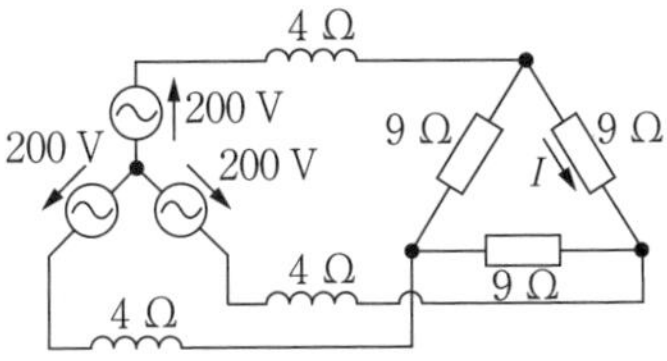

図 8・40

〔4〕 **図 8･41** のような平衡三相回路の線電流 I〔A〕の値はいくらか．

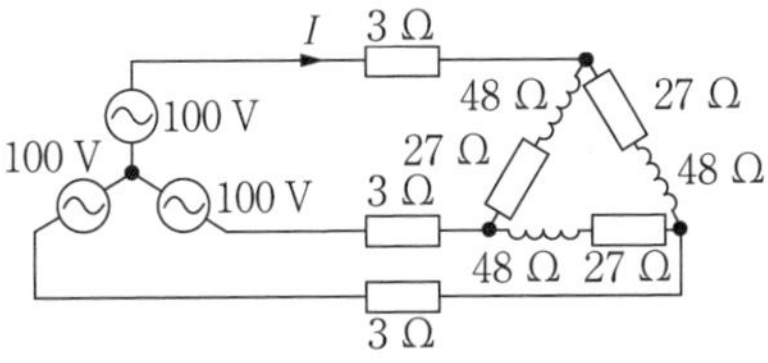

図 8・41

〔5〕 **図 8･42** のような平衡三相回路において，負荷の力率はいくらか．

ただし，電源の角周波数を ω〔rad/s〕とする．

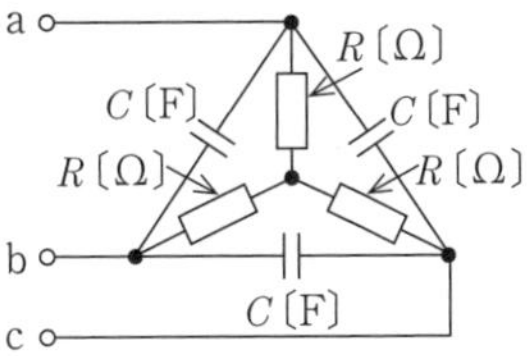

図 8・42

〔**6**〕 **図 8·43** のような平衡三相回路において，Y結線されたインダクタンスを流れる電流 I〔A〕はいくらか．

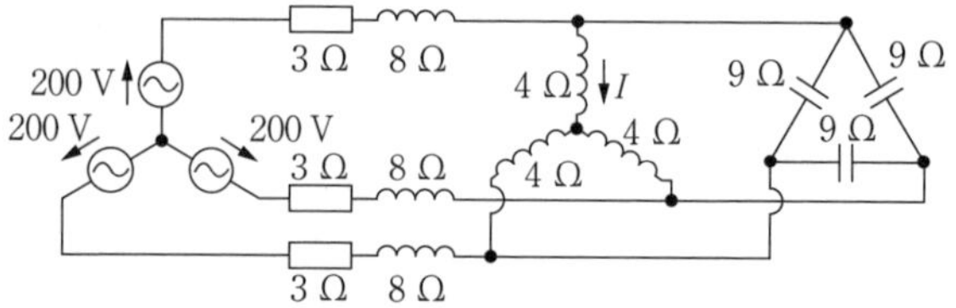

図 8・43

〔**7**〕 **図 8·44** のような三相平衡回路の線電流 $\dot{I}_a$〔A〕はいくらか．ただし，電圧は $E_{ab}=E_{bc}=E_{ca}=200$〔V〕の対称三相電圧で，$X_0=12$〔Ω〕，$r=3$〔Ω〕，$X_c=12$〔Ω〕，$R=4$〔Ω〕とする．

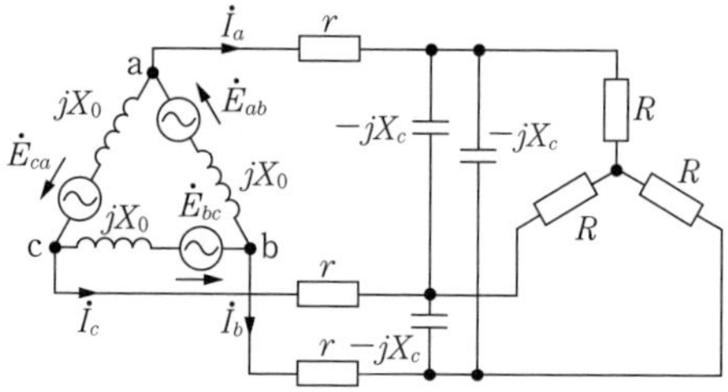

図 8・44

〔**8**〕 **図 8·45** のような平衡三相回路の負荷において，誘導性リアクタンス X_L〔Ω〕に流れる電流の大きさを I_L〔A〕，容量性リアクタンス X_C〔Ω〕に流れる電流の大きさを I_C〔A〕とするとき，次の値を求めよ．

(1) X_L による△結線の負荷をこれと等価なY結線の負荷に変換したとき，変換後の1相の誘導性リアクタンス X_L'〔Ω〕に流れる電流 I_L'〔A〕の大きさを求めよ．

(2) 電流 I_L と電流 I_C が $I_L=\dfrac{2}{\sqrt{3}}I_C$ の関係にあるとき，X_L〔Ω〕の値を求めよ．

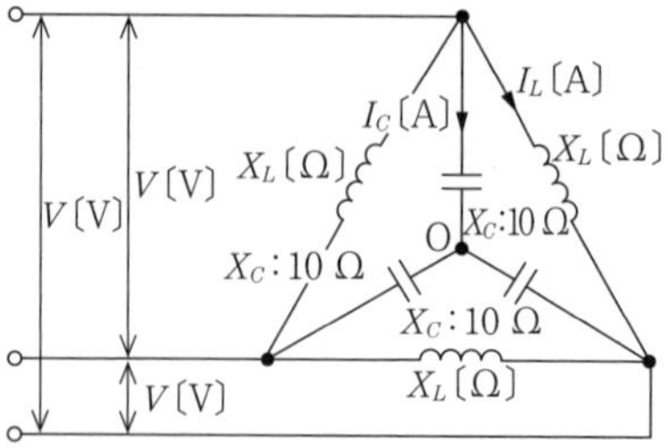

図 8・45

演習問題の略解

■ 1章 ■

〔**1**〕 t 秒間に Q〔C〕の電荷が移動したときの電流 I〔A〕は

$$I=\frac{Q}{t}\text{〔A〕}$$

題意の 4 秒間に 10 C の電荷が移動したときの電流 I〔A〕は

$$\boldsymbol{I}=\frac{10}{4}=2.5\text{〔A〕}=\mathbf{2.5\times10^{3}}\textbf{〔mA〕}\quad(\because\ 1\text{〔A〕}=10^{3}\text{〔mA〕})$$

〔**2**〕 1 秒間に Q〔C〕の電荷が移動したときの電流 I〔A〕は

$$I=\frac{Q}{1}=Q\text{〔A〕}\cdots\cdots①$$

1 秒間に n 個の電子が通過したとすると

$$Q=n\times1.6\times10^{-19}\text{〔C〕}\cdots\cdots②$$

式①，②より

$$I=n\times1.6\times10^{-19}\text{〔A〕}\cdots\cdots③$$

題意により，$I=1.6$〔A〕であるので

$$n\times1.6\times10^{-19}=1.6$$

$$n\times10^{-19}=1$$

$$\boldsymbol{n}=\frac{1}{10^{-19}}=\mathbf{10^{19}}\textbf{〔個〕}$$

〔**3**〕 $0.25+\dfrac{1\times3}{1+3}=\mathbf{1}$**〔Ω〕**

〔**4**〕 **略解図 1･1** より

合成抵抗 $R_{ab}=\dfrac{(2+6)\times(5+3)}{(2+6)+(5+3)}=4$〔Ω〕

同図(b) より

合成抵抗 $R_{ac'}=4+4=8$〔Ω〕

同図(c) より

全体の合成抵抗 $R_{ac}=\dfrac{8\times8}{8+8}=\mathbf{4}$**〔Ω〕**

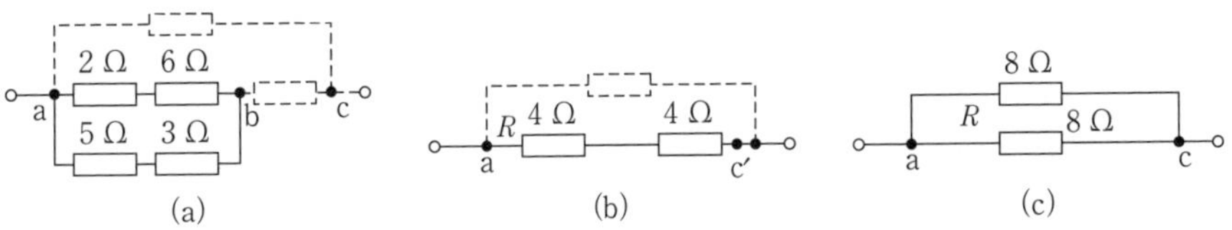

略解図 1・1

〔**5**〕 起電力の向き，電圧降下の向きに留意しながら，閉回路にキルヒホッフの第2法則を適用する．また，$\boldsymbol{I_3=-(I_1+I_2)}$ を用いる．

略解図1・2の閉回路①に点線の矢印の向きに注意しながら，キルヒホッフの第2法則を適用すると

$$\boldsymbol{6-4=8I_1-2I_2}$$

$$1=4I_1-I_2 \cdots\cdots ①$$

同様に，点線の向きに注意しながら，閉回路②にキルヒホッフの第2法則を適用すると

$$\boldsymbol{4-2=4(I_1+I_2)+2I_2}$$

$$2I_1+3I_2=1 \cdots\cdots ②$$

式①より

$$I_2=4I_1-1 \cdots\cdots ③$$

式②に式③を代入すると

$$2I_1+3(4I_1-1)=1$$

$$14I_1=4$$

$$\boldsymbol{I_1=\frac{2}{7}\fallingdotseq 0.29}$$

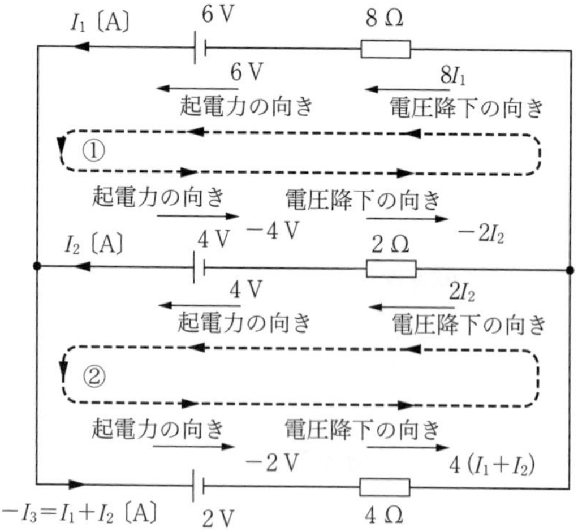

略解図 1・2

〔**6**〕 **略解図1・3**の点 a にキルヒホッフの第1法則を適用すると

$$I_1+I_2=I_3 \cdots\cdots ①$$

閉回路①にキルヒホッフの第2法則を適用すると

$$E_1=R_1 \cdot I_1+R_3 \cdot I_3 \cdots\cdots ②$$

閉回路②にキルヒホッフの第 2 法則を適用すると

$E_2=R_2\cdot I_2+R_3\cdot I_3$……③

式①を式②，③に代入し整理すると

$E_1=R_1\cdot I_1+R_3(I_1+I_2)$

$\longrightarrow (R_1+R_3)I_1+R_3\cdot I_2=E_1$……②′

$E_2=R_2\cdot I_2+R_3\cdot(I_1+I_2)$

$\longrightarrow R_3\cdot I_1+(R_2+R_3)\cdot I_2=E_2$……③′

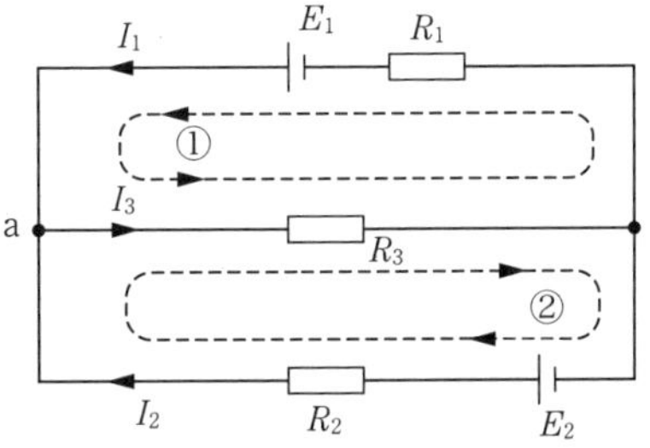

略解図 1・3

式②′，③′ に与えられた値を代入すると

$$\left.\begin{array}{l}0.35I_1+0.1I_2=4\\0.1I_1+0.2I_2=2\end{array}\right\}$$

$\longrightarrow$ $\boldsymbol{I_1=10}$**〔A〕，**　$\boldsymbol{I_2=5}$**〔A〕，**　$\boldsymbol{I_3=15}$**〔A〕**

〔7〕 **略解図 1・3** のように 2 Ω，3 Ω に流れる電流をそれぞれ I_1〔A〕，I_2〔A〕とすると，10 Ω に流れる電流 I_3 は

$\boldsymbol{I_3=I_1+I_2}$**〔A〕**

となる．

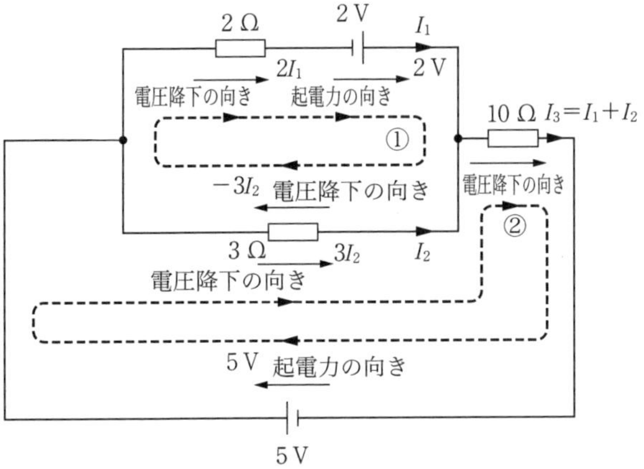

略解図 1・4

略解図 1・4 の閉回路①にキルヒホッフの第 2 法則を適用すると

$\boldsymbol{2=2I_1-3I_2}$……①

同様に閉回路②にキルヒホッフの第 2 法則を適用すると

$\boldsymbol{5=10(I_1+I_2)+3I_2}=10I_1+13I_2$……②

式①を 5 倍すると

$10=10I_1-15I_2$……③

②−③より

$$-28I_2=5$$

$$\boldsymbol{I_2=-\frac{5}{28}}〔\mathbf{A}〕$$

となるので，3 Ωの抵抗には右方向から左方向に **5/28〔A〕** の電流が流れる．

〔8〕 **略解図 1･5** の閉回路①にキルヒホッフの第 2 法則を適用すると

$$10\times\frac{I}{2}+10\times\frac{I}{2}+15\times I=1+1$$

よって

$$\boldsymbol{I}=\frac{2}{\dfrac{10}{2}+\dfrac{10}{2}+15}=\mathbf{0.080〔A〕}$$

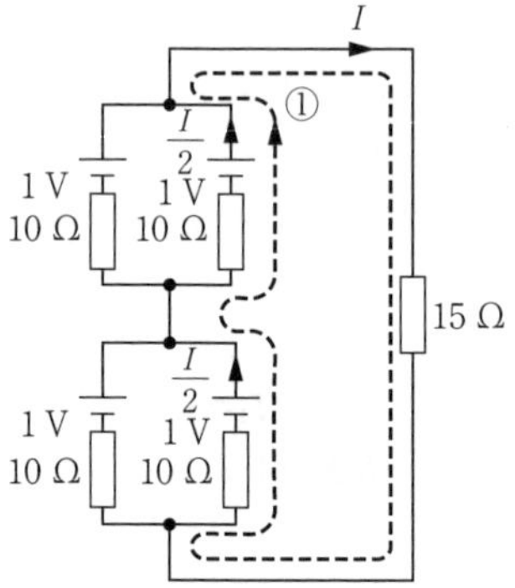

略解図 1・5

〔9〕 5 Ωの回路を開放したときの開放電圧 V_0 を求め，さらに，開放端から電源側をみた全抵抗 R_0 を求め，テブナンの定理を適用すればよい．

5 Ωの回路を開放したとき，ここに現れる開放電圧 V_0 は，**略解図 1･6**(a) より

$$V_0=255\times\frac{3}{1+3}-255\times\frac{4}{2+4}=21.25〔\mathrm{V}〕$$

となるので，a 点の電位が b 点の電位より 21.25 V 高いことになる．したがって，5 Ωの回路を再び閉じたときには，a → b の方向に電流 I が流れる．

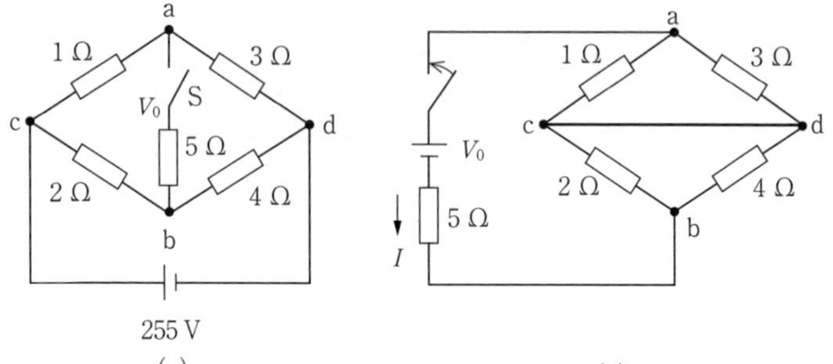

略解図 1・6

開放端 S から電源をみたときの全抵抗 R_0 を求めるには，c–d 間（電池）は短絡すればよいので，同図(b) より

$$\boldsymbol{R_0=5+\frac{1\times3}{1+3}+\frac{2\times4}{2+4}}=5+\frac{3}{4}+\frac{8}{6}=\frac{85}{12}〔\Omega〕$$

したがって，テブナンの定理により，5 Ω の回路を閉じたとき，5 Ω の抵抗に流れる電流 I は

$$\boldsymbol{I}=\frac{\boldsymbol{V}_0}{\boldsymbol{R}_0}=\frac{21.25}{\frac{85}{12}}=\mathbf{3[A]}$$

〔**10**〕 電流源のみが存在する場合と，電圧源のみが存在する場合をそれぞれ考え，1 Ω の抵抗を流れる電流を重ね合わせればよい．

(a) 電流源のみが存在する場合は，電圧源は短絡してよいので，**略解図 1·7**(a) より

$$5\times\frac{1\times2}{1+2}=I_1\times1\longrightarrow I_1=5\times\frac{2}{1+2}=\frac{10}{3}\text{[A]}$$

したがって，I_1 による P 点の電圧 V_{P1} は

$$V_{P1}=-\frac{10}{3}\text{[V]}$$

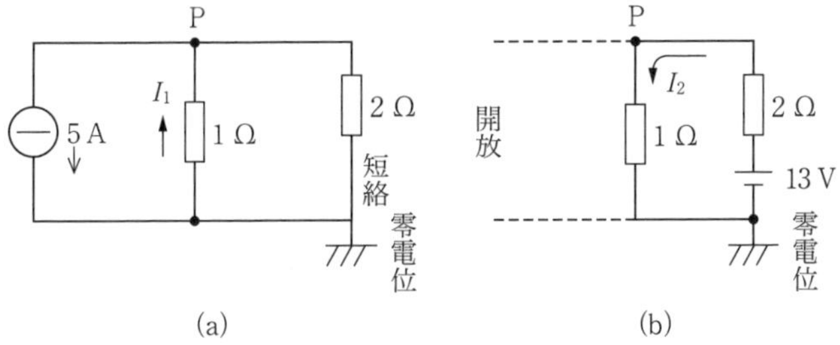

略解図 1・7

(b) 電圧源のみが存在する場合は，電流源は開放してよいので，同図(b) より

$$I_2=\frac{13}{1+2}=\frac{13}{3}\text{[A]}$$

したがって，I_2 による P 点の電位 V_{P2} は

$$V_{P2}=\frac{13}{3}\times1=\frac{13}{3}\text{[V]}$$

P 点の対地電位 V_P は

$$\boldsymbol{V}_P=V_{P1}+V_{P2}=-\frac{10}{3}+\frac{13}{3}=\mathbf{1[V]}$$

■ 2 章 ■

〔**1**〕 $\sin\frac{2\pi}{3}=\sin\left(\frac{\pi}{2}+\frac{\pi}{6}\right)=\sin\frac{\pi}{2}\cos\frac{\pi}{6}+\cos\frac{\pi}{2}\sin\frac{\pi}{6}$

$$=1\times\frac{\sqrt{3}}{2}+0\times\frac{1}{2}=\boldsymbol{\frac{\sqrt{3}}{2}}$$

$$\cos\frac{2\pi}{3}=\cos\left(\frac{\pi}{2}+\frac{\pi}{6}\right)=\cos\frac{\pi}{2}\cos\frac{\pi}{6}-\sin\frac{\pi}{2}\sin\frac{\pi}{6}$$

$$=0\times\frac{\sqrt{3}}{2}-1\times\frac{1}{2}=\boldsymbol{-\frac{1}{2}}$$

〔2〕 $$\sin\frac{4\pi}{3}=\sin\left(\pi+\frac{\pi}{3}\right)=\sin\pi\cos\frac{\pi}{3}+\cos\pi\sin\frac{\pi}{3}$$

$$=0\times\frac{1}{2}-1\times\frac{\sqrt{3}}{2}=\boldsymbol{-\frac{\sqrt{3}}{2}}$$

$$\cos\frac{4\pi}{3}=\cos\left(\pi+\frac{\pi}{3}\right)=\cos\pi\cos\frac{\pi}{3}-\sin\pi\sin\frac{\pi}{3}$$

$$=-1\times\frac{1}{2}-0\times\frac{\sqrt{3}}{2}=\boldsymbol{-\frac{1}{2}}$$

〔3〕 絶対値$=\sqrt{4^2+3^2}=5$ である．また，偏角 $\theta=\tan^{-1}\frac{3}{4}=0.644$〔rad〕となる．

したがって，$\boldsymbol{\dot{Z}=5\angle 0.644}$**〔rad〕**

〔4〕 (1) $20\left(\cos\frac{\pi}{6}+j\sin\frac{\pi}{6}\right)=20\left(\frac{\sqrt{3}}{2}+j\frac{1}{2}\right)=\boldsymbol{10\sqrt{3}+j10}$

(2) $10\left\{\cos\left(-\frac{\pi}{6}\right)+j\sin\left(-\frac{\pi}{6}\right)\right\}=10\left(\frac{\sqrt{3}}{2}-j\frac{1}{2}\right)=\boldsymbol{5\sqrt{3}-j5}$

〔5〕 (1) 絶対値 $Z_1=\sqrt{(\sqrt{3})^2+(-1)^2}=2$

$$\tan\theta=\frac{-1}{\sqrt{3}}$$

∴ 偏角 $\theta_1=\tan^{-1}\left(\frac{-1}{\sqrt{3}}\right)=-\frac{\pi}{6}$〔rad〕$=-30^\circ$

∴ $\dot{Z}_1=\sqrt{3}-j=2\left\{\cos\left(-\frac{\pi}{6}\right)+j\sin\left(-\frac{\pi}{6}\right)\right\}$

$$=2\left\{\cos\frac{\pi}{6}-j\sin\frac{\pi}{6}\right\}=2e^{-j\frac{\pi}{6}}=2\angle-\frac{\pi}{6}\text{〔rad〕}$$

$$=\boldsymbol{2\angle-30^\circ}$$

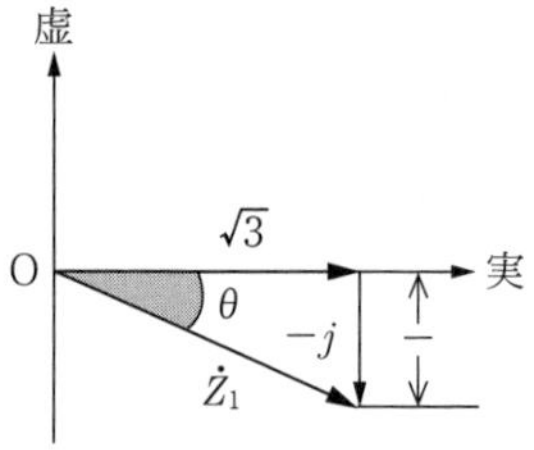

略解図 2・1

(2) 絶対値 $Z_2=\sqrt{(-3)^2+4^2}=5$

$\cos\theta=\frac{-3}{5}<0,\quad \sin\theta=\frac{4}{5}>0$ より

$$\tan\theta=-\frac{4}{3}$$

∴ $\theta=180^\circ+\tan^{-1}\left(-\frac{4}{3}\right)$

$$=180^\circ-53.13^\circ\fallingdotseq126.9^\circ$$

$$=\pi+\tan^{-1}\left(-\frac{4}{3}\right)\fallingdotseq2.21\text{〔rad〕}$$

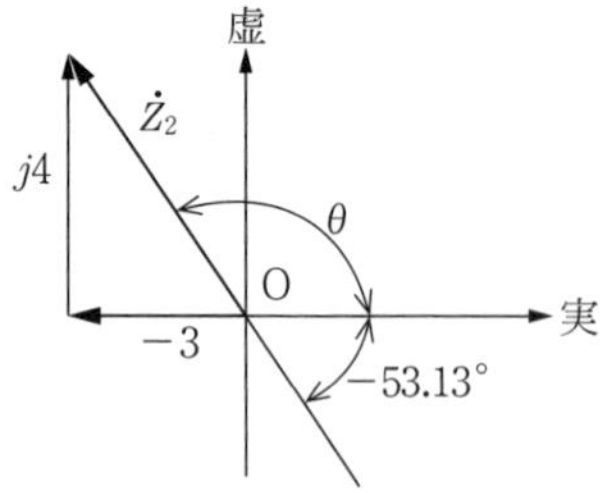

略解図 2・2

∴ $\boldsymbol{\dot{Z}_2}=5(\cos2.21+j\sin2.21)\fallingdotseq5e^{j2.21}=\boldsymbol{5\angle126.9^\circ}$

〔6〕 $\dot{\boldsymbol{Z}}_3=4e^{j\frac{\pi}{3}}\times 2e^{j\frac{\pi}{4}}=8e^{j\left(\frac{\pi}{3}+\frac{\pi}{4}\right)}=8e^{j\frac{7}{12}\pi}=\boldsymbol{8\angle 105^\circ}$

$$\dot{\boldsymbol{Z}}_4=\frac{4e^{j\frac{\pi}{3}}}{2e^{j\frac{\pi}{4}}}=\frac{4e^{j\frac{\pi}{3}}\times e^{-j\frac{\pi}{4}}}{2}=2e^{j\left(\frac{\pi}{3}-\frac{\pi}{4}\right)}=\boldsymbol{2\angle 15^\circ}$$

$$\dot{\boldsymbol{Z}}_5=j\dot{Z}_1=e^{j\frac{\pi}{2}}\times 4e^{j\frac{\pi}{3}}=4e^{j\left(\frac{\pi}{2}+\frac{\pi}{3}\right)}=4e^{j\frac{5}{6}\pi}=\boldsymbol{4\angle 150^\circ}$$

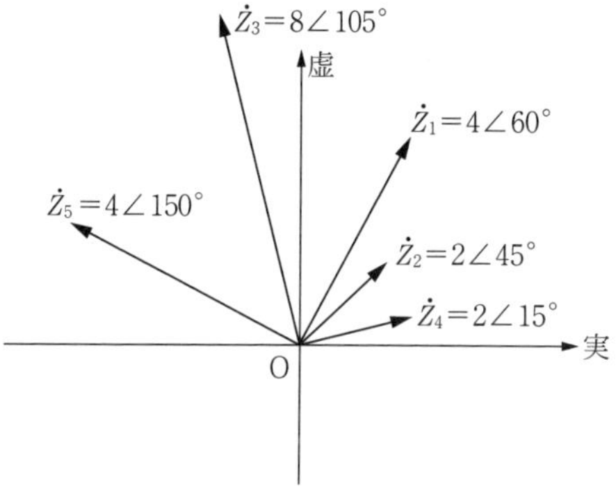

略解図 2・3

〔7〕 $\dot{Z}_3=\dot{Z}_1\cdot\dot{Z}_2=50\angle 15^\circ\cdot 2\angle 45^\circ=100\angle(15^\circ+45^\circ)$

$$=100\angle 60^\circ$$

$$\dot{Z}_4=\frac{\dot{Z}_1}{\dot{Z}_2}=\frac{50\angle 15^\circ}{2\angle 45^\circ}=25\angle(15^\circ-45^\circ)=25\angle -30^\circ$$

〔8〕 $\dot{Z}_1=30+j40=\sqrt{30^2+40^2}\angle\tan^{-1}\frac{4}{3}=50\angle 53.13^\circ$

$$\dot{Z}_2=10\angle 37^\circ$$

$$\dot{Z}_3=\dot{Z}_1\cdot\dot{Z}_2=50\angle 53.13^\circ\cdot 10\angle 37^\circ=500\angle(53.13^\circ+37^\circ)$$

$$=500\angle 90.13^\circ$$

$$\dot{Z}_4=\frac{\dot{Z}_1}{\dot{Z}_2}=\frac{50\angle 53.13^\circ}{10\angle 37^\circ}=5\angle(53.13^\circ-37^\circ)=5\angle 16.13^\circ$$

〔9〕 $\dot{Z}_3=\dot{Z}_1\cdot\dot{Z}_2=90\angle -\frac{\pi}{6}\cdot 10\angle\frac{\pi}{4}=900\angle\left(-\frac{\pi}{6}+\frac{\pi}{4}\right)$

$$=900\angle\left(\frac{-4\pi+6\pi}{24}\right)=900\angle\frac{2\pi}{24}=900\angle\frac{\pi}{12}$$

$$\dot{Z}_4=\frac{\dot{Z}_1}{\dot{Z}_2}=\frac{90\angle -\frac{\pi}{6}}{10\angle\frac{\pi}{4}}=9\angle\left(-\frac{\pi}{6}-\frac{\pi}{4}\right)$$

$$=9\angle\left(\frac{-4\pi-6\pi}{24}\right)=9\angle -\frac{5\pi}{12}$$

〔10〕 $\dot{Z}_3=\dot{Z}_1\cdot\dot{Z}_2=80\angle\frac{\pi}{6}\cdot 20\angle-\frac{\pi}{3}=1\,600\angle\left(\frac{\pi}{6}-\frac{2\pi}{6}\right)=1\,600\angle\frac{-\pi}{6}$

$$\dot{Z}_4=\frac{\dot{Z}_1}{\dot{Z}_2}=\frac{80\angle\frac{\pi}{6}}{20\angle-\frac{\pi}{3}}=4\angle\left(\frac{\pi}{6}+\frac{\pi}{3}\right)=4\angle\frac{3\pi}{6}=4\angle\frac{\pi}{2}$$

■ 3 章 ■

〔1〕 (1) $\dot{V}=100\angle\frac{\pi}{6}$〔V〕（略解図 3·1） (2) $\dot{V}=50\angle 0$〔V〕（略解図 3·2）

(3) $\dot{V}=20\angle-\frac{\pi}{4}$〔V〕（略解図 3·3） (4) $\dot{V}=10\angle-\frac{\pi}{3}$〔V〕（略解図 3·4）

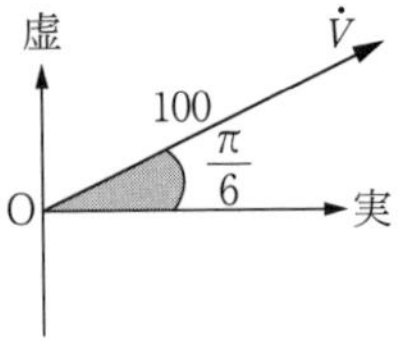

略解図 3·1

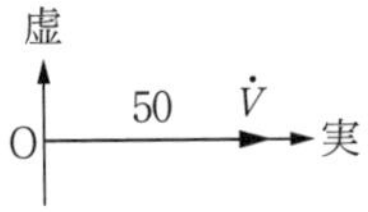

略解図 3·2

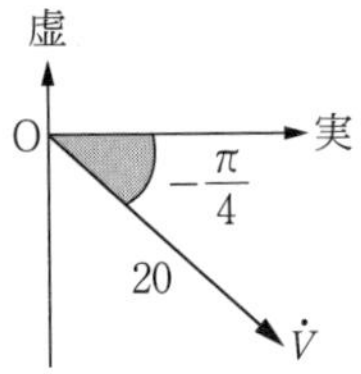

略解図 3·3

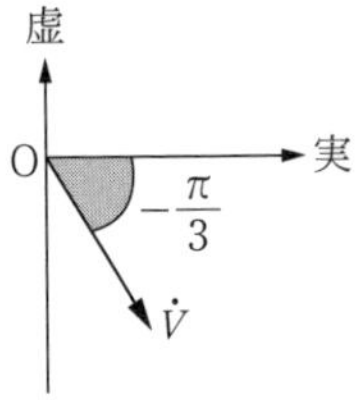

略解図 3·4

〔2〕 (1) $v=\sqrt{2}\,100\sin\omega t$〔V〕（略解図 3·5）

(2) $v=\sqrt{2}\,200\sin\left(\omega t+\frac{\pi}{6}\right)$〔V〕（略解図 3·6）

(3) $v=\sqrt{2}\,50\sin\left(\omega t-\frac{\pi}{6}\right)$〔V〕（略解図 3·7）

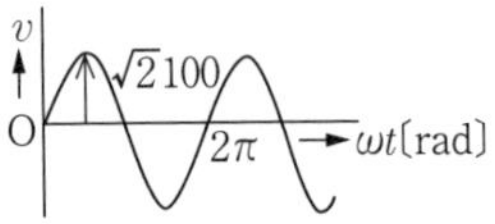

略解図 3·5

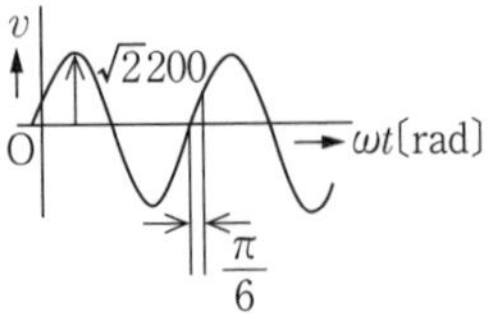

略解図 3·6

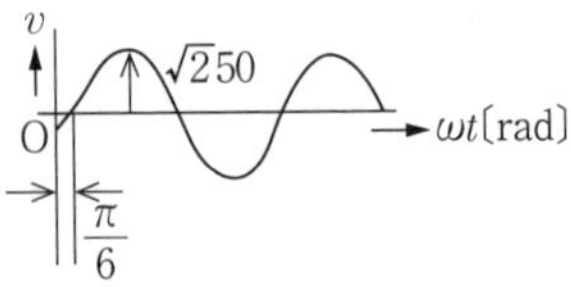

略解図 3·7

(4) $i=\sqrt{2}\,20\sin\left(\omega t-\frac{\pi}{6}\right)$〔A〕（略解図 3·8）

(5) $i=\sqrt{2}\,15\sin\left(\omega t-\frac{\pi}{2}\right)$〔A〕（略解図 3·9）

(6) $i=\sqrt{2}\,10\sin(\omega t-\pi)$〔A〕（略解図 3·10）

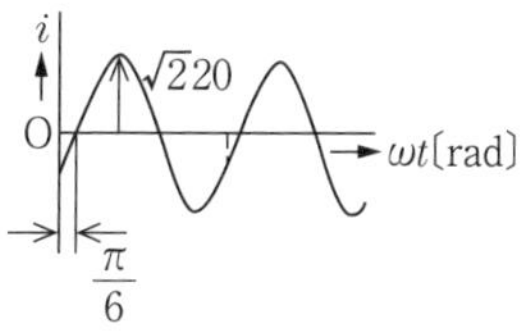

略解図 3・8

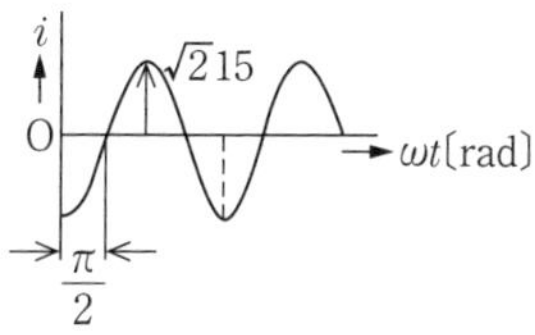

略解図 3・9

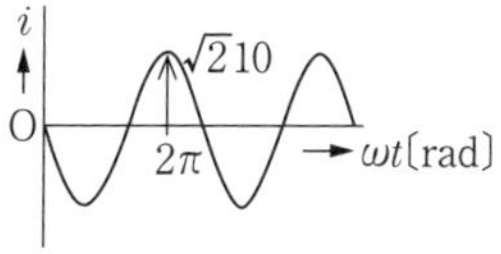

略解図 3・10

〔3〕 (1)　$\dot{V}=100\cos\frac{\pi}{6}+j100\sin\frac{\pi}{6}=\mathbf{50\sqrt{3}+j50}$〔V〕（略解図 3・11）

(2)　$\dot{V}=\mathbf{j50}$〔V〕（略解図 3・12）

(3)　$\dot{V}=60\left\{\cos\left(-\frac{\pi}{6}\right)+j\sin\left(-\frac{\pi}{6}\right)\right\}=\mathbf{30\sqrt{3}-j30}$〔V〕（略解図 3・13）

(4)　$\dot{V}=100\left\{\cos\left(-\frac{\pi}{4}\right)+j\sin\left(-\frac{\pi}{4}\right)\right\}=100\left(\frac{1}{\sqrt{2}}-j\sin\frac{1}{\sqrt{2}}\right)$

$=\frac{100}{\sqrt{2}}-j\frac{100}{\sqrt{2}}=\mathbf{50\sqrt{2}-j50\sqrt{2}}$〔V〕（略解図 3・14）

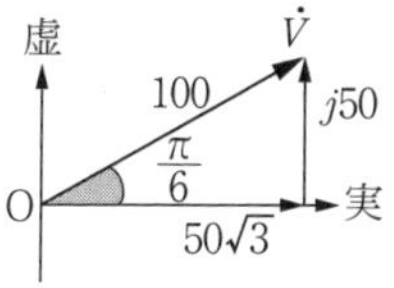

略解図 3・11

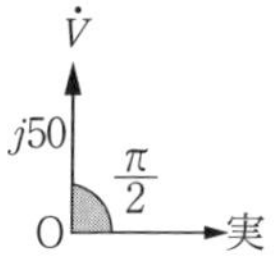

略解図 3・12

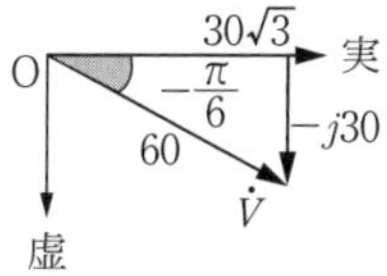

略解図 3・13

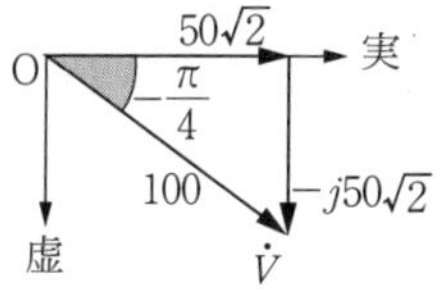

略解図 3・14

〔4〕 略解図 3・15 より

(1)　$\dot{V}_1=100\angle-\frac{\pi}{2}=100\left\{\cos\left(-\frac{\pi}{2}\right)+j\sin\left(-\frac{\pi}{2}\right)\right\}$

$=100(0+j\times-1)=\mathbf{-j100}$〔V〕

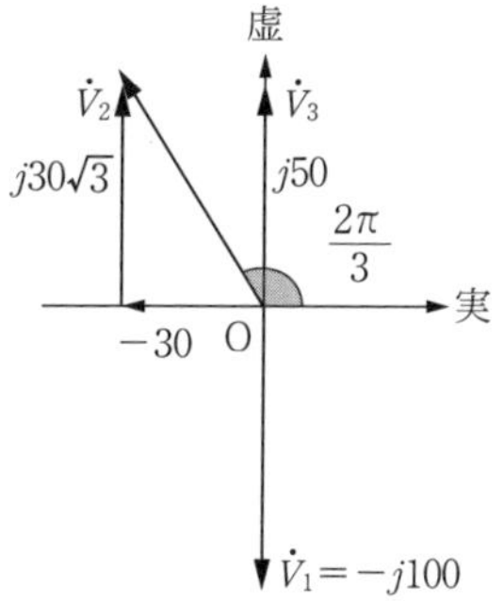

略解図 3・15

(2) $\dot{V}_2=60\angle\frac{2\pi}{3}=60\left\{\cos\frac{2\pi}{3}+j\sin\frac{2\pi}{3}\right\}=60\left(-\frac{1}{2}+j\frac{\sqrt{3}}{2}\right)$

$=\mathbf{-30+}\boldsymbol{j}\mathbf{30\sqrt{3}}$**〔V〕**

(3) $\dot{V}_3=50\angle\frac{\pi}{2}=50\left\{\cos\frac{\pi}{2}+j\sin\frac{\pi}{2}\right\}=50(0+j\times1)=\boldsymbol{j}\mathbf{50}$**〔V〕**

〔5〕 $\omega t=628t,\quad \omega=628=2\pi f,\quad \boldsymbol{f}\fallingdotseq\mathbf{100}$**〔Hz〕**

〔6〕 $\cos\theta=\sin\left(\theta+\frac{\pi}{2}\right)$

が成り立つ．上式に $\theta=\omega t+\frac{\pi}{3}$ を代入すると

$$\cos\left(\omega t+\frac{\pi}{3}\right)=\sin\left(\omega t+\frac{\pi}{3}+\frac{\pi}{2}\right)=\sin\left(\omega t+\frac{5\pi}{6}\right)$$

となる．したがって

$$i=\sqrt{2}\,10\cos\left(\omega t+\frac{\pi}{3}\right)=\sqrt{2}\,10\sin\left(\omega t+\frac{5\pi}{6}\right)〔\mathrm{A}〕$$

となり，i の位相角 $5\pi/6$〔rad〕より v の位相角 $\pi/3$〔rad〕を引くと

$$\frac{5\pi}{6}-\frac{\pi}{3}=\frac{\pi}{2}〔\mathrm{rad}〕$$

となり，**$\boldsymbol{i}$ の位相が $\boldsymbol{v}$ の位相より $\boldsymbol{\pi/2}$〔rad〕進んでいる．**

〔7〕 略解図 3・16 のように，$\sin\omega t$ の基準軸を実軸とすれば，与えられた電圧 e の位相はこれより $\pi/4$〔rad〕進んだ位置にある．また，$-\cos\omega t$ の基準軸を負の虚軸とすれば，与えられた電流 i の位相は，これより $\pi/6$〔rad〕進んだ位置にある．図より e と i の位相差 θ は

$$\theta=\frac{\pi}{4}+\left(\frac{\pi}{2}-\frac{\pi}{6}\right)=\frac{\pi}{4}+\frac{\pi}{3}$$

$$=\frac{7}{12}\pi〔\mathrm{rad}〕$$

となる．

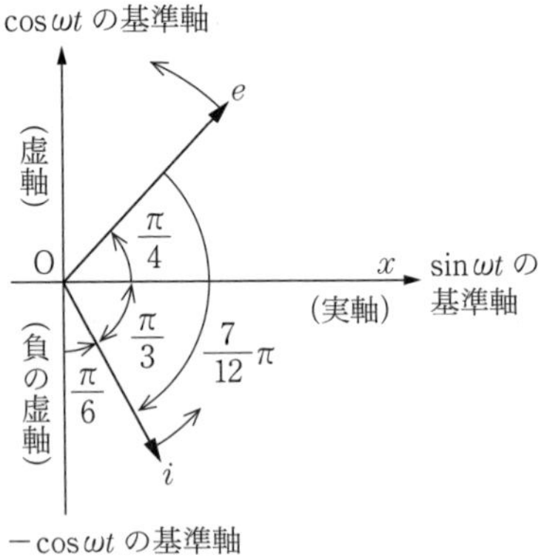

略解図 3・16

したがって，**$\boldsymbol{i}$ の位相が $\boldsymbol{e}$ の位相より $\boldsymbol{7\pi/12}$〔rad〕遅れている．**

〔8〕 略解図 3・17 より **$\boldsymbol{i}$ の位相が $\boldsymbol{e}$ の位相より $\boldsymbol{11\pi/12}$〔rad〕遅れている．**

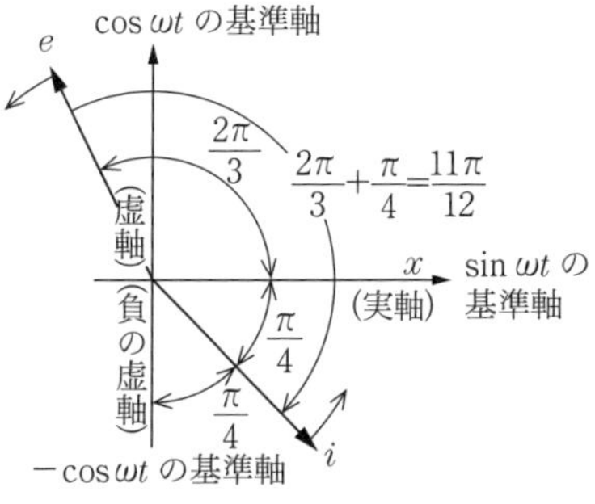

略解図 3・17

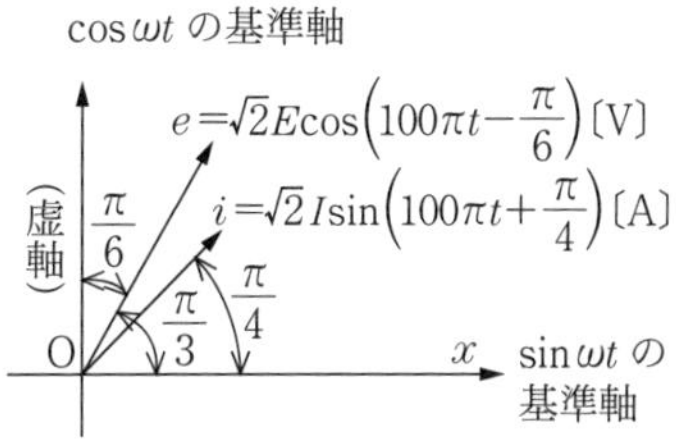

略解図 3・18

〔**9**〕 $\sin\omega t$ の基準軸を実軸とすれば

$$e=\sqrt{2}\,E\cos\left(100\pi t-\frac{\pi}{6}\right)\text{〔V〕}$$

は**略解図 3・18** より

$$\frac{\pi}{2}-\frac{\pi}{6}=\frac{\pi}{3}\text{〔rad〕}$$

となるので，実軸より $\pi/3$〔rad〕進んだ位置にある．

また，$i=\sqrt{2}\,I\sin(100\pi t+\pi/4)$ は実軸より，$\pi/4$〔rad〕進んだ位置にある．

したがって，略解図 3・18 より e と i の位相差 $\varDelta\theta$ は

$$\boldsymbol{\varDelta\theta}=\frac{\pi}{3}-\frac{\pi}{4}=\frac{4\pi}{12}-\frac{3\pi}{12}=\boldsymbol{\frac{\pi}{12}}\textbf{〔rad〕}$$

となる．この位相差を時間で表すには

$$\boldsymbol{\omega t=100\pi t=\frac{\pi}{12}}\cdots\cdots①$$

を満足する t を求めればよい．式①より

$$\boldsymbol{t}=\frac{1}{100\pi}\times\frac{\pi}{12}=\boldsymbol{\frac{1}{1\,200}}\textbf{〔s〕}$$

となる．

■ 4 章 ■

〔**1**〕 $S=VI=2\times10^3$〔VA〕$\longrightarrow I=\dfrac{2\times10^3}{V}=\dfrac{2\times10^3}{100}=20$〔A〕

$$P=VI\cos\theta=1.6\times10^3\longrightarrow\cos\theta=\frac{1.6\times10^3}{VI}=\frac{1.6\times10^3}{100\times20}=\frac{1.6}{2}=0.8$$

$$\sin\theta=\sqrt{1-\cos^2\theta}=\sqrt{1-0.8^2}=0.6$$

$$Z=\frac{V}{I}=\frac{100}{20}=5\text{〔Ω〕}$$

$\boldsymbol{R}=Z\cos\theta=5\times0.8=\mathbf{4}〔\Omega〕$

$\boldsymbol{X}=Z\sin\theta=5\times0.6=\mathbf{3}〔\Omega〕$

〔**2**〕 $\boldsymbol{P}=I^2R=10^2\times R=1.2\times10^3 \longrightarrow R=\dfrac{1.2\times10^3}{10^2}=\mathbf{12}〔\Omega〕$

$P=VI\cos\theta=V\times10\times0.8=1.2\times10^3 \longrightarrow V=\dfrac{1.2\times10^3}{10\times0.8}=150〔\mathrm{V}〕$

$\boldsymbol{Z}=\dfrac{V}{I}=\dfrac{150}{10}=\mathbf{15}〔\Omega〕$

$\sin\theta=\sqrt{1-\cos^2\theta}=\sqrt{1-0.8^2}=0.6 \longrightarrow \boldsymbol{X}=15\times\sin\theta=15\times0.6=\mathbf{9}〔\Omega〕$

〔**3**〕 ベクトル図を**略解図 4･1** に示す.

$\dot{I}_R=\dfrac{\dot{V}}{R}=\dfrac{60}{20}=3〔\mathrm{A}〕$

(1) $\dot{\boldsymbol{I}}_C=j\dfrac{\dot{V}}{X_c}=j\dfrac{60}{15}=\boldsymbol{j4}〔\mathbf{A}〕$

(2) $\dot{\boldsymbol{I}}=\dot{I}_R+\dot{I}_C=3+j4$

$=5\angle\tan^{-1}\dfrac{4}{3}=\mathbf{5\angle53.1^\circ}〔\mathbf{A}〕$

(3) $\boldsymbol{\cos\theta}=\dfrac{I_R}{I}=\dfrac{3}{5}=\mathbf{0.6}$

(4) $\boldsymbol{P}=VI\cos\theta=60\times5\times0.6=\mathbf{180}〔\mathbf{W}〕$

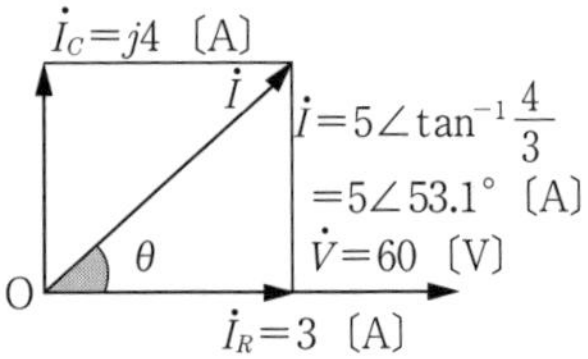

略解図 4・1

〔**4**〕 $\dot{Y}_1=\dfrac{1}{R}=\dfrac{1}{5}=0.2〔\mathrm{S}〕,\qquad \dot{Y}_2=\dfrac{1}{j\omega L}=\dfrac{1}{jX_L}=\dfrac{1}{j5}=-j0.2〔\mathrm{S}〕$

$\dot{Y}_3=\dfrac{1}{-j\dfrac{1}{\omega C}}=\dfrac{1}{-jX_c}=\dfrac{1}{-j10}=j0.1〔\mathrm{S}〕$

$\dot{\boldsymbol{Y}}=\dot{Y}_1+\dot{Y}_2+\dot{Y}_3=0.2-j0.2+j0.1=\mathbf{0.2-}\boldsymbol{j}\mathbf{0.1}〔\mathbf{S}〕$

$\dot{\boldsymbol{I}}=\dot{Y}\dot{V}=(0.2-j0.1)\times100=\mathbf{20-}\boldsymbol{j}\mathbf{10}〔\mathbf{A}〕$

$\boldsymbol{I}=\sqrt{20^2+10^2}=\mathbf{22.4}〔\mathbf{A}〕$

〔**5**〕 回路の電圧，電流のベクトル図を描くと，**略解図 4･2** のようになる.

$\dot{I}=\dot{I}_R+\dot{I}_L+\dot{I}_C=I_R-j17+j5$

$=I_R-j12〔\mathrm{A}〕\cdots\cdots①$

式①より

$I=\sqrt{I_R{}^2+12^2}\cdots\cdots②$

また，I が 13 A であるので，式②より

$\sqrt{I_R{}^2+12^2}=13$

$\boldsymbol{I}_R=\sqrt{13^2-12^2}=\sqrt{169-144}=\sqrt{25}=\mathbf{5}〔\mathbf{A}〕$

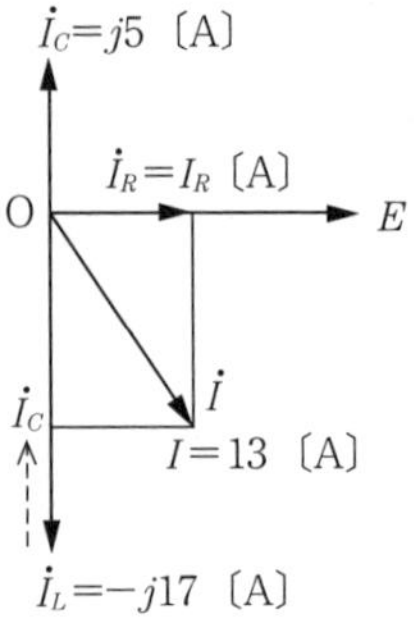

略解図 4・2

〔6〕 回路の合成インピーダンスを $\dot{Z}$ とすると

$$|\dot{Z}|=\frac{|\dot{V}|}{|\dot{I}|}=\frac{100}{10}=10〔\Omega〕$$

となる．

題意の i，v の式より，v が i より $\pi/4$〔rad〕遅れるので，電圧，電流のベクトル図は**略解図 4･3** のようになる．

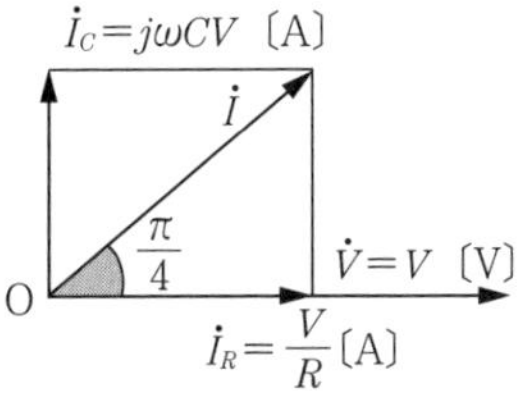

略解図 4・3

図より，抵抗 R の電流 I_R〔A〕と C の電流 I_C とはその大きさが等しいので

$$I_R=\frac{V}{R},\qquad I_C=\omega CV$$

$$\frac{V}{R}=\omega CV\longrightarrow R=\frac{1}{\omega C}\cdots\cdots①$$

また，$\dot{Z}$ は R，C のインピーダンスをそれぞれ $\dot{Z}_1$，$\dot{Z}_2$ とすると

$$\dot{Z}=\frac{\dot{Z}_1\times\dot{Z}_2}{\dot{Z}_1+\dot{Z}_2}=\frac{R\times\frac{1}{j\omega C}}{R+\frac{1}{j\omega C}}\cdots\cdots②$$

式②より

$$|\dot{Z}|=\frac{R\times\frac{1}{\omega C}}{\sqrt{R^2+\left(\frac{1}{\omega C}\right)^2}}\cdots\cdots③$$

式③に式①を代入すると

$$|\dot{Z}|=\frac{R^2}{\sqrt{2R^2}}=\frac{R}{\sqrt{2}}=10\cdots\cdots④$$

式④より，$\boldsymbol{R}=10\times\sqrt{2}\fallingdotseq$**14〔Ω〕**

〔7〕 回路の電圧，電流をそれぞれ $\dot{V}$，$\dot{I}$ とし，回路の合成インピーダンスを $\dot{Z}$ とすると

$$\dot{I}=\frac{\dot{V}}{\dot{Z}}\cdots\cdots①$$

となる．$\dot{V}=6\,000$〔V〕を基準ベクトルとする．

$$\dot{Z}=jX_L-jX_C=j10-j110=-j100〔\Omega〕$$

式①にこれらを代入すると

$$\dot{I}=\frac{6\,000}{-j100}=j60〔\mathrm{A}〕$$

となる．次にコイルの端子電圧 $\dot{V}_L$ は

$$\dot{V}_L=jX_L\dot{I}=j10\times j60=-600〔\mathrm{V}〕$$

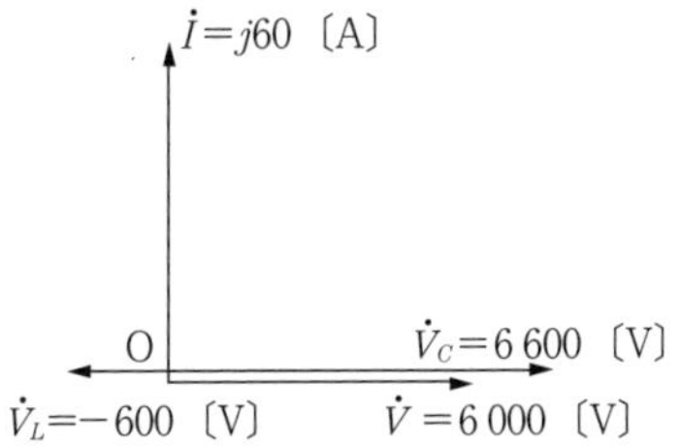

略解図 4・4

コンデンサの端子電圧 $\dot{V}_C$ は

$$\dot{\boldsymbol{V}}_C=-jX_C\dot{I}=-j110\times j60=\mathbf{6\,600〔V〕}$$

$$\dot{V}=\dot{V}_L+\dot{V}_C=-600+6\,600=6\,000〔\mathrm{V}〕$$

となり，$\dot{I}$ と各部の電圧のベクトル図は**略解図 4･4** のようになる．

〔注〕 L，C の直列回路であり，合成リアクタンスは引き算となるため，C の端子電圧は電源電圧より上昇することになる．

〔8〕 回路の電圧，電流をそれぞれ $\dot{V}$，$\dot{I}$ とし，回路の合成インピーダンスを $\dot{Z}$ とすると，$\dot{V}=\dot{I}\dot{Z}$ より

$$\dot{Z}=\frac{\dot{V}}{\dot{I}}\longrightarrow|\dot{Z}|=\frac{|\dot{V}|}{|\dot{I}|}\cdots\cdots①$$

題意により，$|\dot{V}|=85〔\mathrm{V}〕$，$|\dot{I}|=5〔\mathrm{A}〕$ であるので，式①より

$$|\dot{Z}|=\frac{85}{5}=17〔\Omega〕\cdots\cdots②$$

$$|\dot{Z}|=\sqrt{R^2+(X_L-X_C)^2}\cdots\cdots③$$

式③に式②，$X_L=25〔\Omega〕$ および $X_C=17〔\Omega〕$ を代入すると

$$17=\sqrt{R^2+(25-17)^2}=\sqrt{R^2+8^2}\cdots\cdots④$$

式④より，$R=15〔\Omega〕$ となる．

∴　抵抗の端子電圧 $\boldsymbol{V}=\boldsymbol{IR}=5\times15=\mathbf{75〔V〕}$

となる．

〔9〕 回路のインピーダンス $\dot{Z}$ は

$$\dot{Z}=R+jX_L=10\sqrt{3}+j10〔\Omega〕$$

$\dot{Z}$ を極座標表示で示すと

$$\dot{Z}=\sqrt{(10\sqrt{3})^2+10^2}\angle\tan^{-1}\frac{10}{10\sqrt{3}}=\sqrt{300+100}\angle\tan^{-1}\frac{1}{\sqrt{3}}$$

$$=20\angle\frac{\pi}{6}〔\Omega〕$$

となり，ベクトル図は**略解図 4･5**(a) のようになる．

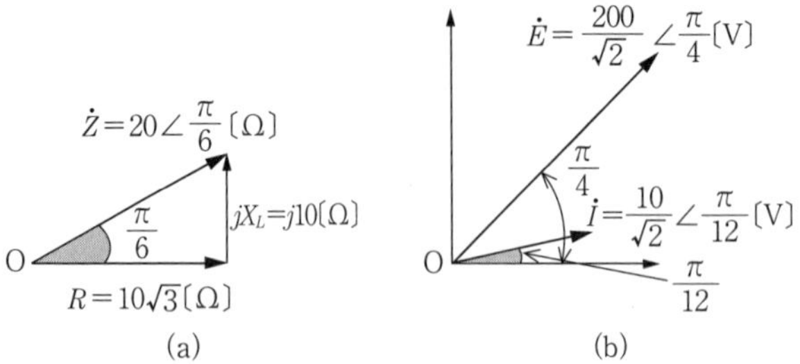

略解図 4・5

また，電源電圧 e を極座標表示で示すと

$$\dot{E}=\frac{200}{\sqrt{2}}\angle\frac{\pi}{4}〔\mathrm{V}〕$$

となる．次に，回路の電流 $\dot{I}$ は

$$\dot{I}=\frac{\dot{E}}{\dot{Z}}=\frac{\dfrac{200}{\sqrt{2}}\angle\dfrac{\pi}{4}}{20\angle\dfrac{\pi}{6}}=\frac{10}{\sqrt{2}}\angle\frac{\pi}{4}-\frac{\pi}{6}=\frac{10}{\sqrt{2}}\angle\frac{\pi}{12}〔\mathrm{A}〕$$

となり，$\dot{E}$，$\dot{I}$ のベクトル図は図(b) のようになる．

したがって，$\dot{I}$ を瞬時値で示すと

$$\boldsymbol{i}=\frac{10}{\sqrt{2}}\sqrt{2}\sin\left(\omega t+\frac{\pi}{12}\right)=\mathbf{10\sin\left(\boldsymbol{\omega t}+\frac{\boldsymbol{\pi}}{12}\right)〔A〕}$$

となる．

〔**10**〕 容量性リアクタンス $X_{c1}=1/\omega C_1=6〔\Omega〕$ の端子電圧 V_{c1} は式（4･19）より

$$V_{c1}=X_{c1}I_1=\frac{1}{\omega C_1}I_1=6\times I_1\cdots\cdots①$$

題意により，$V_{c1}=12〔\mathrm{V}〕$ であるので，式①より

$$12=6\times I_1\longrightarrow I_1=2〔\mathrm{A}〕$$

となる．

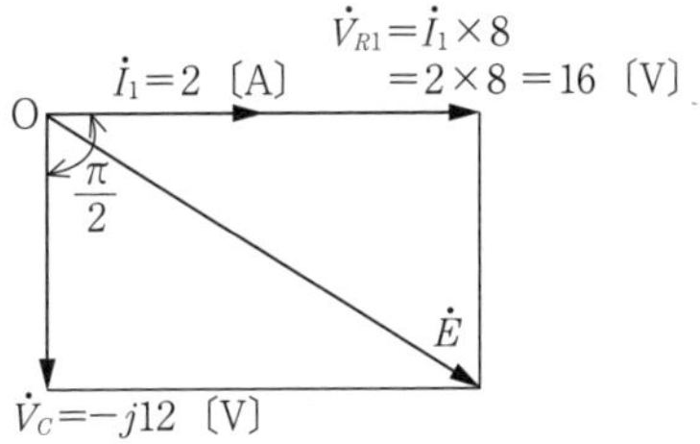

略解図 4・6

略解図 4･6 のベクトル図より，抵抗 $R_1=8〔\Omega〕$ にかかる電圧 $\dot{V}_{R1}$ は

$$\dot{V}_{R1}=16〔\mathrm{V}〕$$

となる．また，電源電圧 $\dot{E}$ は

$$\dot{E}=16-j12〔\mathrm{V}〕$$

となるので，

$$\boldsymbol{E}=\sqrt{12^2+16^2}=\mathbf{20〔V〕}$$

である．

抵抗 $R_1=8〔\Omega〕$ の電流 $I_1=2〔\mathrm{A}〕$，抵抗 $R_2=4〔\Omega〕$ の電流 I_2 は

$$I_2=\frac{E}{\sqrt{R_2{}^2+\left(\dfrac{1}{\omega C_2}\right)^2}}=\frac{E}{\sqrt{4^2+3^2}}=4〔\mathrm{A}〕$$

したがって，求める消費電力 $P〔\mathrm{W}〕$ は

$$\boldsymbol{P}=I_1{}^2\times R_1+I_2{}^2\times R_2=2^2\times 8+4^2\times 4=32+64=\mathbf{96〔W〕}$$

となる．

■5章■

〔**1**〕 共振周波数 f_r は，$f_r=\dfrac{1}{2\pi\sqrt{LC}}$

$$\therefore\ \boldsymbol{C}=\frac{1}{(2\pi f_r)^2L}=\frac{1}{(2\pi\times7\times10^6)^2\times6\times10^{-6}}\fallingdotseq8.62\times10^{-11}〔\mathrm{F}〕=86.2\times10^{-12}〔\mathrm{F}〕$$

$$=\mathbf{86.2〔pF〕}$$

〔**2**〕 直列共振回路の共振曲線のせん鋭度 Q は

$$Q=\frac{1}{R}\sqrt{\frac{L}{C}}\cdots\cdots①$$

式①に $R=10〔\Omega〕$，$Q=80$ を代入すると

$$\frac{1}{10}\sqrt{\frac{L}{C}}=80\longrightarrow\sqrt{\frac{L}{C}}=800\longrightarrow\frac{L}{C}=64\times10^4\longrightarrow C=\frac{L}{64\times10^4}\cdots\cdots②$$

となる．また共振周波数 f_r は

$$f_r=\frac{1}{2\pi\sqrt{LC}}=200\times10^3\cdots\cdots③$$

式③に式②を代入すると

$$\frac{1}{2\pi\sqrt{L\times\dfrac{L}{64\times10^4}}}=200\times10^3\longrightarrow2\pi L\times\frac{1}{8\times10^2}\times2\times10^5=1\cdots\cdots④$$

式④より

$$\boldsymbol{L}=\frac{1\times2}{10^3\times\pi}=6.37\times10^{-4}〔\mathrm{H}〕=637\times10^{-6}〔\mathrm{H}〕=\mathbf{637〔\mu H〕}$$

〔**3**〕 共振状態が形成されている．共振周波数 f_r は

$$f_r=\frac{1}{2\pi\sqrt{LC}}=\frac{1}{2\pi\sqrt{1\times7.04\times10^{-6}}}=\frac{1}{2\pi\times10^{-3}\times2.653}=\mathbf{60〔Hz〕}$$

$$I_1=I_2=\frac{V}{R}=\frac{V}{100}=1〔\mathrm{A}〕\longrightarrow\boldsymbol{V}=\mathbf{100〔V〕}$$

〔**4**〕 回路の電流 $\dot{I}$ の大きさ I は，題意により $x_C=10〔\Omega〕$ の電圧の大きさ V_C が 100 V であるので

$$I=\frac{V_C}{X_C}=\frac{100}{10}=10〔\mathrm{A}〕$$

となる．また，抵抗 r の端子電圧 $\dot{V}_r$ の大きさ V_r は，$V_r=I\times r=10\times6=60〔\mathrm{V}〕$ となる．したがって，電流 $\dot{I}$ を基準ベクトルとすると，各部の電圧のベクトル図は**略解図 5･1** のようになる．

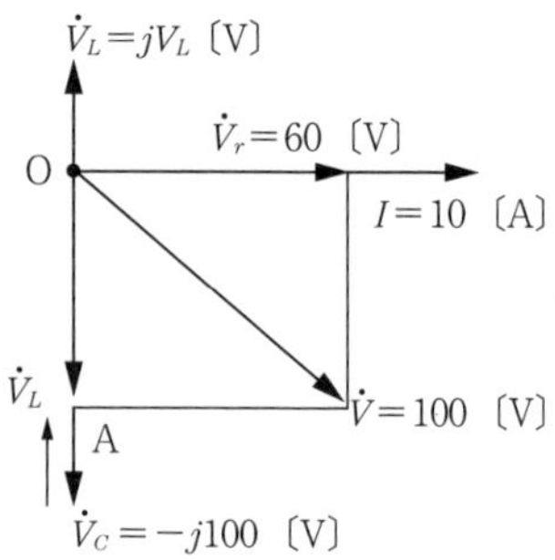

略解図 5・1

略解図 5･1 より，x と x_C の両端の電圧は，図の OA の長さであるから

$$\mathrm{OA}=\sqrt{V^2-V_r{}^2}=\sqrt{100^2-60^2}=80〔\mathrm{V}〕$$

したがって，x の端子電圧 V_L は

$$V_L = V_C - 80 = 100 - 80 = 20\text{〔V〕}$$

$$\boldsymbol{x} = V_L / I = 20/10 = \mathbf{2〔\Omega〕}$$

となる．

〔5〕 **R には電圧 E と同相の電流が，L には E より $\pi/2$〔rad〕遅れの電流が，C には E より $\pi/2$〔rad〕進みの電流が流れる．** したがって，**略解図 5・2** のベクトルが描ける．

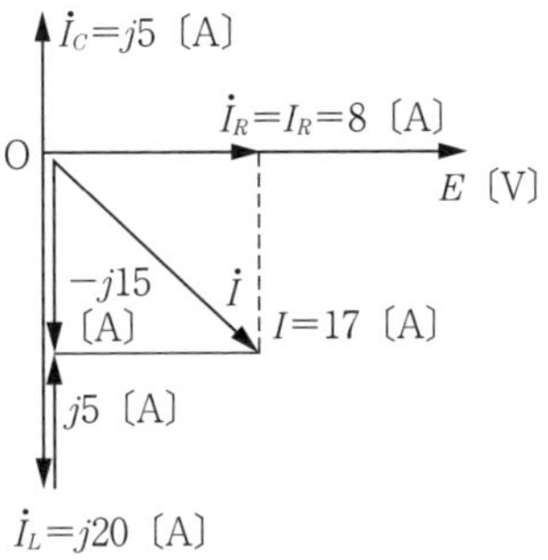

略解図 5・2

図より，この回路の合成電流 $\dot{I}$ は

$$\dot{I} = I_R + \dot{I}_C + \dot{I}_L = 8 + j5 - j20$$

$$= 8 - j15\text{〔A〕}$$

$$I = \sqrt{8^2 + 15^2} = \mathbf{17〔A〕}$$

〔6〕 R，L 直列回路に流れる遅れ電流分を求め，それとコンデンサ C に流れる進み電流が等しいとおけばよい．

R，L 直列回路に流れる電流を I_L，C に流れる電流を I_C とすると

$$I_L = \frac{V}{\sqrt{R^2 + \omega^2 L^2}}, \qquad I_C = \omega C V$$

$$I_L \sin\theta = \frac{V}{\sqrt{R^2 + \omega^2 L^2}} \times \frac{\omega L}{\sqrt{R^2 + \omega^2 L^2}}$$

$$= \frac{\omega L V}{R^2 + \omega^2 L^2} = \omega C V$$

$$\boldsymbol{C = \frac{L}{R^2 + \omega^2 L^2}}$$

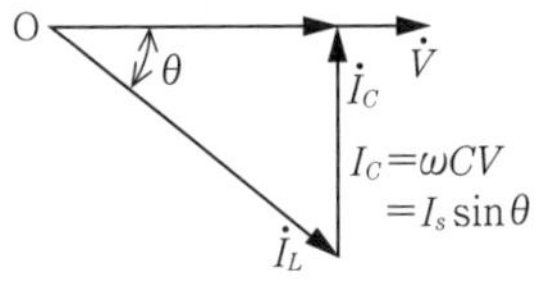

略解図 5・3

〔7〕 $\omega_r L = \dfrac{1}{\omega_r C} \longrightarrow \omega_r{}^2 = \dfrac{1}{LC} \longrightarrow \omega_r = \dfrac{1}{\sqrt{LC}}$

$$\boldsymbol{f}_r = \frac{1}{2\pi}\omega_r = \frac{1}{2\pi} \times \frac{1}{\sqrt{LC}} = \frac{1}{2\pi} \times \frac{1}{\sqrt{0.08 \times 50 \times 10^{-6}}} = \frac{10^3}{2\pi\sqrt{0.08 \times 50}}$$

$$= \frac{10^3}{2\pi \times 2} = \frac{10^3}{4\pi} = 79.6 \fallingdotseq \mathbf{80〔Hz〕}$$

〔8〕 共振時の合成インピーダンス $\dot{Z}$ は $\boldsymbol{\dot{Z} = R = 0.5}$**〔Ω〕** となることに着目．共振角周波数，共振周波数をそれぞれ ω_0〔rad/s〕，f_0〔Hz〕とすると

$$\boldsymbol{\omega_0 L = 2\pi f_0 L} = 2\pi f_0 \times 10 \times 10^{-3}\text{〔Ω〕} \cdots\cdots ①$$

となる．共振時の電流 I は

$$I = \frac{V}{R} = \frac{1}{0.5} = 2\text{〔A〕}$$

となる．共振時のコイルの電圧 V_L は

$$\boldsymbol{V_L = I\omega_0 L} = 2\times 2\pi f_0\times 10\times 10^{-3} = 4\pi f_0\times 10^{-2}\cdots\cdots②$$

題意により，V_L が 314 V であるので

$$4\pi f_0\times 10^{-2} = 314$$

$$\boldsymbol{f_0} = \frac{314}{4\times 3.14\times 10^{-2}} = \frac{1}{4}\times\frac{10^2}{10^{-2}} = \frac{1}{4}\times 10^4 = 2\,500\text{〔Hz〕}$$

$$= \mathbf{2.5〔kHz〕}$$

〔9〕 交流ブリッジの平衡条件は，**相対する辺のインピーダンスの積がそれぞれ等しいときである．**

$$R_1R_4 = (R_2 + j\omega L)\times\frac{1}{\dfrac{1}{R_3} + j\omega C}, \qquad R_1R_4\left(\frac{1}{R_3} + j\omega C\right) = R_2 + j\omega L$$

$$\frac{R_1R_4}{R_3} + j\omega CR_1R_4 = R_2 + j\omega L\cdots\cdots①$$

式①の実数部，虚数部同士が等しいとして

$$\boldsymbol{R_2 = \frac{R_1}{R_3}R_4}$$

$$\boldsymbol{L = CR_1R_4}$$

〔10〕 交流ブリッジの平衡条件は，「対角辺のインピーダンスの積が等しい」ことである．すなわち

$$R_P\times(R_s + j\omega L_s) = R_q\times(R_x + j\omega L_x)$$

上式の実数部および虚数部がそれぞれ等しいとおいて

$$R_P\cdot R_s = R_q\cdot R_x \longrightarrow \boldsymbol{R_x = \frac{R_P}{R_q}R_s}$$

$$R_p\omega L_s = R_q\omega L_x \longrightarrow \boldsymbol{L_x = \frac{R_P}{R_q}L_s}$$

■ 6 章 ■

〔1〕 **略解図 6･1** の回路を同図(b)，(c) の回路のように，単独の起電力に分ける．このとき抵抗 R_1 に流れる電流 $\dot{I}_1'$，$\dot{I}_1''$ を求め，これらを加え合わせればよい．同図(b) の回路より，$\dot{I}_1'$ は

$$\dot{I}_1' = \frac{\dot{E}_1}{R_1 + \dfrac{-jX_CR_2}{R_2 - jX_C}} = \frac{(R_2 - jX_C)\dot{E}_1}{R_1(R_2 - jX_C) - jX_CR_2}$$

$$= \frac{(R_2 - jX_C)\dot{E}_1}{R_1R_2 - jX_C(R_1 + R_2)}\cdots\cdots①$$

同図(c) の回路より，$\dot{I}_1''$ は

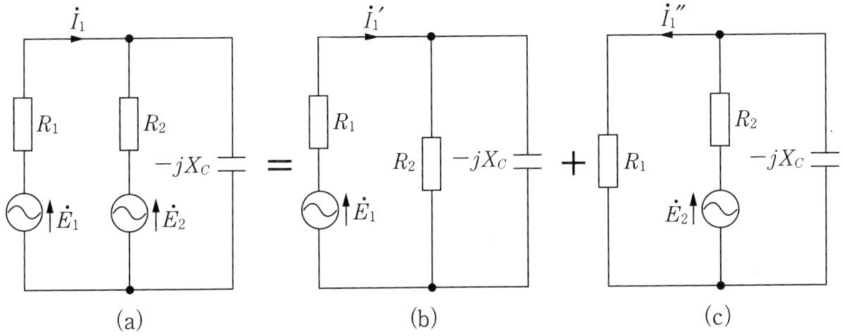

略解図 6・1

$$\dot{I}_1''=\frac{\dot{E}_2}{R_2+\dfrac{-jX_CR_1}{R_1-jX_C}}\cdot\frac{-jX_C}{R_1-jX_C}$$

$$=\frac{-jX_C\dot{E}_2}{R_2(R_1-jX_C)-jX_CR_1}=\frac{-jX_C\dot{E}_2}{R_1R_2-jX_C(R_1+R_2)}\cdots\cdots②$$

したがって，同図(a) の抵抗 R_1 に流れる電流 $\dot{I}_1$ は，次式となる．

$$\dot{I}_1=\dot{I}_1'-\dot{I}_1''\cdots\cdots③$$

式③に式①，②を代入すると

$$\dot{\boldsymbol{I}}_1=\frac{(R_2-jX_C)\dot{E}_1}{R_1R_2-jX_C(R_1+R_2)}+\frac{jX_C\dot{E}_2}{R_1R_2-jX_C(R_1+R_2)}$$

$$=\boldsymbol{\frac{R_2\dot{E}_1-jX_C(\dot{E}_1-\dot{E}_2)}{R_1R_2-jX_C(R_1+R_2)}}$$

となる．

〔2〕 **略解図 6・2**(a) の回路の $\dot{I}=\dot{I}_1-\dot{I}_2$ は同図(b) の回路の $\dot{I}_1$ と同図(c) の回路の $\dot{I}_2$ より求めればよい．

同図(b) の回路の $\dot{I}_1$ は

$$\dot{I}_1=\frac{\dot{E}_1}{\dfrac{R\times(-jX_C)}{R+(-jX_C)}+jX_L}\cdots\cdots①$$

式①に題意の値を代入すると

$$\dot{I}_1=\frac{j200}{\dfrac{20\times(-j5)}{20-j5}+j10}=\frac{j200}{\dfrac{50+j100}{20-j5}}=\frac{j200(20-j5)}{50+j100}=\frac{j4(20-j5)}{1+j2}$$

$$=\frac{(20+j80)(1-j2)}{(1+j2)(1-j2)}=\frac{180+j40}{5}=36+j8〔\mathrm{A}〕$$

同図(c) の回路の $\dot{I}_2$ は

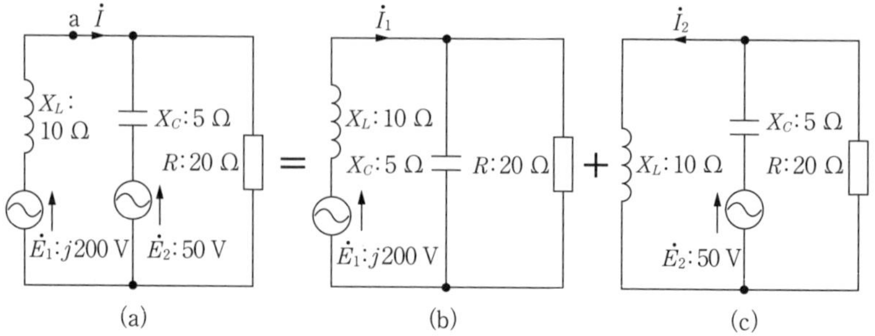

略解図 6・2

$$\dot{I}_2=\frac{\dot{E}_2}{\dfrac{R\times(jX_L)}{R+(jX_L)}+(-jX_C)}\times\frac{R}{R+jX_L}\cdots\cdots②$$

式②に題意の値を代入すると

$$\dot{I}_2=\frac{50}{\dfrac{20\times j10}{20+j10}-j5}\times\frac{20}{20+j10}=\frac{50\times 20}{20\times j10-j5(20+j10)}$$

$$=\frac{1\,000}{50+j100}=\frac{20}{1+j2}=\frac{20(1-j2)}{(1+j2)(1-j2)}=\frac{20-j40}{5}$$

$$=4-j8\text{〔A〕}$$

したがって，同図(a) の回路の点 a の電流 $\dot{I}$ は

$$\boldsymbol{\dot{I}}=\dot{I}_1-\dot{I}_2=36+j8-(4-j8)=\boldsymbol{32+j16}\text{〔A〕}$$

〔3〕 **略解図 6・3**(b) の回路より

$$\dot{I}_1'=\frac{\dot{E}_1}{jX_L+\dfrac{R\times(-jX_C)}{R-jX_C}}=\frac{100}{j16+\dfrac{-j200}{20-j10}}=\frac{100}{4+j8}=\frac{100(4-j8)}{(4+j8)(4-j8)}$$

$$=5-j10\text{〔A〕}$$

$$\dot{I}_2'=\frac{-jX_C}{R-jX_C}\cdot\dot{I}_1'=\frac{-j10}{20-j10}\times(5-j10)=\frac{-100-j50}{20-j10}$$

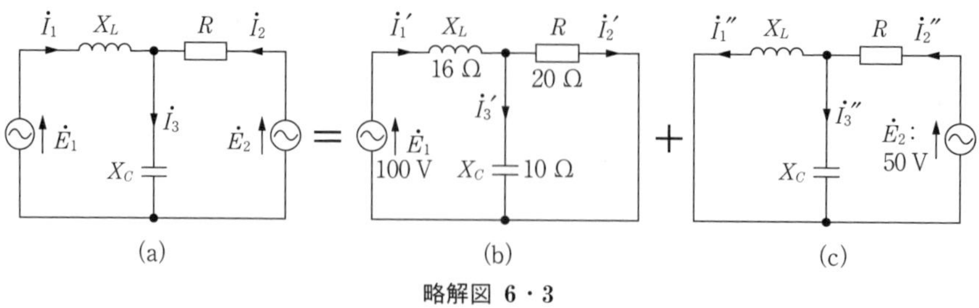

略解図 6・3

$$=\frac{(-100-j50)(20+j10)}{(20-j10)(20+j10)}=-3-j4\text{〔A〕}$$

$$\dot{I}_3'=\frac{R}{R-jX_C}\cdot\dot{I}_1'=\frac{20}{20-j10}\times(5-j10)=\frac{100-j200}{20-j10}$$

$$=\frac{(100-j200)(20+j10)}{(20-j10)(20+j10)}=8-j6\text{〔A〕}$$

同図(c) の回路より

$$\dot{I}_2''=\frac{\dot{E}_2}{R+\dfrac{jX_L\times(-jX_C)}{jX_L-jX_C}}=\frac{50}{20+\dfrac{160}{j16-j10}}=\frac{50}{20+\dfrac{160}{j6}}$$

$$=\frac{50\left(20+j\dfrac{160}{6}\right)}{\left(20-j\dfrac{160}{6}\right)\left(20+j\dfrac{160}{6}\right)}=0.9+j1.2\text{〔A〕}$$

$$\dot{I}_1''=\frac{-jX_C}{jX_L-jX_C}\cdot\dot{I}_2''=\frac{-j10}{j16-j10}\times(0.9+j1.2)=\frac{-9-j12}{6}=-1.5-j2\text{〔A〕}$$

$$\dot{I}_3''=\frac{jX_L}{jX_L-jX_C}\cdot\dot{I}_2''=\frac{j16}{j16-j10}\times(0.9+j1.2)=\frac{14.4+j19.2}{6}=2.4+j3.2\text{〔A〕}$$

同図(a) の回路の $\dot{I}_1$, $\dot{I}_2$, $\dot{I}_3$ は

$$\dot{I}_1=\dot{I}_1'-\dot{I}_1''=(5-j10)-(-1.5-j2)=\mathbf{6.5-j8\text{〔A〕}}$$

$$\dot{I}_2=\dot{I}_2''-\dot{I}_2'=(0.9+j1.2)-(-3-j4)=\mathbf{3.9+j5.2\text{〔A〕}}$$

$$\dot{I}_3=\dot{I}_3'+\dot{I}_3''=(8-j6)+(2.4+j3.2)=\mathbf{10.4-j2.8\text{〔A〕}}$$

〔4〕 **略解図 6•4**(b) の回路の $\dot{I}_3'$ は

$$\dot{I}_3'=\frac{\dot{E}}{(R+\dot{Z})+\dfrac{R\times(R+\dot{Z})}{R+(R+\dot{Z})}}\times\frac{R+\dot{Z}}{R+(R+\dot{Z})}$$

$$=\frac{\dot{E}}{1+\dfrac{R}{R+(R+\dot{Z})}}\times\frac{1}{R+(R+\dot{Z})}=\frac{\dot{E}}{3R+\dot{Z}}=\frac{100}{(3\times5)+(5+j10)}$$

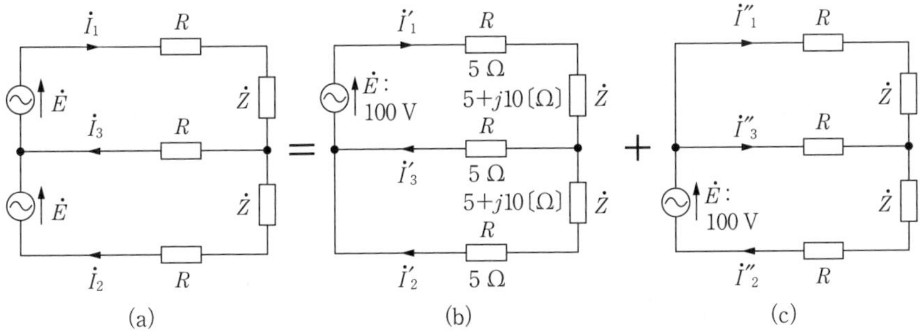

略解図 6・4

$$=\frac{100}{20+j10}=4-j2〔\mathrm{A}〕$$

同図(c) の回路より $\dot{I}_3''$ は

$$\dot{I}_3''=\frac{\dot{E}}{(R+\dot{Z})+\dfrac{R\times(R+\dot{Z})}{R+(R+\dot{Z})}}\times\frac{R+\dot{Z}}{R+(R+\dot{Z})}=4-j2〔\mathrm{A}〕\cdots\cdots(\dot{I}_3' と同じ)$$

したがって，同図(a) の回路の $\dot{I}_3=\dot{I}_3'-\dot{I}_3''=(4-j2)-(4-j2)=\mathbf{0〔A〕}$

〔**5**〕 **略解図 6•5**(a) の a-b 間の開放電圧 $\dot{V}_i$ は

$$\dot{V}_i=\frac{100}{j10+(-j20)}\times-j20=200〔\mathrm{V}〕\cdots\cdots①$$

a-b 間からみた内部インピーダンス $\dot{Z}_i$ は

$$\dot{Z}_i=\frac{j10\times(-j20)}{j10+(-j20)}=j20〔\Omega〕\cdots\cdots②$$

テブナンの定理を用いると同図(b) の回路の $R=30〔\Omega〕$ に流れる電流 $\dot{I}$ は

$$\dot{I}=\frac{V_i}{Z_i+30+j10}\cdots\cdots③$$

式③に式①，②を代入すると

$$\dot{I}=\frac{200}{j20+30+j10}=\frac{200}{30+j30}=\frac{20}{3+j3}=\frac{20(3-j3)}{(3+j3)(3-j3)}=\frac{20(3-j3)}{18}$$

$$=\boldsymbol{\frac{10}{3}-j\frac{10}{3}〔\mathrm{A}〕}$$

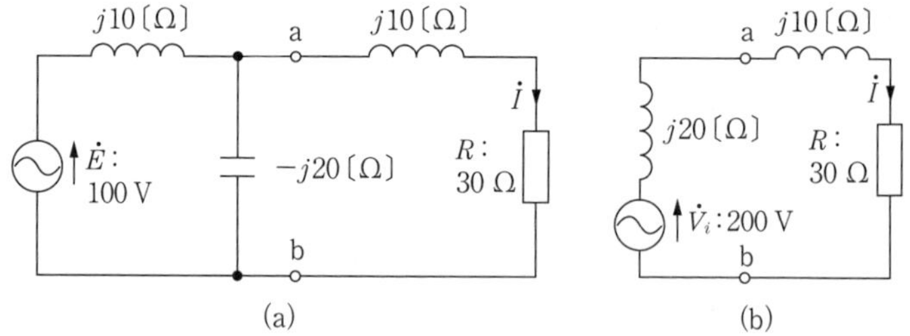

略解図 6・5

〔**6**〕 **略解図 6•6**(a) の回路の a-b 間の開放電圧 $\dot{V}_i$ は

$$\dot{V}_i=\frac{\dot{E}}{jX_{L1}+jX_{L2}}\times jX_{L2}=\frac{100}{j5+j20}\times j20=80〔\mathrm{V}〕\cdots\cdots①$$

a-b 間からみた内部インピーダンス $\dot{Z}_i$ は

$$\dot{Z}_i=\frac{jX_{L1}\times jX_{L2}}{jX_{L1}+jX_{L2}}=\frac{j5\times j20}{j5+j20}=\frac{-100}{j25}=j4〔\Omega〕\cdots\cdots②$$

テブナンの定理を用いると同図(c) の回路の抵抗 R に流れる電流 $\dot{I}$ は

$$\dot{I}=\frac{\dot{V}_i}{\dot{Z}_i+R-jX_C}=\frac{V_i}{Z_i+8-j12}\cdots\cdots③$$

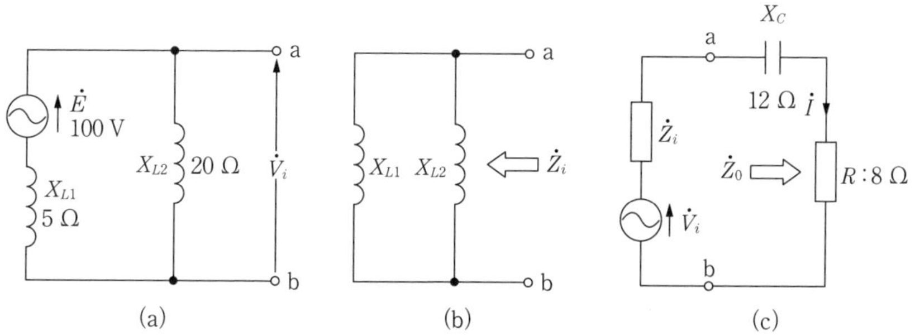

略解図 6・6

式③に式①，②を代入すると

$$\dot{\boldsymbol{I}}=\frac{80}{j4+80-j12}=\frac{80}{8-j8}=\mathbf{5+j5〔A〕}$$

〔**7**〕 (1)　コンデンサに流れる電流 $\dot{I}_1$ は

$$\dot{\boldsymbol{I}}_1=\frac{100}{20-j20+20}=\frac{100}{40-j20}=\frac{5}{2-j}=\frac{5(2+j)}{(2-j)(2+j)}=\frac{5(2+j)}{5}$$

$$=\mathbf{2+j〔A〕}$$

(2)　電源から供給される電流 $\dot{I}$ は

$$\dot{\boldsymbol{I}}=\dot{I}_1+\frac{100}{20+j20+20}=2+j+\frac{5}{2+j}=2+j+\frac{5(2-j)}{(2+j)(2-j)}$$

$$=2+j+2-j=\mathbf{4〔A〕}$$

(3)　端子 c-d 間の電圧 $\dot{V}_{cd}$ は

$$\dot{V}_{cd}=\dot{V}_{cb}-\dot{V}_{db}=20(2+j)-20(2-j)=40j$$

$$\boldsymbol{V_{cd}=|\dot{V}_{cd}|=40〔V〕}$$

(4)，(5)　S を閉じたときの，a-b 間の回路インピーダンス $\dot{Z}_{ab}$ は

$$\dot{Z}_{ab}=\frac{(20-j20)(20+j20)}{(20-j20)+(20+j20)}+\frac{20\times20}{20+20}=\frac{400+400}{40}+\frac{400}{40}=30〔\Omega〕$$

したがって，$\dot{I}$ は

$$\dot{\boldsymbol{I}}=\frac{100}{Z_{ab}}=\frac{100}{30}=\mathbf{\frac{10}{3}〔A〕}$$

また，$\dot{I}_1$ は

$$\dot{I}\times\frac{(20-j20)(20+j20)}{(20-j20)+(20+j20)}=\dot{I}_1(20-j20)$$

より

$$\dot{\boldsymbol{I}}_1=\dot{I}\times\frac{20+j20}{(20-j20)+(20-j20)}=\frac{10}{3}\times\frac{20+j20}{40}$$

$$=\mathbf{\frac{5}{3}+j\frac{5}{3}〔A〕}$$

■ 7章 ■

〔1〕 $L_a = L_1 + L_2 + 2M$ ……①

$L_b = L_1 + L_2 - 2M$ ……②

式①-②より

$$\mathbf{4M} = L_a - L_b \longrightarrow M = \frac{L_a - L_b}{4} = \frac{2.5-1.3}{4} = \mathbf{0.3〔mH〕}$$

〔2〕 PコイルとSコイルには同じ電流 $\dot{I}$ が流れるが，磁束は反対方向にできる．したがって，相互誘導作用は－となり，M は－として作用する．

$\dot{V}_{ab} = j\omega L_1 \dot{I}_1 - j\omega M \dot{I}_1$〔V〕……①

$\dot{V}_{bc} = j\omega L_2 \dot{I}_1 - j\omega M \dot{I}_1$〔V〕……②

さらに

$\dot{V} = \dot{V}_{ab} + \dot{V}_{bc} = 50$〔V〕……③

式①，②に題意の値を代入すると

$\dot{V}_{ab} = j9\dot{I}_1 - j4\dot{I}_1 = j5\dot{I}_1$

$\dot{V}_{bc} = j4\dot{I}_1 - j4\dot{I}_1 = 0$

となる．式③より

$\boldsymbol{\dot{V}_{ab}} = 50 - \dot{V}_{bc} = 50 - 0 = \mathbf{50〔V〕}$

〔3〕 相互インダクタンス M が作用する，自己インダクタンス L_1，L_2 の回路は，電流が左右より流入するものと仮定すれば，図7･5のV-Y変換により，**略解図7･1**のような等価なY形回路に置き換えられる．

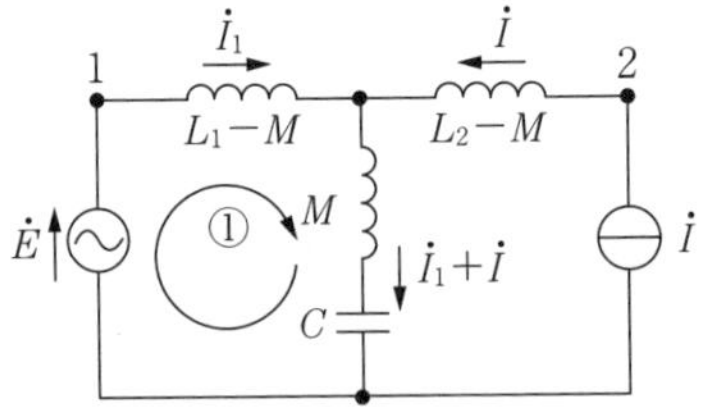

略解図 7・1

角周波数を ω として，閉回路①にキルヒホッフの第2法則を適用すると

$$\dot{E} = j\omega(L_1 - M)\dot{I}_1 + j\omega M(\dot{I}_1 + \dot{I}) + \frac{1}{j\omega C}(\dot{I}_1 + \dot{I})$$

$$= \left(j\omega L_1 + \frac{1}{j\omega C}\right)\dot{I}_1 + \left(j\omega M + \frac{1}{j\omega C}\right)\dot{I}$$

となる．上式から

$$\dot{I}_1 = \frac{\dot{E} - \left(j\omega M + \frac{1}{j\omega C}\right)\dot{I}}{j\omega L_1 + \frac{1}{j\omega C}}$$

となり，求める静電容量 C に流れる電流 $\dot{I}_C$ は

(1) $$\dot{\boldsymbol{I}}_C=\dot{I}_1+\dot{I}=\frac{\dot{E}-\left(j\omega M+\dfrac{1}{j\omega C}\right)\dot{I}}{j\omega L_1+\dfrac{1}{j\omega C}}+\frac{\left(j\omega L_1+\dfrac{1}{j\omega C}\right)\dot{I}}{j\omega L_1+\dfrac{1}{j\omega C}}$$

$$=\frac{\dot{E}+j\omega(L_1-M)\dot{I}}{j\omega L_1+\dfrac{1}{j\omega C}}=\frac{j\omega C\{\dot{E}+j\omega(L_1-M)\dot{I}\}}{1-\omega^2L_1C}$$

$$=\boldsymbol{\frac{j2\pi fC\{\dot{E}+j2\pi f(L_1-M)\dot{I}\}}{1-4\pi^2f^2L_1C}}$$

(2) $\dot{I}_C=0$ となるには $\dot{E}+j\omega(L_1-M)\dot{I}=0$．これを変形すると

$\dot{\boldsymbol{E}}=-j\omega(L_1-M)\dot{I}=\boldsymbol{-j2\pi f(L_1-M)\dot{I}}$

（ただし，$\omega=2\pi f$）

■8章■

〔**1**〕 1相分のベクトル図を描いて考える．

相電圧$=200/\sqrt{3}$ V，線電流$=50$ A である．三相電力が 10 kW であるので，一相分の電力$=10\times10^3/3$ W となる．

負荷の力率を $\cos\theta$ とすると，次式が成り立つ．

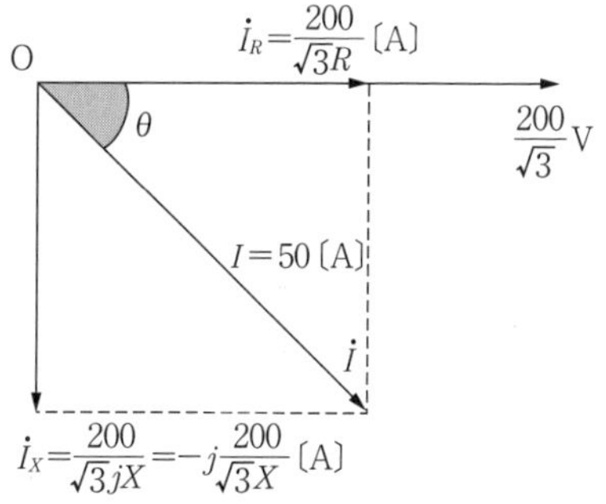

略解図 8・1

$$\boldsymbol{\frac{200}{\sqrt{3}}\times50\times\cos\theta=\frac{10}{3}\times10^3}$$

$$\frac{2\times5}{\sqrt{3}}\times\cos\theta=\frac{10}{3}$$

$$\cos\theta=\frac{1}{\sqrt{3}}\cdots\cdots①$$

略解図 8•1 のように R〔Ω〕の電流を $\dot{I}_R$〔A〕，X〔Ω〕の電流を $\dot{I}_X$〔A〕とすると

$$\boldsymbol{\dot{I}_R=\frac{200}{\sqrt{3}R}}\text{〔A〕},\qquad \boldsymbol{\dot{I}_X=-j\frac{200}{\sqrt{3}X}}\text{〔A〕}$$

図より

$$\cos\theta=\frac{\left(\dfrac{200}{\sqrt{3}R}\right)}{50}=\frac{4}{\sqrt{3}R}\cdots\cdots②$$

式①，②より

$$\frac{1}{\sqrt{3}}=\frac{4}{\sqrt{3}R}\longrightarrow R=4\text{〔Ω〕}$$

また，線電流が 50 A であるので次式が成り立つ．

$$\sqrt{\left(\frac{200}{\sqrt{3}R}\right)^2+\left(\frac{200}{\sqrt{3}X}\right)^2}=50 \longrightarrow 200\times\sqrt{\frac{1}{3R^2}+\frac{1}{3X^2}}=50$$

$$16\times\frac{X^2+R^2}{3R^2X^2}=1 \longrightarrow 16\times\frac{X^2+4^2}{3\times4^2\times X^2}=1$$

$$X^2+4^2=3X^2$$

$$\boldsymbol{X}=2\sqrt{2}\fallingdotseq\mathbf{2.83〔\Omega〕}$$

〔**2**〕 三つのインピーダンス Z が等しいから，相電流 I' は

$$\boldsymbol{I'}=\frac{200}{\sqrt{6^2+8^2}}=\mathbf{20〔A〕}$$

また，線電流 I は次式となる．

$$\boldsymbol{I}=\sqrt{3}I'=\sqrt{3}\times20\fallingdotseq\mathbf{34.64〔A〕}$$

負荷インピーダンスの力率$\cos\theta$および無効率$\sin\theta$は

$$\cos\theta=\frac{R}{Z}=\frac{6}{\sqrt{6^2+8^2}}=\frac{6}{10}=0.6$$

$$\sin\theta=\sqrt{1-\cos^2\theta}=\sqrt{1-0.6^2}=0.8$$

したがって，三相電力 P，三相無効電力 Q および三相皮相電力 S は

$$\boldsymbol{P}=\sqrt{3}\,VI\cos\theta$$
$$=\sqrt{3}\times200\times\sqrt{3}\times20\times0.6=7\,200〔W〕=\mathbf{7.2〔kW〕}$$

$$\boldsymbol{Q}=\sqrt{3}\,VI\sin\theta$$
$$=\sqrt{3}\times200\times\sqrt{3}\times20\times0.8=9\,600〔var〕=\mathbf{9.6〔kvar〕}$$

$$\boldsymbol{S}=\sqrt{3}\,VI$$
$$=\sqrt{3}\times200\times\sqrt{3}\times20=12\,000〔VA〕=\mathbf{12〔kVA〕}$$

〔**3**〕 負荷の△結線を丫結線に等価変換すると，**略解図 8・2** のようになり，さらに，線路リアクタンス 4 Ω を合成して一相だけの単相回路を描くと，**略解図 8・3** のようになる．

線電流 I_l は

$$I_l=\frac{200}{\sqrt{3^2+4^2}}=\frac{200}{5}=40〔A〕$$

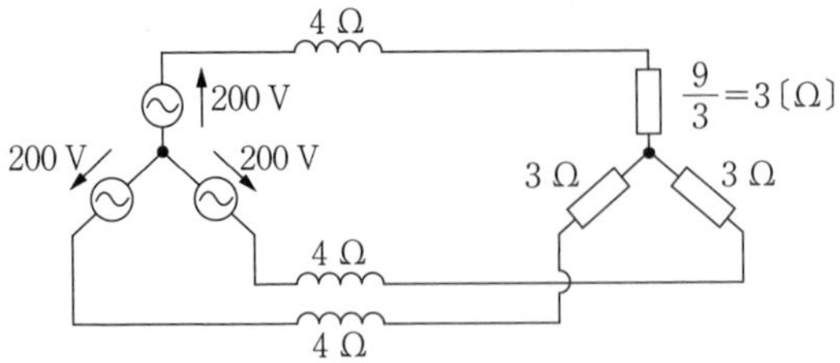

略解図 8・2

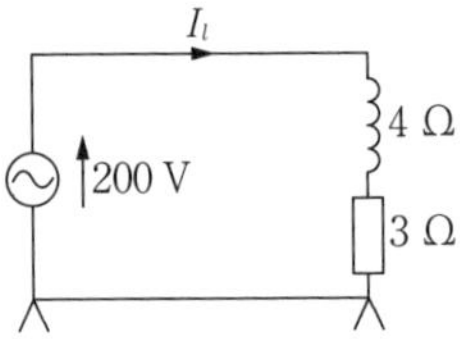

略解図 8・3

相電流 I は線電流に $1/\sqrt{3}$ を掛けて

$$\boldsymbol{I}=40\times\frac{1}{\sqrt{3}}\fallingdotseq\mathbf{23.1〔A〕}$$

〔4〕 **略解図 8･4** のように，△結線のインピーダンス $\dot{Z}_p=27+j48$〔Ω〕を丫結線に等価変換し，3 Ω を含めた 1 相分の合成インピーダンスを求め，線電流を計算する．

負荷の△結線のインピーダンス $\dot{Z}_p$ は

$$\dot{Z}_p=27+j48〔\Omega〕$$

$\dot{Z}_p$ を丫結線に等価変換すると

$$\frac{\dot{Z}_p}{3}=\frac{(27+j48)}{3}=9+j16〔\Omega〕$$

となる．線路抵抗 $r=3$〔Ω〕とを合成すると，一相分の合成インピーダンス $\dot{Z}$ は

$$\dot{Z}=3+9+j16=12+j16$$

$$Z=\sqrt{12^2+16^2}=20〔\Omega〕$$

したがって，線電流 $\dot{I}$ の大きさ I は

$$\boldsymbol{I}=\frac{100}{Z}=\frac{100}{20}=\mathbf{5〔A〕}$$

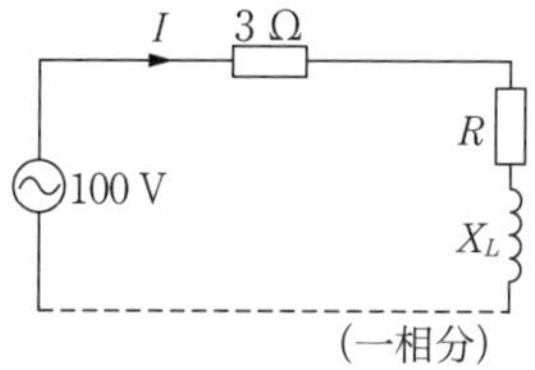

略解図 8・4

〔5〕 C の $X_C=1/(\omega C)$〔Ω〕を丫結線に等価変換すると，$X_C/3=1/(3\omega C)$〔Ω〕となる．丫結線の一相だけの単相回路は**略解図 8･5** のようになる．

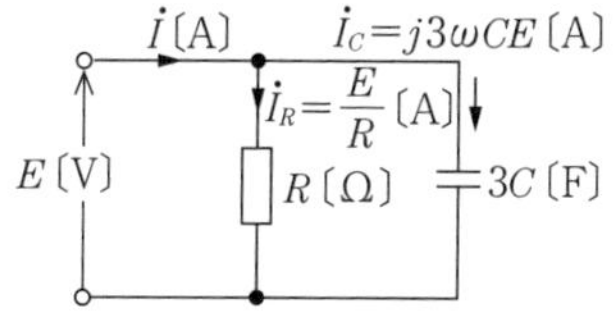

略解図 8・5

略解図 8･6 のベクトル図から，力率 $\cos\theta$ は

$$\boldsymbol{\cos\theta}=\frac{I_R}{\sqrt{(I_R)^2+(I_C)^2}}$$

$$=\frac{\dfrac{E}{R}}{\sqrt{\left(\dfrac{E}{R}\right)^2+(3\omega CE)^2}}$$

$$=\frac{\dfrac{1}{R}}{\sqrt{\left(\dfrac{1}{R}\right)^2+(3\omega C)^2}}$$

$$=\boldsymbol{\frac{1}{\sqrt{1+(3\omega CR)^2}}}$$

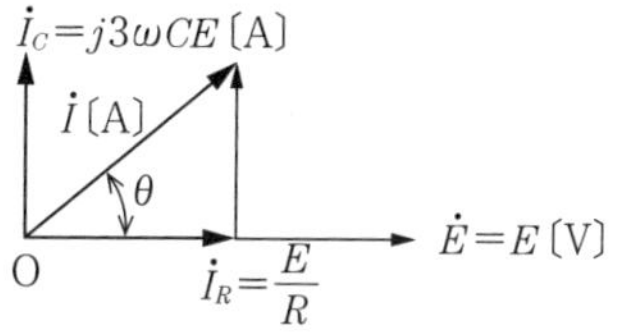

略解図 8・6

〔6〕 △結線の容量性リアクタンスを丫結線に等価変換し，一相当たりの**略解図 8･7** の回路で考える．

容量性リアクタンス 9 Ω は丫結線に等価変換すると，**9/3＝3〔Ω〕**となるので，略解図 8･7 の 1 相当たりの回路が得られる．1 相のインピーダンス $\dot{Z}$ は

$$\dot{Z}=3+j8+\frac{j4\times -j3}{j4-j3}$$

$$=3+j8-j12=3-j4〔\Omega〕$$

線電流 $\dot{I}_l=\dfrac{200}{3-j4}$〔A〕

$$\dot{I}_L=\dot{I}_l\times\frac{-j3}{j4-j3}=\frac{200}{3-j4}\times -3$$

$$=-\frac{600}{3-j4}〔A〕$$

$$|\dot{\boldsymbol{I}}_L|=\frac{600}{\sqrt{3^2+4^2}}=\frac{600}{5}=\mathbf{120〔A〕}$$

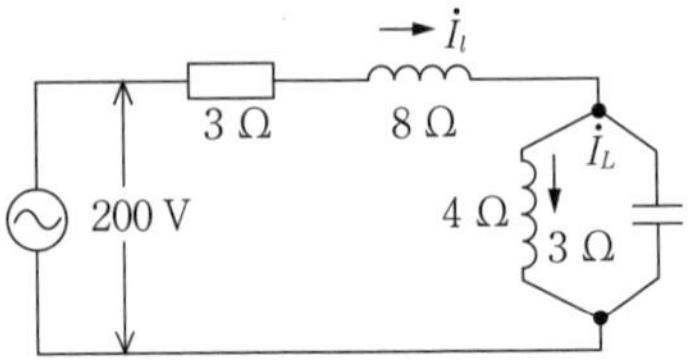

略解図 8・7

〔**7**〕 電源，負荷回路とも△ ⟶ Y等価変換し，Y結線の1相の等価回路で考える(**略解図** 8・8).

電源回路では，Y電圧は

$$\frac{\boldsymbol{E}_{ab}}{\sqrt{3}}=\frac{\mathbf{200}}{\sqrt{3}}\mathbf{〔V〕}$$

jX_0 の△ ⟶ Y変換は

$$\frac{\boldsymbol{jX}_0}{\mathbf{3}}=\frac{\boldsymbol{j}\mathbf{12}}{\mathbf{3}}=\boldsymbol{j}\mathbf{4〔\Omega〕}$$

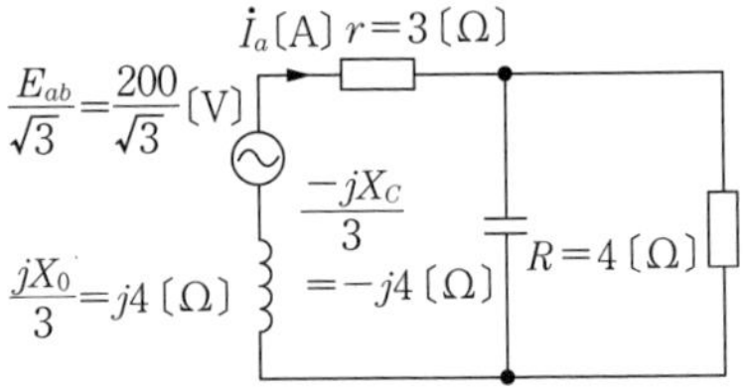

略解図 8・8

負荷回路では，$-jX_C$ の△ ⟶ Y変換は

$$\frac{-\boldsymbol{jX}_C}{\mathbf{3}}=\frac{-\boldsymbol{j}\mathbf{12}}{\mathbf{3}}=-\boldsymbol{j}\mathbf{4〔\Omega〕}$$

等価回路の1相の全インピーダンス $\dot{Z}$ は

$$\dot{\boldsymbol{Z}}=j4+3+\frac{-j4\times 4}{4-j4}=j4+3+\frac{-j16}{4-j4}\times\frac{4+j4}{4+j4}=j4+3+\frac{64-j64}{4^2+4^2}=5+j2〔\Omega〕$$

$$|\dot{Z}|=\sqrt{5^2+2^2}\fallingdotseq\mathbf{5.4〔\Omega〕}$$

線電流 $\boldsymbol{I}_a=\dfrac{\frac{200}{\sqrt{3}}}{5.4}\fallingdotseq\mathbf{21.4〔A〕}$

〔8〕 (1) △結線のときに流れる相電流 I_L〔A〕は

$$I_L=\frac{V}{X_L}$$

略解図 8・9 に示すように，△結線の負荷を等価なY結線の負荷に変換すると

$$X_L'=\frac{X_L}{3}$$

略解図 8・10 は，一相の等価回路で，Y結線の線電流 I_L'〔A〕は

$$\boldsymbol{I}_L'=\frac{\frac{V}{\sqrt{3}}}{X_L'}=\frac{V}{\sqrt{3}}\cdot\frac{3}{X_L}=\frac{\sqrt{3}\,V}{X_L}=\sqrt{\mathbf{3}}\,\boldsymbol{I}_L$$

(2) Y結線の I_C〔A〕，△結線の I_L〔A〕は，それぞれ

$$I_C=\frac{\frac{V}{\sqrt{3}}}{X_C}=\frac{V}{\sqrt{3}\,X_C}\cdots\cdots①$$

$$I_L=\frac{V}{X_L}\cdots\cdots②$$

題意の条件，$I_L=\frac{2}{\sqrt{3}}I_C$ に，式①，②を代入して

$$\frac{V}{X_L}=\frac{2}{\sqrt{3}}\cdot\frac{V}{\sqrt{3}\,X_C}=\frac{2V}{3X_C}$$

$$\therefore \quad \boldsymbol{X_L}=\frac{3}{2}X_C=\frac{3}{2}\times 10=\mathbf{15}\,\text{〔Ω〕}$$

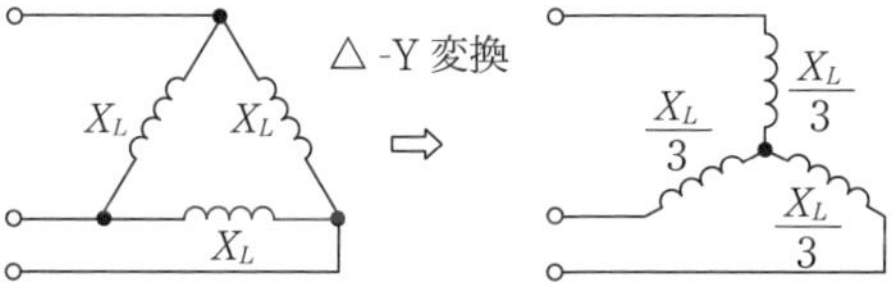

略解図 8・9

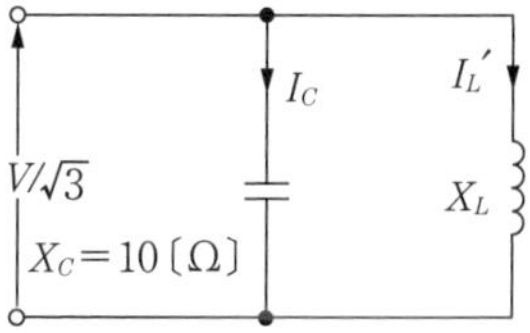

略解図 8・10

索　　引

あ 行

か 行

さ 行

た　行

な　行

は　行

ま　行

や　行

ら　行

わ　行

英数字

〈監修者・著者略歴〉

家村　道雄（いえむら　みちお）

1961年　鹿児島大学工学部電気工学科卒業
1981年　第一種電気主任技術者国家試験合格
1993年　博士（工学）（京都大学）
　　　　前崇城大学（旧名 熊本工業大学）大学院博士課程エネルギーエレクトロニクス専攻指導教授

原谷　直実（はらたに　なおみ）

1978年　慶應義塾大学工学部電気工学科卒業
1983年　慶應義塾大学大学院工学研究科電気工学専攻博士課程修了
　　　　工学博士（慶應義塾大学）
現　在　近畿大学産業理工学部電気電子工学科教授

中原　正俊（なかはら　まさとし）

1981年　九州大学工学部電子工学科卒業
1986年　九州大学大学院工学研究科電子工学専攻博士課程修了
　　　　工学博士（九州大学）
現　在　崇城大学（旧名 熊本工業大学）情報学部情報学科教授

松岡　剛志（まつおか　つよし）

1995年　九州大学工学部情報工学科卒業
2000年　九州大学大学院システム情報科学研究科情報工学専攻単位取得退学
2003年　博士（工学）（九州大学）
現　在　九州産業大学理工学部電気情報工学科准教授

入門 電気回路（基礎編）

2005年 3 月15日　第1版第 1 刷発行
2025年 1 月20日　第1版第25刷発行

監修者　家村道雄
著　者　家村道雄
　　　　原谷直実
　　　　中原正俊
　　　　松岡剛志

発行者　村上和夫
発行所　株式会社 オーム社
　　　　郵便番号　101-8460
　　　　東京都千代田区神田錦町3-1
　　　　電 話 03(3233)0641（代表）
　　　　URL https://www.ohmsha.co.jp/

印刷　中央印刷　　製本　協栄製本
ISBN 978-4-274-20041-0　Printed in Japan